Max Arnhold

Schiffsunglücke vor Helgoland

16. bis 20. Jahrhundert

Max Arnhold

Schiffsunglücke vor Helgoland

16. bis 20. Jahrhundert

Koehlers Verlagsgesellschaft mbH · Hamburg

Bildnachweis:

Deutsche Gesellschaft zur Rettung Schiffbrüchiger (S. 36)
Galerie Knauß (Titel, S. 56)
Gätke 1838, Altonaer Museum (S. 44)
Germanisches Museum Nürnberg (S. 20)
Radierung von G. Groenewegen 1789 (S. 17, 25)
Landesarchiv Schleswig-Holstein (S. 27)
Zeichnungen von Heinrich Leitner, 1842–1912 (S. 56)
Lütje H. Thaysen, Archsum (S. 41)
Meyer: 150 Jahre Blankeneser Schiffahrt, Heinemann 1958 (S. 53)
Museum Helgoland (S. 26, 35, 54, 55, 59)
Franz Schensky (S. 23, 31, 57, 58, 59, 62, 63, 64, 65, 66)
Staatsarchiv Hamburg (S. 40)
Wiebel: Die Insel Helgoland, Herold Hamburg 1848 (S. 12, 18, 46)

Vorsätze:

vorne: Strandung der FASETA
Lütje H. Thaysen, Archsum
hinten: Schiffsbergung auf der Helgoländer Düne 1843
Gätke 1843, Altonaer Museum

Bibliografische Information der Deutschen Nationalbibliothek
Die Deutsche Nationalbibliothek verzeichnet diese Publikation in der Deutschen Nationalbibliografie; detaillierte bibliografische Daten sind im Internet über http://dnb.d-nb.de abrufbar.

ISBN: 978-3-7822-0975-5

Produktion: Anita Krumbügel
Druck und Bindung: DZA Druckerei zu Altenburg GmbH, Altenburg
Printed in Germany

Inhalt

Herzlich bedanken möchte ich mich bei
Herrn Eckard Wallmann für seine tatkräftige Unterstützung.

Mein Dank auch an Herrn Herbert Karting sowie an
Herrn Reinhart Schmelzkopf und Herrn Walter Knauß
sowie an meine Nichte Michaela Geiger für die Bildbearbeitung.

Vorwort

Endlich hat sich für viele Wissenschaftler und interessierte Freunde der Geschichte Helgolands eine empfindliche Wissenslücke geschlossen. Über die »Schiffsunglücke vor Helgoland« werden wir nun bestens durch die vorliegende Schrift des Helgoländer Kapitäns und langjährigen Elblotsen Max Arnhold unterrichtet, und zwar durchgehend über Unglücksfälle seit dem sechzehnten Jahrhundert bis zum Jahre 1967. Nach Beschreibung der wechselnden Hafenbedingungen und der jeweiligen Kenntlichmachung durch die Befeuerung hat er sich kurz den jeweiligen Rechtsfragen und beispielhaften Schiffsunfällen gewidmet. Gleichzeitig hat er auf die gefährlichsten Flachs und die Schwierigkeit der Ansteuerung aufmerksam gemacht, die – einmal abgesehen von den jeweiligen Wetterbedingungen – zumeist mit den Schiffsunfällen in ursächlichem Zusammenhang standen.

Den Beschluss bildet ein vollständiges »Verzeichnis der gestrandeten Schiffe« – eine entsagungsvolle Kärrner-Arbeit! Die Leser werden es ihm zu danken wissen.

Jörgen Bracker
Hamburg, Februar 2008

Prof. Jörgen Bracker war von 1976 bis 2002
Direktor des Museums für Hamburgische Geschichte.

Vorwort

Der Umfang der Literatur über Helgoland ist sehr groß. Er reicht von der Vorgeschichte, der Entstehung der Insel bis hin zum Aufbau nach dem Krieg. Kluge Leute haben sich über die Sitten bei der Brautwerbung, andere über den Vogelzug Gedanken gemacht; es gibt sehr wertvolle wissenschaftliche Abhandlungen, oft aber auch nur Wiederholungen von schon so häufig Gesagtem.

Aber außer in den Erzählungen über Strandungen in »Memorabilien des alten Helgolander Schiffscapitains Hans Frank Heikens«, herausgegeben von Adolph Stahr im Jahre 1844, findet man nur noch in dem Buch »Helgoland« von Friedrich Oetker, erschienen 1855, einige detaillierte Berichte über Schiffsunfälle bei Helgoland. Andere haben das Thema mehr oder weniger gestreift.

Eine Auflistung aller Unfälle, die Schiffe bei der Insel erlitten, fehlt bisher. Hier findet sie sich mit allen Informationen, die greifbar waren.

Dabei waren Schiffsunfälle bei der Insel in jedem Einzelfall ein einschneidendes Ereignis für die Bewohner. Da waren zunächst Menschen in Seenot, da waren aber auch die Strandgüter, die den Menschen ihr bis zum Ende des 19. Jahrhunderts immer sehr karges Leben ein wenig verbesserten. Und diese Fälle waren, wie dieses Buch zeigt, keineswegs selten.

Bei den Forschungen in den verschiedenen Archiven stellte sich dann aber ein Aspekt heraus, der in der Literatur bis heute völlig falsch dargestellt wird. Es handelt sich hier um die Rettung von Menschenleben aus Seenot.

So schreibt Hellmut Hintermeyer in dem 1999 im Verlag Paul Pietsch, Stuttgart, erschienenen Buch »Mayday, Mayday …« wörtlich:

Hier ist nun die Stelle, um auf ein Problem ganz anderer Art zu sprechen zu kommen, das sich gestrandeten Schiffbrüchigen bis weit ins 19. Jahrhundert hinein stellen konnte. Sollten sie in Schwierigkeiten kommen oder gar in Seenot geraten, konnten sie nur in den seltensten Fällen mit Hilfe rechnen. Auch bei Strandungen nicht, denn bis zu dieser Zeit galt an vielen europäischen Küsten noch das sogenannte »Strandrecht«, das eigentlich kein Recht im juristischen Sinne, sondern nur ein »Freibrief« oder besser gesagt eine Duldung war. Dieses Strandrecht erlaubte, dass jeder das für sich behalten konnte, was er an der Küste fand oder was bei einem Schiffbruch an Land gespült wurde. Voraussetzung dafür war, dass kein Schiffbrüchiger an Land kam. Aufgrund dieser Regelung haben sich manche Küstenbewohner leider auch dazu bewogen gefühlt, das Schicksal »notfalls zu korrigieren«.

Dann, etwas später: *Von Land aus sah man daher meist tatenlos dem verzweifelten Überlebenskampf der Havaristen in der alles vernichtenden Brandung zu.*[1]

Diese immer wiederholte Auslegung des Strandrechts ist schlicht falsch. Schon in sehr früher Zeit gab es Gesetze, die genau vorschrieben, was in jedem Strandungsfall mit den geborgenen Gütern geschehen sollte. So wird die Strandung der am 10. September 1860 auf Borkumriff gestrandeten Brigg ALLIANCE in dem obigen Buch entsprechend beschrieben. Es gab jedoch damals sehr wohl eine genaue Strandordnung für diese Küste. Es ist die »Oldenburgische Strandordnung« aus dem Jahre 1776. Diese besagt über angeschwemmte Güter:

1 Mayday, Mayday, Hellmut Hintermeyer, Verlag Paul Pietsch, Stuttgart 1999, Seite 18

Gegen Erstattung des Zolls, der Kosten und des Berglohns wird das Geborgene den Eigenthümern ausgeliefert. Sind diese unbekannt, so wird der Strandungsfall während des Laufs eines Jahres drey Mal in den Hamburgischen und Holländischen Zeitungen bekannt gemacht. Meldet sich dann in Zeit von einem Jahr und sechs Wochen der Eigner, so erhält er nach gehöriger Legitimation das Seinige. Meldet er sich nicht, so verfällt das Geborgene dem Fiscus.

Es wurden Strandvögte eingesetzt, um diesen Bestimmungen Geltung zu verschaffen. Es ist sicher immer wieder versucht worden, diese zu umgehen, von einer Duldung kann jedenfalls keine Rede sein. In dem Buch »Strandungen vor Sylt« wird von dem Strand- und Düneninspektor Lorens de Hahn berichtet, der einen Kampf gegen die Strandräuber führte. Und das im Jahre 1717![2]

Und auch die Behauptung, man hätte »tatenlos dem verzweifelten Überlebenskampf der Havaristen zugesehen«, muss energisch zurückgewiesen werden. Spätestens seit dem Jahre 1695, als von der Rettung der Mannschaft des Schiffes PRINTZ FRIEDERICH berichtet wird, die unter Lebensgefahr für die Beteiligten stattfindet, lässt sich diese Theorie des Wartens auf das Anschwemmen der Ladung ohne Interesse an den Menschen an Bord nicht mehr halten. Es gibt zwar keine Belege dafür, aber es ist anzunehmen, dass auch in der Zeit zuvor schon Menschen aus Seenot gerettet wurden. Hier kann zwar nur für Helgoland gesprochen werden, aber es ist wohl anzunehmen, dass diese Einstellung auch anderen Ortes mehr oder weniger vorhanden war.

Wenn Menschen in Not waren, dann war man bereit zu helfen, auch unter Einsatz des eigenen Lebens.

So heißt es in dem im Jahre 1844 erschienenen Buch »Memorabilien des alten Helgolander Schiffscapitains Hans Frank Heikens«: *Werden aber hier Schiffbrüchige manchmal von Helgolandern mit Gefahr ihres eigenen Lebens gerettet, dann kann man die Freude aus ihren Augen lesen und das Bewusstsein, eine heilige Pflicht erfüllt zu haben.*[3]

Die Absicht der Forschungen war zunächst, die Strandungen an der Insel Helgoland aufzuzeichnen und dazu möglichst genaue Angaben zu finden.

Im Laufe der Zeit stellten sich drei Punkte heraus: die Umstände der Strandung, die Bergung von Gütern und Schiffsinventar sowie die Rettung der Menschen aus Seenot.

Der dritte Punkt, der bisher höchstens am Rande notiert wurde, bekam immer mehr Gewicht und ist daher ein zentraler Punkt dieses Buches geworden.

Max Arnhold
Helgoland, Februar 2008

---

2 W. und W. Fey, H. J. Stöver, Strandungen vor Sylt, Druck- und Verlagsgesellschaft, Husum, 1979, Seite 11

3 Helgoland und die Helgolander, Memorabilien des alten Helgolander Schiffscapitains Hans Frank Heikens, Verlag der Schulzeschen Buchhandlung, Oldenburg 1844, Seite 62

Einführung

In der Deutschen Bucht, nur wenige Seemeilen vor den gefährlichen Sänden, die dem schleswig-holsteinischen und niedersächsischen Festland vorgelagert sind, war die Felseninsel Helgoland schon seit Frühzeiten für alle Seefahrer ein wichtiger Orientierungspunkt. Sechzig Meter über dem Meer gelegen, war sie bei klarer Sicht schon von weitem sichtbar. Von hier aus konnte man dann sicher die Mündungen der Elbe, Weser, Eider und Hever ansteuern. Ortsunkundige erhielten hier einen Lotsen, der sie dann zu den Flusslotsen oder den Häfen begleitete.

Es lebten auf der Insel stets nur wenige Einwohner, eine Chronik[4] spricht um 1600 von etwa 200, erwähnt aber, dass vor etwa 100 Jahren wohl 2.000 Menschen auf Helgoland wohnten, die von Fischfang und Lotsen haben leben können. In dieser Zeit lebten auf der Insel wegen der riesigen Heringsschwärme sehr viele auswärtige Leute. Zur Zeit der Übereignung an das Deutsche Reich im Jahre 1890 waren es etwa 2.100 Menschen.

Die Einwohner waren Friesen, denen die jeweilige Herrschaft nicht so wichtig war, sie achteten nur peinlich darauf, dass ihre Privilegien, die man ihnen schon von alters her zugesichert hatte, von dem jeweiligen Souverän bestätigt wurden. Diese Privilegien bezogen sich unter anderem auf den Fischfang, das Lotsen von Schiffen sowie einen Anteil bei Bergungen.

Der hauptsächliche Erwerbszweig war der Fischfang und das Lotsen von Schiffen, der Erlös bei Bergungen, wenn Schiffe bei der Insel gestrandet waren, trug zur Besserung des ansonsten kargen Lebens bei. Alle männlichen Einwohner, mit Ausnahme von einigen wenigen Handwerkern, waren sowohl Lotsen als auch Fischer.

4 Erwin Weber, Die große Helgoländer Chronik, Kopie (Die Bolzendahl'sche Chronik) 1973, Seite 21

Die Zeit bis zum Beginn des 18. Jahrhunderts

Der Hafen

Nicht nur als Ansteuerungspunkt für die jeweiligen Flussmündungen war die Insel von großem Nutzen, sondern auch als Schutzhafen bei Stürmen oder als Nothafen. Bereits im Jahre 1310 wird Helgoland als Schutzhafen erwähnt, der englische König Edward II. fordert Rechenschaft wegen eines Überfalls auf ein Schiff, welches wegen widriger Winde auf Helgoland Schutz gesucht hatte. Ebenso wandten sich die Hamburger Kaufleute im Jahre 1356 an den König von Dänemark, er möge dafür sorgen, dass ihre Schiffe nicht belästigt würden, die Hamburger benutzten den Hafen von Helgoland bei stürmischen Winden oft als Nothafen.[5] Bis Anfang 1700 gab es eine feste Verbindung zwischen der Insel und der Düne. Dieser Wall trennte den Nordhafen von dem Südhafen.

Der Nordhafen, also der Ankerplatz nördlich des Verbindungswalles, bot bei südlichen bis westlichen Winden den Schiffen sehr guten Schutz. Drehte der Wind jedoch nördlicher, so war der südliche Hafen sicherer. In solchem Fall war es jedoch schwierig oder unmöglich, mit den schwerfälligen Segelschiffen den Ankerplatz zu wechseln, so dass man dann dem Sturm ungeschützt preisgegeben war. Wenn dann das Ankertau riss oder nach Einführung der Ankerkette diese brach, war eine Strandung auf den Riffen, der Düne oder dem Strand fast unvermeidlich. So erging es am 30. Dezember 1705 der Schmacke DER ENGEL: Das Schiff war nach Husum bestimmt, wollte wegen einsetzender Dunkelheit nicht in die Hever einlaufen und ankerte daher auf der Helgoländer Südreede. Ein einsetzender heftiger Südoststurm verhinderte anderntags das Auslaufen. Der Sturm nahm zu, das Ankertau brach und das Schiff strandete.

Als Hafen ist hier immer nur die Reede zwischen der Insel und der Düne zu verstehen. Zwar gab es schon Anfang des 19. Jahrhunderts in der englischen Zeit Pläne zum Bau eines Hafens, dieser entstand aber, wohl wegen der hohen Kosten, nicht. Der erste künstliche Hafen wurde erst in deutscher Zeit nach 1890 gebaut. Bis dahin konnten die Schiffe nur auf der Reede vor Anker liegen.

Das Leuchtfeuer

Eine andere Gefahr drohte der Schifffahrt durch die Insel selbst. Im Nebel oder des Nachts war es leicht möglich, auf den der Insel vorgelagerten Riffen zu verunglücken. Bereits im Jahre 1630 wurde deshalb eine Feuerbake errichtet, die mit Kohlen befeuert wurde. Finanziert werden sollte diese Blüse genannte Bake zum Teil durch die vorbeifahrenden Schiffe. Daher schloss der Herzog von Schleswig-Holstein bereits im Jahre 1629 mit Joan Berends einen Vertrag, in dem sich Berends verpflichtet, auf Helgoland eine Feuerbake zu errichten, die mit Kohlen betrieben wurde. Im Gegenzuge sollte dieser das Recht haben, von allen Schiffen, welche die Häfen des Fürstentums anlaufen, einen bestimmten

5 A. Panten, Helgoland im Mittelalter, Helgoland 2002, Seite 10 f.

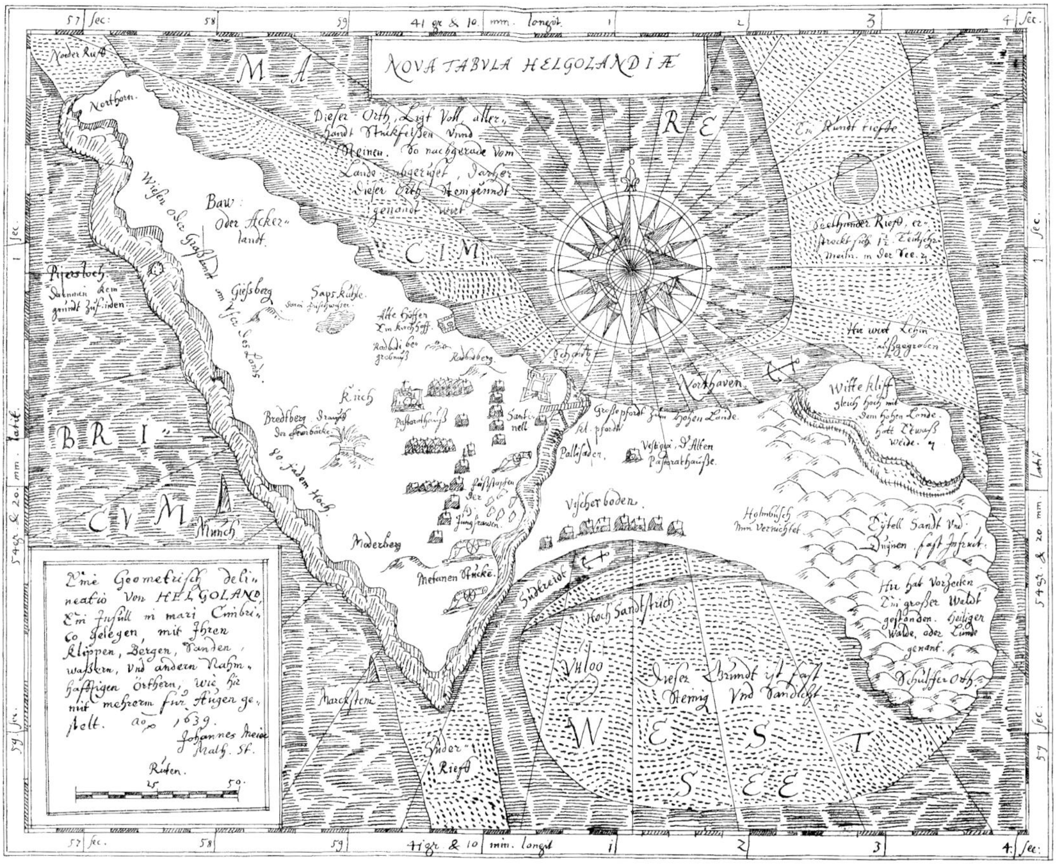

Helgoland im Jahre 1639
Die Insel mit der Düne noch durch einen Wall verbunden

Original befindet sich in der Königlichen Bibliothek zu Kopenhagen. (Thottske Manuskripter in 4° No. 1816.)

Betrag zu kassieren. Jedoch wurde sie im Jahre 1637 wieder außer Betrieb gesetzt, weil es Probleme mit dem Eintreiben der Gelder gab. Außerdem hatten die Helgoländer Bedenken, da wegen des vorherrschenden Westwindes durch Funkenflug ihre strohgedeckten Häuser leicht Feuer hätten fangen können. Es kam zu Streitigkeiten mit dem Betreiber der Leuchtbake. Man benutzte dann Kerzen, die jedoch nicht sehr weit sichtbar gewesen sein dürften.

Da Hamburg naturgemäß – der gesamte Schiffsverkehr der Hansestadt passierte die Insel in mehr oder weniger nahem Abstand – ein starkes Interesse an einem ordentlichen Leuchtfeuer auf der Insel hatte, trat der Rat der Stadt Hamburg in Verhandlungen mit Herzog Christian Friederich von Schleswig-Gottorp, und am 12. April 1672 *erhielten Erich Rickmers und Jacob Friederichs von Herzog Christian Albrecht die Erlaubnis »zu besserer Commodität und Nutzen der Navigation anstatt Kerzen sich der Kohlen zu bedienen«.*[6] Der Betrieb wurde von Hamburg finanziert.

Auch sicherte man den Helgoländern zu, Sorge dafür zu tragen, dass an ihren Häusern kein Schaden entstünde. Die Hamburger errichteten daraufhin auf dem Oberland ein mas-

6 Erwin Weber, Beiträge zur Geschichte der Insel Helgoland, Cuxhaven 1985, Teil 1, Seite 34

sives viereckiges Gebäude mit einem oben befindlichen Rost für eine offene Feuerstelle. Die Sichtweite soll bei klarem Wetter sechs Seemeilen betragen haben. Das Feuer war dann über hundert Jahre in Betrieb.

Das Strandrecht

Das Strandrecht regelte schon in früher Zeit die Belohnung der an der Bergung beteiligten Personen. Es legte den Anteil fest, den der jeweilige Landesherr für sich beansprucht und natürlich das, was dem Kaufmann von seinen Waren, dem Schiffswert und dem Inventar blieb.

Die Geschichte des Strandrechts ist schon im Jahre 1767 von Jacob Schuback,[7] Hamburg, in zwei Bänden aufgeschrieben worden. Das Gebiet ist durch die vielen verschiedenen Anrainer der See, deren Souveräne häufig wechselten, von denen jeder oft ein neues Recht verfasste, sehr unübersichtlich und vielfältig. Schuback selbst schreibt, wenn er alle Verordnungen, die er in Händen hätte, veröffentlichen wolle, müsse er noch ein großes Buch als Anhang hinzufügen.

Im Mittelalter gab es Verordnungen, wonach die Schiffbrüchigen ihr ganzes Gut behalten konnten, die Berger sollten lediglich angemessen entlohnt werden. Sollte es keine Überlebenden geben, so sollte das geborgene Gut ein Jahr lang in der Kirche aufbewahrt werden, um so dem Eigentümer Gelegenheit zu geben, seine Waren wiederzuerlangen.

Später erhoben die Landesherren der Küstenländer Anspruch auf einen Teil der geborgenen Güter. So schreibt Mitte des 15. Jahrhunderts die Eiderstädtische Strandordnung detailliert vor, wie im Falle einer Bergung vorgegangen werden solle. Wobei der Herzog sich stets einen Teil der Güter sicherte.

Der älteste erhaltene Text einer Helgoländer Verordnung, die so genannte Landesbeliebung, enthält die Strandordnung des Herzogs von Holstein Adolph aus dem Jahre 1584, die dann im Jahre 1587 von Friederich dem Älteren und 1638 von Friederich dem Jüngeren bestätigt wurde. Man vermutet, dass bereits vorher eine ähnliche Gerechtigkeit ausgeübt wurde, dies jedoch die Bestätigung eines alten Rechtes sei.[8]

Hiernach regeln sechs Abschnitte verschiedene Fälle der Bergung: Strandung eines Schiffes, Anschwemmen von Gütern an Land und so fort. Am wichtigsten war für die Kaufleute, dass sie bei Strandungen die Hälfte des geborgenen Gutes erhielten. Auf den Fiskus entfiel ein Viertel, auf die Berger ebenfalls ein Viertel.

Der Text war jedoch sehr unübersichtlich gehalten, so dass es immer wieder zu Streitigkeiten mit den Kaufleuten kam.

So strandete am 8. November 1672 ein mit Juchten[9] beladenes, von Archangelsk nach Hamburg bestimmtes Schiff. In der Weber-Chronik heißt es: *ist ein Russlandfahrer allhier beym Lande gestrandet, so mit Juchten beladen gewesen. Es wurde die Ladung auch gut geborgen, die Hamburger Interessenten führten mit den Einwohnern in der Fürstl. Cantzeley einen weitläufigen Proceß wegen des Berglohns, es wurde die Sache endlich vermittelt dass sie den Helgoländern 2.000 Rthlr zukehren mussten.*[10]

Schuback schreibt weiter, dass es in seinem Jahrhundert (18. Jahrhundert) sehr viele Verordnungen betreffs Schiffsunfälle gegeben habe, ebenso viele Beispiele von der Aus-

7 Jakob Schuback, Vom Strandrecht, Hamburg 1767 und 1781
8 E. Weber, Beitr. z. Gesch. Helg., Teil 1, 1985, Seite 14
9 Feines (Kalbs-)Leder, das mit Birkenöl wasserdicht gemacht wird
10 E. Weber Ch., Kopie 1973, Seite 31

übung des Rechts, was dem Fiskus zukomme, jedoch auch den Verzicht des Fiskus durch *allerhöchste Milde des Landesherrn.* Es gab aber auch Unruhen in den an der See und den Flüssen liegenden Orten wegen der Auslegung der Gesetze, die teils durch die Obrigkeit, teils durch die Einwohner entstanden.

Die Handelsstädte an der Nord- und Ostsee waren natürlich sehr daran interessiert, dass das geborgene Gut aus gestrandeten Schiffen möglichst vollständig an die Eigentümer zurückgegeben würde. Man versuchte aus diesem Grunde schon frühzeitig, zweiseitige Verträge mit den Küstenländern abzuschließen. Selten jedoch mit Erfolg.

Neben der Strandordnung gab es noch eine Bergeordnung. Während die Strandordnung die Grundlagen enthielt, wie mit den geborgenen Gütern verfahren werden sollte, regelte die Bergeordnung, wie im Strandungsfalle vorgegangen werden sollte. So schreibt die Landesbeliebung aus dem Jahre 1618 vor:

War ein Schiff verunglückt, sei es *am Strande, über den Strom* oder *in wilder See,* so war stets die erste Sorge der Helgoländer, sich der Schiffbrüchigen anzunehmen und diese, oft unter Einsatz des eigenen Lebens, sicher an Land zu bringen. Erst hiernach konnte und durfte man sich mit der Bergung befassen, sobald Wetter und See solches zuließen.

Der Schiffer musste, falls er noch lebte, das Schiff und die Ladung vor der Bergung in einer gerichtlichen Verklarung nach den landesüblichen Gebräuchen übergeben.

Niemanden war es erlaubt, auf eigene Faust zu bergen.

Die Bergung fand unter Aufsicht der Ratsleute statt. Bergen durften nur Besitzer eines Burlotts, also Bewohner mit Bürgerrecht. Andererseits mussten diese sich zur Bergung einfinden, falls sie nicht erschienen, verfiel die Hälfte ihres Anteils der Kirche. Da Frauen, hauptsächlich Witwen, ebenfalls Besitzer eines Burlotts waren, mussten auch sie sich an der Bergung beteiligen. Sie konnten jedoch Arbeiter anstellen, die für sie Hand anlegten. In der Hauptsache waren dies junge Leute, die noch nicht im Besitz eines Burlotts waren.

Die Bergung selbst stand unter der Leitung und Kontrolle des Landvogts und der Ratleute. Wenn als Signal für eine Bergung ein Stock herumgeschickt oder die Glocke läutete, fand man sich am Strand ein. Dort wurde dann die Bergung organisiert, Boote bestimmt, Besatzung dafür ausgewählt etc.

Die geborgenen Güter wurden in der Herrenbude, dem Schuppen des Souveräns, untergebracht. Bevor mit der Teilung begonnen wurde, musste dieser benachrichtigt werden. Lediglich wenn Sachen verderblich waren, durften sie sofort aufgeteilt beziehungsweise verkauft werden.

Die persönlichen Habseligkeiten des Schiffers und der Schiffsbesatzung blieb diesen erhalten und zählten nicht zum Bergegut. Nicht zur Teilung kamen Geschütze und Munition, diese verfielen dem Landesherrn. Die Eisenteile des Wracks bekam der Landvogt.[11]

Der Anteil der Berger ging an die Landschaft, also an die Gemeinde. Falls dieses geborgene Gut aus Nahrungsmitteln oder Kohlen bestand, wurde dasselbe in natura an die Bevölkerung verteilt. Andernfalls kam die Ware zur Auktion, der erzielte Betrag wurde entsprechend verteilt. Die Lotsen über 60 Jahre sowie die Witwen erhielten ein Fünftel des Gewinns, wobei die alten Lotsen davon ein Drittel, die Witwen zwei Drittel erhielten. Es wurden also 20 Prozent des Gewinns für die Versorgung von Alten, Witwen und Waisen ausgeschüttet![12]

---

11 Rechtsgeschichte der Insel Helgoland, E. v. Möller, Böhlhaus Weimar, 1904
12 Landesarchiv Schleswig-Holstein: LA S-H, Abt. 174, 131

Die Schiffsunfälle

Die ersten Nachrichten über gestrandete Schiffe sind im Staatsarchiv Hamburg zu finden: Der aus dem Lateinischen übersetzte Text lautet:

Zu wissen, dass in den Grenzen Helgolands vor Zeiten, etwa um 1409, ein gewisses Schiff Schiffbruch erlitt, in dem sich Kupfer und andere Waren befanden. Einige Bewohner von Helgoland erlangten eine gewisse Menge von diesem Kupfer und verbrachten es nach Eiderstedt. Dort kaufte Borchard Hegher von dem Kupfer eine gewisse Menge, von dem die Ratsherren 11½ Liefländische Pfund (Lispunt) und 3 Markpfund durch Johann Gellersen zum Nutzen der Stadt erhielten, weil sie diese Güter gegen das Verbot der Ratsherren kauften, obwohl keiner schiffbrüchige Güter kaufen soll. Ebenso erhielten sie von Luchow 12 Stücke des gleichen Kupfers, nämlich 2 Schiffspfund und 3½ Markpfund, weil das Kupfer ebenfalls aus dem Schiffbruch stammte, zum Nutzen der Stadt.[13]

Hamburg hatte bereits damals ein Gesetz erlassen, dass kein Hamburger Waren kaufen durfte, welche aus einem Schiffbruch stammten. Man wollte damit Sorge tragen, dass die rechtmäßigen Eigentümer wieder zu ihrem Gut kamen. In diesem Fall wurden den Käufern die Waren zugunsten der Stadt Hamburg abgenommen.

Hamburg als großer Handelsplatz war durch die Jahrhunderte stets bemüht, bei Schiffsunfällen die Rechte der Kaufleute wahrzunehmen.

Wenig später heißt es, ins Deutsche übersetzt:

Im Jahre 1428 sind Brand de Broke, Arnoldus Bruns und Curd de Hosede vor dem Hamburger Rat bevollmächtigt worden, sich mit gewissen Stader Bürgern und Einwohnern zu vergleichen, die 6 Packen Leinwand aus dem vor Helgoland schiffbrüchig gewordenen Schiff des Johann Sassen wiedererlangt und für den 3. Pfennig wiederbekommen haben.

Brand de Broke, Heyno Brand, Ludekinus Cletze und Christianus Bercampe haben gebürgt für alle weiteren Einsprüche.

Von den vorgenannten Waren hat Johannes Helmigh, unser Bürger, 13 halbe Laken aus Leyden und ⅓ von einem halben Laken aus Leyden, von einem der benannten Packen und von einem Packen mit 21 Laken erhalten. Geschehen am 25. September 1428. Der genannte Johannes Helmigh und seine Erben werden in zukünftigen Zeiten jedem Einspruch antworten.[14]

Auch hier sorgte der Hamburger Senat dafür, dass die Eigentümer der Waren zu ihrem Recht kamen.

Hermann Capelle strandete am 15. September 1437 mit seinem Schiff bei Helgoland.[15]

Im Jahre 1512 erlitt auch der Bremer Schiffer Johann Schengen Schiffbruch.[16]

---

13 Senat Cl. VIII Nr. XVIIIa1 Band 1 – Liber memorandorum Band 1 p. 53/3: Sciendum quod in metis Hilghenlande nuper de anno Domini millesimo CCCCIX vel circa quidam navis naufragio periebat, in qua cuprum et alie merces reposite fuerant, de quoquidem cupro certi villani de Hilgenlande certam quantitatem recuperibant et adduxerant illud versus Eyderstede et ibidem Borchardus Hegher emit de cupro huiusmodi certam quantitatem, de quo domini consules receperant xii lispunt et iii mark punt per Johannem Ghellersen ad usum civitatis, quia emant bona ipsa contra inhibitionem dominorum consulum, quod nullus debet emere bona naufraga. Item receperant a Luchowen xii pecias cupri similis, videlicet ii schippund et iiii markpünd, quod cuprum eciam erat naufragum ad usum civitatis.

14 Staatsarchiv Hamburg: Liber diversorum generum et conditionum de anno 1350 Senat Cl. VIII Nr. XVIII b 3, S. 60 a 1428, Sept. 25

15 Staatsarchiv Hamburg: Liber diversorum generum, 64 f.

16 Staatsarchiv Hamburg: Repertorium Diplomaticum. Band 7, Seite 208

Weitere drei Schiffsunfälle sind im 16. Jahrhundert noch verbürgt, davon zwei im Jahre 1597.[17] Näheres darüber ist nicht bekannt.

Im 17. Jahrhundert sind insgesamt 55 Schiffsunfälle nachweisbar. Für die meisten findet man im Landesarchiv Schleswig-Holstein Protokolle mit den Einzelheiten der Übergabe des Schiffes zur Bergung.

Doch sind auch einige Schilderungen der Strandungen überliefert. So heißt es:

Anno 1612 den 12. Oktober in der Nacht ist ein Hamburger Schiffer mit Namen Simon Reders sein Schiff voll Isländisch Güter darin gehabt, durch Unwetter und Sturm an die Norden Seit, auf die Sellebrunnen[18] *gesegelt, welches die halbe Nacht ganz geblieben, mit der Flut des Morgens in Stücken gegangen und sind diese nachfolgenden Güter mit großer Leibes Gefahr mit Schuten aus dem Schiff, auch hin und wieder aus der See geborgen und nach Fürstlicher Gnaden Strandrecht geteilet, der Kaufmann die Hälfte, von der anderen Hälfte die Bergers zwei Part und Fürstlicher Gnaden das dritte Part.*[19]

Die Aufteilung des Geborgenen ist etwas irreführend. De facto bedeutet es, dass der Kaufmann die Hälfte der geborgenen Güter, die Berger und der Fürst jeweils ein Viertel erhielten.

Es folgt dann eine Auflistung der Waren, die der Fürst erhalten habe: 10½ Tonnen Isländische Butter, 4 Tonnen Rauchschaftalg, 5 Tonnen Schaffleisch, 5 Tonnen Isländischen Tran.

In dieser Oktoberwoche muss ein starker Sturm geweht haben, nicht weniger als vier Schiffe strandeten in dieser Zeit.

Am 20. Oktober 1612 wird von einem Bremer Schiffer Aßmuß Hector berichtet, der mit seiner Schmacke *in einem erschröcklichen Sturm an den Südstrand getrieben, welche hernach von dem Wasser in Stücke geschlagen wurde.* Das von Amsterdam nach Bremen bestimmte Schiff war mit verschiedenen Gütern beladen. So ist die Rede von 12 Tonnen Bücklingen (die meisten vom Salzwasser verdorben), 5 Tonnen Tran, 2 Tonnen gepökelte Heringe, 1 Fass mit Muskaten (ebenfalls vom Wasser verdorben), Taue und vieles andere mehr. Drei Tage später strandete ein von Norwegen kommendes Schiff, das mit Holz beladen war.[20]

Ebenfalls strandete ein mit Elefantenzähnen beladenes Schiff.

Vielfältige Güter wurden über See befördert: Holz und Fisch von Norwegen, Kohlen von England, auch Getreide aus verschiedenen Ländern, aber natürlich gab es auch schon einen regen Schiffsverkehr nach Übersee.

Im Jahre 1687 strandete ein Tönninger Schiff mit Gütern, die wohl für den Hof in Gottorp bestimmt waren. Beladen war es mit 4 Fässern Nantes-Branntwein, 4½ Fässern Bordeaux Branntwein, 20 Oxhöft[21] französischen Weines, 10 Tonnen Seife.

Am 27. August 1695 ist das Schiff PRINTZ FRIEDRICH auf der Reise von Malaga nach Hamburg im Süden der Insel gestrandet, hatte sofort Ruder und Boot verloren und rief darauf mit Kanonenschüssen um Hilfe. Wegen des starken Sturmes konnte man ihm aber zunächst nicht zur Hilfe kommen. Als die Lage immer prekärer wurde, kamen *gegen Abend 2 Schlupen voll Volk nach ihm mit großer Leib- und Lebensgefahr zugefahren und das Volk geborgen.*[22] Als sich am nächsten Morgen das Wetter etwas besserte, wurde der Versuch gemacht,

17 Landesarchiv Schleswig-Holstein LA S-H, Abt. 7/4660
18 Riff im Norden der Insel
19 Landesarchiv Schleswig-Holstein: LA S-H, Abt. 7/4660
20 Landesarchiv Schleswig-Holstein: LA S-H, Abt. 7/4660
21 Großes Fass
22 LA S-H 174,3

Schmacke unter Segeln

mit sechs Schaluppen das Schiff zu bergen, was auch, wie es wiederum heißt, mit großer Leibes- und Lebensgefahr gelang.

Im Januar 1697 wollte ein mit vielerlei Waren beladenes und mit 64 Passagieren besetztes Schiff einen Lotsen nach Hamburg nehmen. Es herrschte jedoch starker Eisgang, die Elbe konnte daher nicht befahren werden. Das Schiff geriet dann in einem starken Sturm auf die Klippen und ging total verloren, aber alle Menschen konnten gerettet werden.

Der Herbst des Jahres 1698 war für die Schifffahrt sehr verlustreich. In den Monaten September, Oktober und November gingen sechs Schiffe verloren. Auch ein Menschenleben war zu beklagen. Als am 23. November das englische Schiff DE JOSSERS auf der Südspitze der Düne strandete, konnten von der 15-köpfigen Besatzung 14 gerettet werden, ein Seemann ertrank.

Am selben Tag strandete auch die Schmacke DIE VERGOLDETE SONNE. In dem Bericht darüber heißt es:

Den 23. November 1698 in der Nacht riß eine im Hafen liegende Schmacke, die vergoldete Sonne genannt, darauf Frantz Jonas von Harling, von deren Anker loß, und trieb in der Dühne an Strand, schlug auch daselbst in kurzer Zeit entzwey, dass die eingeladenen Güter theils an dem Strande geborgen wurden, theils auch durch die ungestümen Wellen wegtrieben. Selbige war von Bürgermeister Jacob von Calis in Friedrichstadt mit Fleisch, Bier, Butter, etwas Gersten und Haber, wie auch Krumm und etwas Brandholtze befrachtet, und nach Amsterdam destinirt. Das meiste davon ist geborgen, und haben Ihro Hochfürstl. Durchl. ¼ die Berger ¼ der Schiffer aber vor die Kaufleute die übrige Hälfte empfangen.[23]

Auch das nächste Jahr brachte ebenso viele Schiffsunfälle. Am 6. April ging ein Schiff verloren, im November waren es vier.

Nicht immer gingen die Schiffe verloren, wenn sie auf den Riffen festgekommen waren. So am 6. Dezember 1699: ... *kam eine holländische Schmacke Schiffer Gentje bei Norden dem Lande auf* die *Klippe fest zu sitzen, wurde aber von den Einwohnern losgeholfen.* Die Helgoländer fuhren dann mit ihren Schaluppen hinaus, brachten Anker aus und mit deren Hilfe das Schiff wieder frei von den Klippen. Voraussetzung war dann natürlich, dass das Wetter solches zuließ.

23 LA S-H 174,3

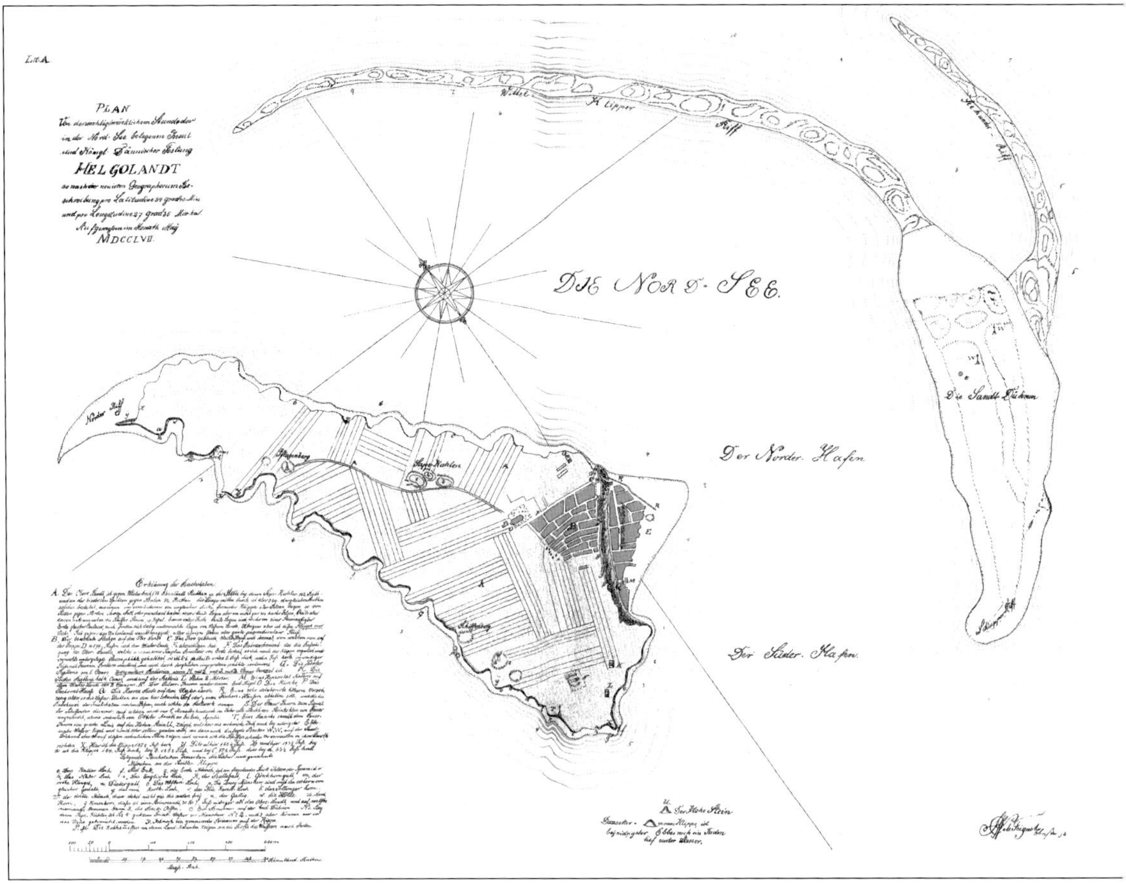

Karte der Insel von 1757
Der Wall zwischen Insel und Düne ist völlig verschwunden

Das 18. Jahrhundert

Am 5. August 1714 erscheint ein dänisches Flottenkommando vor Helgoland und verlangt die Übergabe. Da diese verweigert wird, wird am 7. August die Insel in Brand geschossen. Es gibt auf dem Oberland kein Löschwasser, der Schaden ist sehr groß. Die Bevölkerung flüchtet auf den nördlichen, unbebauten Teil der Insel. Am nächsten Tag wird Helgoland an die Dänen übergeben und die Landesbeliebung von der dänischen Krone bestätigt.

Der Hafen

Die Hauptinsel und die Düne waren bisher durch einen Damm verbunden. Dieser Damm bot, wie oben ausgeführt, Schutz bei Stürmen aus verschiedenen Richtungen. Der Damm wiederum erhielt Schutz vor Nordweststürmen durch das Witte Kliff, einer Kalksteinklippe, die sich von der Düne in nördlicher Richtung erstreckte. Die Fürsten von Gottorf brachen den Kalk und verschifften diesen, um ihn auf dem Festland zu Bauzwecken zu verwerten.[24] Dadurch verlor der Verbindungsdamm zur Düne seinen natürlichen Schutz und wurde von den Nordweststürmen immer mehr abgetragen.

Am 1. November 1711 brach das letzte Stück von Wittkliff, der Wall zwischen der Insel und der Düne war nun den Stürmen ungeschützt ausgeliefert und zum ersten Mal überspült. Die Chronik schreibt darüber: *d 1stn Nachmittags und 3. ist das letzte Überbleibsel von der weißen Klippe, so bey 12 Jahren her noch als ein Heuschober gestanden, durch eine hohe Fluth bey N.W. Winde vollends umbgeworfen und absorbiret worden.*[25] In der Neujahrsnacht 1720/1721 brach dann der Damm, und die See konnte jetzt ungehindert durch die immer größer werdende Öffnung strömen. Die Reeden waren nun offener und weniger geschützt. Andererseits war für die Schiffe ein Wechsel von dem Südhafen zum Nordhafen oder umgekehrt einfacher, obwohl bei drehenden Winden die schwerfälligen Segelschiffe dazu nicht immer in der Lage waren.

Das Strandrecht

Im Jahre 1706 erging dann eine neue Fürstliche Strandordnung.[26] Nach der bisherigen bekam der Kaufmann die Hälfte der geborgenen Waren, der Fiskus und die Berger jeweils ein Viertel.

Im Jahre 1706 nach der Strandung des Schiffes DER ENGEL heißt es im Strandungsprotokoll jedoch: *nach zufolge der Gnädigst verbeßerten neuen Strand Verordnung Serenißmo wegen des Strandfalles an dero hiesigen Lande ein Dritter Part dem Eigenthümer oder Kauffmann einen dritten Part und denen Bergern statt Bergelohn auch ein dritter Part gebühret.*[27]

24 A.W. Vahlendiek, Das Witte Kliff von Helgoland, Bredstedt 1992
25 E. Weber, Chr. Kopie 1973, Seite 109
26 E. Weber, Beitr. z. Gesch. Helg., Teil 1, 1985, Seite 22, Confirmation der Landes Privelegien
27 LA S-H 174,4

Wir von Gottes Gnaden Hedewig Sophia / der Reiche Schweden Erb-Princeßin / Hertzogin zu Schleßwig / Hollstein / Stormarn und der Dithmarschen / Gräffin zu Oldenburg und Delmenhorst : Und von deßselben Gnaden / Wir CHRISTIAN AUGUST, Erwehlter Bischoff des Stiffts Lübeck / in Vormundschafft Unsers respective vielgeliebten Herrn Sohnes und Vettern / des Durchläuchtigsten Fürsten / Herrn CARL FRIDERICHS, beede Erben zu Norwegen / Hertzogen zu Schleßwig / Hollstein / Stormarn und der Dithmarschen / Graffen zu Oldenburg und Delmenhorst.

Thun hiemit jedermänniglich kundt / demnach biß anhero so wol wegen Tunckelheit der alten / von Weyland Hertzog Adolphen Christmildester Gedächtniß abgelassenen Helgelander Strand-Ordnung / als auch der bey Strand- und Verunglückung der Schiffe vorkommenden vielfältigen sehr unterschiedenen Fälle allerhand Streitigkeiten zwischen Unsern Helgelander Unterthanen und denen Schiffs Leuten auch Rehdern und Eigenthümern der gestrandeten Schiffe und Güther offters entstanden / und dann Unsere Unterthanen auff Helgeland umb die Erklährung oberwehnter alten Strand-Ordnung unterthänigst gebethen ; Als thun Wir nach reiffer Uberlegung und insonderheit / weil die so vielfältig vorkommende Fälle nicht wol zu distinguiren gewesen / mit wolbedachtem Rath dahin gnädigst erklähren / daß / gleich an dem festen Lande überall / also auch wann an oder bey Helgeland einig Schiff hinführo stranden wird / es mag dasselbe auff denen Sand-Dühnen oder Klippen / auff oder über dem Strohm / oder auch in der offenbahren See verunglücken / oder auch Strand-Guth in der See gefunden / oder an den Strand geworffen werden / in allen dergleichen Fällen jedesmahl denen Bergern der Drittetheil desselben für ihre Mühe und Gefahr zugekehret werden / Uns / (wann lebendige Menschen dabey verhanden) ein Drittertheil heimgefallen seyn / und denen Eigenthümern ein Drittertheil verbleiben soll ; Wann aber keine lebendige Menschen bey dem angestrandeten oder in See gefundenen Guthe verhanden / so sollen Unsertwegen zwey Drittetheil in Verwahrung genommen werden ; Da sich denn der Eigenthümer innerhalb Jahres frist angeben und genugsahmen Beweiß / daß ihm die Güther gehöret haben / beybringen wird / wollen Wir ihm seinen dritten part gnädigst restituiren / oder / so es verderbliche Wahren sind / welche gleich verkauffet werden müssen / ihm den dafür erhobenen Preiß durch Unsere Bediente wieder auszahlen lassen ; Nach Jahres frist aber ist solcher Drittetheil auch Uns gäntzlich heimgefallen. Es sollen aber die Berger schüldig seyn die Strand Güther nicht allein so weit in salvo zubringen / daß dieselbe kein See-Wasser erreichen kan / sondern alle geborgene Güther so wol Unsern als der Eigenthümer Antheil so weit in Sicherheit und / was verderbliche Wahren sind / wo immer möglich unter Dach zu verschaffen / daß sie nicht beschädiget und unverdorben und sicher wieder abgeführet werden können. Wir wollen auch gnädigst / das / wann Schiffe anstranden / dabey noch lebendige Leute verhanden sind / daß denenselben nach Gewohnheit aller Strände verstattet werde / alles / was sie selbst oder durch andere dazu bedungene innerhalb 3. Fluth-Zeiten an Schiffs Bereitschafft / als Mastey / Rohen / Stangen / Seegeln / Kabels / Tauen / Anckern / Blöcken / Küchen-Geräthe / auch allerhand Höltzernen und eysernen Instrumenten, bärgen können / zu sich zunehmen und für sich und ihre Rehders zu behalten. Wie denn auch des Schiffers und Schiff Volckes welches noch im Leben / Kleider und Kisten und anderer erweißlicher privat Zubehör denenselben alleine gelassen werden soll ; Das Geschütz und ammunition verbleibet Uns dem Herkommen nach ; Mit dem Wraack soll es nach alter Gewohnheit gehalten werden. Wann auch ein Schiff an den Strand treiben solte und sich innerhalb drey Fluth-Zeiten mit seinen eigenen Leuten wieder abhelffen könte / so stehet ihm solches allerdings frey und kan ein solches Schiff alsdann nicht strand-fällig erkandt werden. Angetriebene See-Tonnen und Anckere / die die Schiffe verlohren oder davon abgetrieben / sollen Jahr und Tag verwahret und wann in solcher Zeit die Eigenthümer sich angeben / gegen ein leidliches Bergelohn wieder abgefolget werden. Unterdessen solln Unsere Helgelander Unterthanen denen vorhin ergangenen Verordnungen und bißhergen Gewohnheiten zu folge den in Noth und Gefahr schwebenden alle Mensch und möglich Hülffe zu ihrer Rettung und Salvierung leisten / auch vorsetzlicher und muthwilliger Weise nichtes begehen / wodurch einig Schiff das sonst noch wol gerettet werden könte / in grössere Gefahr und wol gar zur Strandung gebracht werde. Immassen Wir dann / wann einem oder andern dergleichen vorsetzliches Verbrechen überwiesen werden könte / denselben mit harter Leibes auch nach befinden Lebens-Straffe zu belegen nicht unterlassen wollen / nicht weniger sollen dieselbe die in Gefahr schwebende so wol als gestrandete mit aller Bescheidenheit und Christlicher Dienstleistung begegnen und die Todten ehrlich begraben. Wir befehlen demnach Unserem jetzigen und künfftigen Commendanten und Land-Vogdt / wie auch denen Rath-Leuten und Quartiers-Männern auch gesamten Unterthanen auff Helgeland hiemit ernstlich / daß dieselbe diese Unsere Verordnung zu jedermanns notice öffentlich anschlagen / darüber jederzeit strengiglich halten und sich respective darnach unterthänigst achten. Geben unter dem Hochfürstl. Insiegel auff der Fürstl. Residentz Gottorff / den 12 Sept. An. 1706.

Strandrechtverordnung aus dem Jahre 1706

Dies war ein gravierender Nachteil zuungunsten der Kaufleute. Hatten sie nach der alten Strandordnung ein Recht auf die Hälfte der geborgenen Güter, so war es jetzt nur noch ein Drittel.

Die Hansestädte versuchten zwar diese Regelung wieder rückgängig zu machen, aber die verschiedenen Anrainerstaaten von Nord- und Ostsee beharrten darauf.[28]

Drei Flutzeiten hatte die Schiffsbesatzung Zeit, Schiffsgeräte und private Habe zu bergen. Diese Bestimmung wurde aber im Jahre 1707 anlässlich der Strandung der dreimastigen Pinke DIE WEINRANKE von dem damaligen Kommandanten Bäher großzügig gehandhabt. Er schreibt an seinen Souverän, den Herzog von Gottorf, dass der Schiffer und sein Volk nach der Strandung so erschöpft gewesen seien, dass er dafür sorgen wolle, dass deren Sachen durch billigen Arbeitslohn geborgen werden würden. Er schließt dann seinen Bericht, dass zwar nach der neuen Strandordnung diese Gerätschaften nach drei Flutzeiten dem Herzog zufallen würden, ginge aber davon aus, richtig gehandelt zu haben. Ein Zeichen, dass der Kommandant damit rechnen konnte, dass auch der Fürst seine Großzügigkeit teilte.

28 Schuback, Strandrecht

Ebenfalls drei Flutzeiten lang konnte die Schiffsbesatzung versuchen, ihr gestrandetes Schiff wieder abzubringen, falls es noch nicht wrack war. Danach war der Bergungsfall gegeben.

In dem neuen Strandrecht wird auch darauf hingewiesen, dass die Helgoländer die Schiffbrüchigen retten, und Tote christlich zu begraben hätten. Harte Strafen werden denjenigen angedroht, die ein Schiff mutwillig oder vorsätzlich stranden lassen.[29]

Die Hansestädte bemühten sich in jedem Strandungsfall, dass von den Bestimmungen abgewichen wurde.

Schuback schreibt, dass am 29. September 1732 das Schiff DER PRANGER bei Helgoland verunglückte, dabei dem Fiskus ein Teil, den Bergern das zweite Teil und den Eigentümern das dritte Teil zugesprochen wurde. Man verfuhr also nach geltendem Recht.

Als jedoch Ende September 1735 das Schiff JOHANNA CATHARINA verunglückte, hätten die Helgoländer den dritten Teil der Waren als Bergelohn erhalten, die übrigen zwei Drittel wären den Eigentümern *ohne das geringste Hindernis* zurückgegeben worden. Der Fiskus verzichtete also auf seinen Anteil. Ebenso wäre bei dem Anfang des Jahres 1740 gestrandeten Schiff JGFR. CATHARINA verfahren worden.

Es scheint in der damaligen Zeit sehr korrekt zugegangen zu sein, denn 1705 wurden in einem Gerichtsverfahren vor dem Helgoländer Gericht, bestehend aus den Rathsmännern, Hans Broders und Jasper Claesen für schuldig befunden, aus einem gestrandeten schwedischen Schiff ein Dieploot[30] gestohlen zu haben. Das Gericht führt dann aus, *dass solches aber dem Lande und sämtlichen Bürgern einen üblen Namen und Nachrede verursacht habe. Und es wäre nicht mehr als recht und billig, solches empfindlich und anderen zum Exempel zu bestrafen.*

Im Gegensatz dazu schreibt Schuback, dass im Jahre 1723 darüber Klage geführt wurde, dass an allen Küsten den gestrandeten Schiffern viele Ungerechtigkeiten zugefügt wurden. Besonders die Helgoländer und Blankeneser werden hier erwähnt. In diesem Zusammenhang wird lobend auf das strenge Edikt hingewiesen, das der König von Großbritannien in seinem Lande erlassen hatte, um den gestrandeten Schiffern ihr Recht zukommen zu lassen.

An der Nord- und Ostseeküste gäbe es wohl auch Gesetze, diese seien aber durch die Vielfalt der verschiedenen Landesherren sehr viel schwieriger durchzusetzen.[31]

Es muss im Jahre 1729 eine Änderung im Strandrecht gegeben haben, denn als am 23. Juli 1760 der Kapitän der PROVIDENTIA sein Schiff wegen schwerer Leckage an den Strand setzt, wird der Landvogt angewiesen, da der Kapitän sein Schiff selbst auf den Strand gesetzt habe: *... nach Maasgebung Königlich. allerhöchster Resolution d.d. 16ten April 1729 dieser Casus unter diejenigen, wovon ⅓ des Cashe allerunterthänigst zuberechnen, nicht hinzuzuziehen, sondern Schiff und Ladung dem Capitain so er sich mit den Bergern der Berg Lohn halber verglichen oder abgefunden haben wird, wiederum zu verabfolget.*[32] Diese Nachricht kam, als der Landvogt dem dänischen Staat ein Drittel Berglohn zusprechen wollte. Hier wird also unterschieden zwischen unbeabsichtigter Strandung und freiwilligem Strandsuchen, um einem Untergang zu entgehen.

29 Nürnberg Germanisches Nationalmseum, Inv. Nr. HB 13143, Erlass der Herzogin von SH über Strandungen
30 Lot zum Messen der Wassertiefe
31 Schuback, Strandrecht
32 LA S-H 147, 304

Die Schiffsunfälle

Für die Helgoländer Fischer war der Beginn des 18. Jahrhunderts verlustreich. Wurden sie beim Fischen von schlechtem Wetter überrascht, so waren die kleinen Schaluppen[33] mit vier bis fünf Mann Besatzung sehr gefährdet.

Am 30.11.1700 verunglückte eine Helgoländer Fischerschaluppe. In der Weberschen Chronik[34] heißt es dazu: *»ist eine Fischer Schlupe gegen Abend verunglücket mit 5 Menschen als Haycke Peters, Jacob Jansen, Schuster welche beide Männer und drei Jungen, der Polacksche Sohn, Hummernetz ihr Sohn und des Schusters Erek Nordts Bruder«.*

Viele Fischer fanden bei der Ausübung ihres Berufes den Tod. So gab es im Jahre 1696 bei 960 Einwohnern 93 Seemannswitwen.

Im Jahr 1705 gab es wieder einen großen Unglücksfall für die Insel:

fiel waß schlimm Wetter ein und kam Jacob Knuds jun. Schlupe nicht aus der See zu Lande, mit dieser Schlupe sind verunglückt Jacob Knuds Jun. und Johan Lütjens, Christian Beckmann und ein Jung, Gretje Lang ihr Sohn.[35]

Als im Jahr 1721 eine Tjalk strandete, deren Besatzung mit viel Mühe gerettet wurde, wurden auch drei Fischerfahrzeuge an den Strand geworfen, zwei davon zerschellten: *Dieselbe Nacht strandeten auch 3 von unseres Landes Schiffer oder Schnecken*[36], *wovon 2 derselben verloren gingen, als Reymers Bardt und Michel Jansen.*

Am 26. Januar 1723 verloren erneut Fischer in der Ausübung ihres Berufes ihr Leben. In der Chronik[37] lesen wir

verunglückte eine Fischer Chalupe aus Hells Compagnie mit 4 Personen, welche zu fischen aus waren, mit Nahmen Peter Hanssen, Broder Jaspers, Claus Peters.[38]

Vierzehn Fischer verloren im ersten Vierteljahrhundert ihr Leben auf See.

Die Chronik berichtet im weiteren Verlauf nicht mehr über Unfälle von Fischern oder Lotsen, aber das Sterberegister weist eine erschreckende Anzahl von Menschen auf, die ihr Leben bei der Ausübung ihres Berufes oder bei der Rettung von Menschen aus Seenot verloren. Im Jahre 1737 sind es 37 bei einer Bevölkerung von rund 1.000 Einwohnern.

Am 12. Januar 1773 ereignete sich ein großes Unglück. 26 Helgoländer Seeleute, fast alles Lotsen, die in Cuxhaven auf eine Gelegenheit zur Rückkehr zur Insel gewartet hatten, verunglückten während der Fahrt nach Helgoland. In fast jeder Familie betrauerte man den Verlust des Vaters, des Mannes oder des Sohnes.

Aber auch für die Handelsschifffahrt war das erste Jahrzehnt des 18. Jahrhunderts sehr verlustreich. Bis 1710 verunglückten fünfundzwanzig Schiffe.

Unter anderem strandete am 15. September 1701 der holländische Großsegler DE SLOOTEMAKER auf der Reise von Danzig nach Lissabon. Das Schiff hatte wegen schlechten Wetters Schutz auf der Reede gesucht, war ins Treiben geraten und auf einem Riff leckgeschlagen. Obwohl zeitweise bis zu 100 Mann, Besatzungsmitglieder und Helgoländer, an den Pumpen waren, konnte das Schiff nicht gerettet werden, es ging total verloren.

---

33 Schaluppe, Fischerboot, zu der Zeit offen, später halb gedeckt
34 E. Weber Chr. Kopie 1973, Seite 47
35 E. Weber Chr. Kopie 1973, Seite 68
36 Schnigge, gedecktes Fischerboot
37 E. Weber Chr. Kopie 1973, Seite 156
38 E. Weber Chr. Kopie 1973, Seite 158

Helgoländer Schaluppen

Einen Monat später, am 15. Oktober, strandete erneut ein großes Schiff, das Bremer Schiff JOUFFROU JOHANNA SOPHIA, mit Tabak und Kaufmannswaren. Es waren dadurch so viele Waren auf der Insel, dass man Mühe hatte, diese zu lagern.[39]

1704 strandeten sechs Schiffe, 1705 fünf.

Manchmal war es nicht möglich, den Schiffbrüchigen zur Hilfe zu kommen. So im folgenden Fall: Am 9. Oktober 1709 strandete die CHRISTINA ELISABETH. Das Strandungsprotokoll sagt aus:

Im Sturm von den Ankern losgebrochen und an den Strand getrieben. Das Schiff ist sofort in der Nacht am Strande in Stücken gestoßen, und lieget nun in Splittern übereinander, auch sind zwei Mann von dem Schiffsvolke dabei ums Leben gekommen, und ohne den Schiffer und Kaufmann von Sandstede nur drey Mann lebendig geblieben, welche nun, was von der Schiffsgeräthschaft noch vorhanden, zu bergen bemüht sind.[40]

Mitten im Sommer, am 27. Juli 1710, verunglückten in einer Nacht zwölf Schiffe: eine Kuff, eine Schmacke, eine Fleute, eine Galiot, ein Fischjager, zwei Spielyachten, drei Schniggen, sowie zwei Fregatten. Die schwedische Fregatte ORESUNDISCHE GALLEY befand sich auf der Reise von Genua nach Hamburg. Das Schiff war zur Abwehr von Seeräubern und Kaperern mit 26 Kanonen bestückt. Die zweite Fregatte war die FRIDERICUS 4TUS, mit einer Ladung Wein, Rosinen und Pottasche von Malaga nach Hamburg bestimmt, das Schiff war mit zehn Kanonen versehen.

Am 9. November 1711 strandete die PROPHET DANIEL.

39 LA S-H 174,3
40 LA S-H 174,3

Kam auf die Rehde, und trieb an den Strand, wurde auch sofort in Trümmer geschlagen. Der Schiffer selbst kam ums Leben, und nachdem er wieder gefunden, ist er hier auf dem Kirchhof begraben, sein Compagnion und Schwager aber trieb auf dem Ruder an Land.[41]

Bei jeder Strandung waren Menschen in Gefahr. Immer waren dann die Helgoländer Lotsen und Fischer als erstes zur Hand, um diese aus Seenot zu retten. Auch unter Einsatz ihres eigenen Lebens.

So strandete am 10. November 1716 ein holländisches Schiff. Nur eine Person konnte gerettet werden. Sieben Besatzungsmitglieder und drei Helgoländer verloren dabei ihr Leben.

Als im Jahre 1721 eine Tjalk strandete, wurden die Schiffbrüchigen mit knapper Not gerettet: ... *von der Eyder kommend nach Bremen destiniret, welches Schiff sogleich zerscheiterte und wurde von der ganzen Ladung nicht das geringste geborgen, außer waß von Wrack und Geretschaften am Strande schlug. Derselbe wurde mit seine Frau, Sohn und Knecht zu genauer Noth durch ein Chaluppe mit 12. Mann, die jeden 1 Rthlr davor vom Lande bekamen, geborgen und gerettet.*[42]

Wenn Menschen gerettet wurden, bekam jeder Retter aus der Helgoländer Landeskasse einen Reichstaler als Belohnung. In die Landeskasse wurden die Abgaben der Bewohner und die Erlöse aus Bergungen gezahlt. Sie wurde von den gewählten Vertretern verwaltet. Die Helgoländer zahlten demnach ihren Landsleuten eine Belohnung für die Rettung von Schiffbrüchigen. Falls Ladung geborgen wurde, so wurde die Belohnung wohl aus diesem Erlös gezahlt.

Die Webersche Chronik schreibt weiter:

Im Jahre 1732 strandeten innerhalb von 12 Stunden das englische Schiff WILLIAM AND ANN, sowie das französische Schiff LANDROME. Der englische Schiffer Josef Lentz erklärte, dass sein Schiff auf den Klippen innerhalb einer halben Stunde gesunken sei und ... *nichts geborgen als er mit seinen Leuten, in pauvren habit ginge und stünde, bath also, das er mit seinen Leuten veralimentirt und nach Hamburg gebracht werden möge, worauf ihm dann ein Quartier bestellt worden, bis zur Transportirung nach Hamburg das Wetter bequem wird.*[43]

Den französischen Schiffbrüchigen erging es noch schlimmer, deren Schiff sei vormittags um 11 Uhr gesunken, die Aussage des Kapitäns: ... *einige seiner Leute hätten ihr Leben in dem bey sich gehabten Boot geborgen, er, der Schiffer aber hatte sich mit zweyen seiner Leute zum Schwimmen prepariret und einen Raah ergriffen durch dessen Beyhülfe sie auch ihr Leben salviret, jedoch aber drey Mann dabei eingebüßet.*[44]

Wenn Schiffbrüchige gerettet wurden, so besaßen sie fast immer nur das, was sie auf dem Leibe trugen, *in pauvren habit*, wie der englische Schiffer zu Protokoll gab. Sie mussten dann zunächst mit trockener Kleidung versehen, einquartiert und bis zu einer günstigen Gelegenheit untergebracht und verpflegt werden. Wenn es sich wie in diesem Fall um die Besatzung von zwei Schiffen handelte, möglicherweise 15 bis 20 Personen, so war das für die Inselbewohner in ihren kleinen Häusern sicher eine ziemliche Belastung.

Am 14. Januar des Jahres 1743 ereignete sich eine Tragödie. Der Dreimaster MARIA-GALLEY, auf der Reise von Malaga nach Hamburg, bekam Helgoland durch Sturm und Regen

---

41 LA S-H 174,3
42 E. Weber Chr. Kopie1973, Seite 156
43 LA S-H, 174,7
44 LA S-H, 174,7

Dreimastige Galiote

zu spät in Sicht, konnte auch durch ein Segelmanöver die Strandung nicht mehr verhindern. Der einzige Überlebende von elf Besatzungsmitgliedern schilderte dem Gericht auf Helgoland die letzten Stunden der Strandung:

... wo sie dann an der West Seite auf der Klippe unter der Feuer Baake wären zu sitzen gekommen. Das Ruder wäre ihnen gleich vom Blatt gestoßen, und das Zwischendeck auch kurz darauf mit dem Wasser angefüllt; sie hätten aber vorher ehe sie an Grund gerathen, 2 Canonen gelöst, welches denen Leuten hiesigen Landes bewogen, ihren äußersten Fleiß zu thun, Volk und Guth zu bergen, allein es wäre ihnen unmöglich gewesen zu sie zu kommen. Um etwa 11 oder 12 Uhr in der Nacht, wäre der große Mast über Bord gefallen, und

gleich darauf der Fockmast, nicht länger darauf der Besane Mast, bis endlich das gantze Schiff aus einander gefallen und von der Wut des Meeres zertrümmert. Deponent hätte sich auf einen Mast festgebunden salviret, wovon er durch einige der zum bergen ausgemachten Leute geborgen wäre, Leute hätten sich zu einigen mahlen aufs äußerste nach sie ausgewagt, allein, es wäre ihnen unmöglich gewesen durch die große Brandung zu kommen, dahero der Schiffer und die übrige Mannschaft dabey ums Leben gekommen.[45]

Dies ist einer der wenigen Fälle, bei dem ein Schiff auf den Westklippen strandete. Hier handelt es sich bei dem verunglückten Schiff wahrscheinlich um eine dreimastige Galiote. Diese Schiffe wurden in jener Zeit für viele Aufgaben eingesetzt, vom Robbenfang in der Arktis bis zu Reisen nach Nord- und Südamerika sowie ins Mittelmeer.

Die meisten Strandungen ereigneten sich auf den Klippen nördlich und südlich der Düne, auf der Düne sowie auf Sathurnbrunn südlich der Insel. Auch strandeten viele Schiffe auf dem Strand. Diese waren aber meistens leck von See gekommen und suchten den Strand auf, um zu retten was zu retten war. Es gab natürlich auch Schiffe, die auf See verunglückten und versanken. So am 10. September 1751 die ELSABE CATHARINA. Auf der Reise von Christiansand in Norwegen nach Hamburg sank das Schiff unweit von Helgoland. Die Mannschaft hatte das Schiff noch verlassen können und trieb nun mit dem Rettungsboot in der stürmischen See. Auf Helgoland war man auf das Boot aufmerksam geworden, ruderte mit zwei Schaluppen hinaus und rettete die Schiffbrüchigen.

Am 24. Juli 1760 setzte der Kapitän Antony Johnson sein Schiff PROVIDENTIA auf den Strand und übergab Schiff und Ladung zu den Konditionen der Königlichen Strandordnung, damit Schiff und Ladung geborgen würden. Der Grund war, dass er bereits am 23. Juli mit einem Leck auf die Reede gekommen war, am 24. morgens 3 Fuß Wasser im Raum gehabt hatte, seine Pumpen verstopften, so dass er das Schiff nicht lenzen konnte. Im Übrigen weigerte sich seine Besatzung, unter diesen Umständen weiter über See zu fahren. Das Schiff kam nach dem Übergabeprotokoll von Stockton in England und war mit Weizen nach Hamburg bestimmt.

Glocke der PROVIDENTIA

Dieser Schiffsunfall ist für das Museum Helgoland von besonderem Interesse. Befindet sich doch die Schiffsglocke dieses Schiffes im Museum. Inschrift »PROVIDENTIA, Anno 17«, der Rest ist unleserlich. Leider lassen sich die näheren Umstände, Fundort usw. nicht feststellen. Ebenso weiß man nichts Näheres über das Schiff.

Im »Lloyd's Register«, London, das sämtliche Schiffsbewegungen auf der ganzen Welt seit Jahrhunderten registriert, ist folgendes vermerkt:

45 LA S-H, 174,7

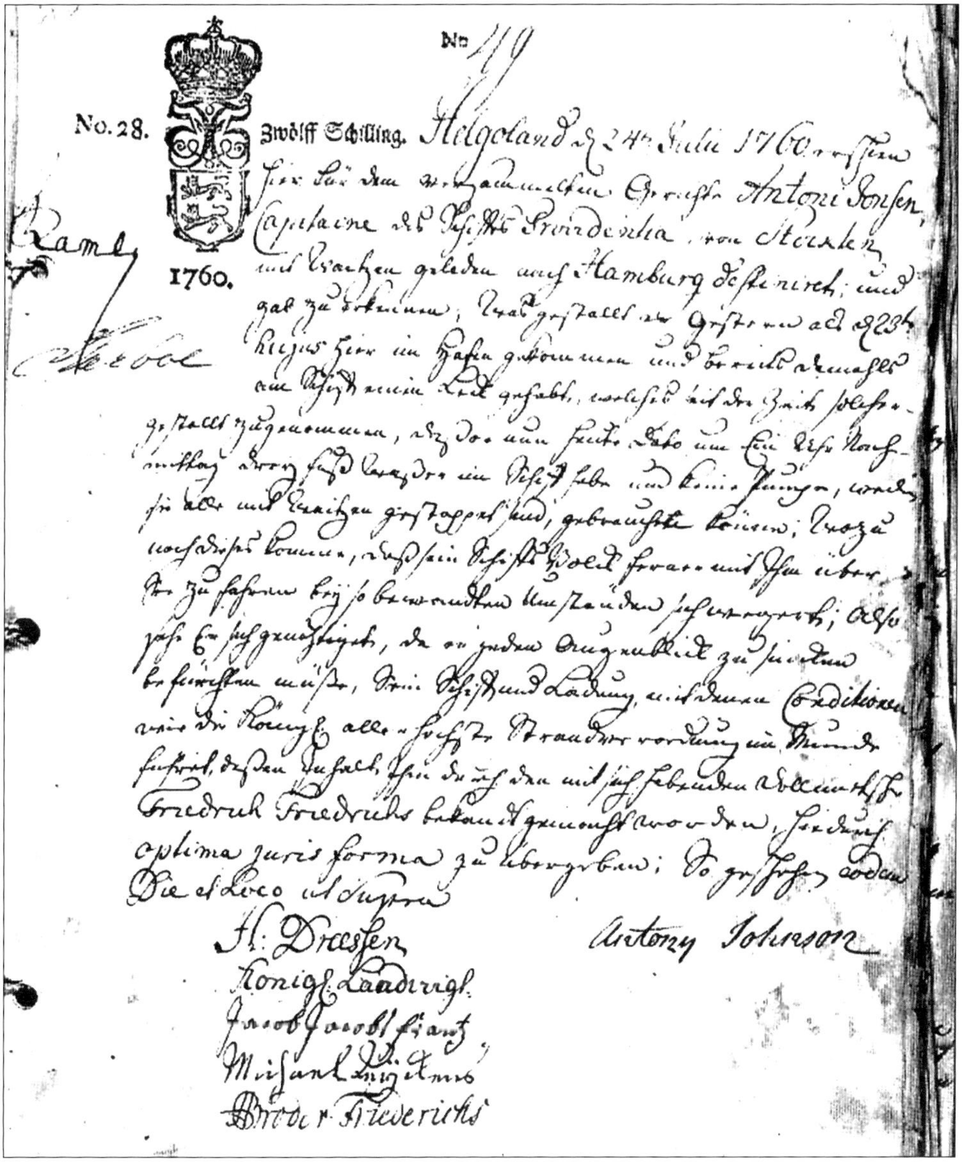

Helgoland den 24ten Juli 1760 erschien hier vor dem versammelten Gerichte Anton Johnson, Capitain des Schiffes PROVIDENTIA, *von Stockton mit Waitzen nach Hamburg destinirt; und gab zu erkennen, was gestallt er gestern als 23ten hier im Hafen gekommen bereits damals am Schiff ein Leck gehabt, welches seit der Zeit solchergestallt zugenommen, dass er nun heute dato um Ein Uhr Nachmittags drey Fuß Wasser im Schiff habe und keine Pumpen, welche sie alle mit Waitzen gestoppet sind, gebrauchen können; Wozu noch dieses komme, das sein Schiffs Volk ferner mit ihm über See zu fahren bey so bewandten Umständen sich weigereh; Also sehe er sich genötigt, da er jeden Augenblick zu sinken befürchten müsse, Sein Schiff und Ladung, mit denen Conditionen wie die Königl. allerhöchste Strandverordnung im Munde führet, dessen Inhalt Ihm durch den mit sich habenden Dollmetscher Friedrich Friedrichs bekannt gemacht worden, hierdurch optima juris forma zu übergeben. So geschehen, eodem Die et Loco et Supra*

H. Dreesen	*Antony Johnson*
Königl. Landvoigt	
Jacob Jacobs Frantz,	
Michael Ayckens,	
Broder Friederichs	

Die PROVIDENTIA, Johnson, von Stockholm nach Hamburg, strandete bei Helgoland. (Lloyd's List, 8. August 1760)[46]

Nur 15 Tage nach der Strandung erscheint die Nachricht bereits bei Lloyd's in London!

Bemerkenswert die Schreibweise Holy-goland im englischen Text, wörtlich übersetzt Heiliges Land. Schiffsname, Kapitänsname und Bestimmungsort stimmen mit den bekannten Daten überein. Welcher Abgangshafen aber gemeint ist, konnte ich nicht klären. Da in zwei Urkunden aus dem Landesarchiv Schleswig-Holstein in Schleswig übereinstimmend von Stockton die Rede ist, die Ladung mit Weizen angegeben wird, der Kapitän erklärt, die Pumpen seien durch Weizen verstopft und Export von Weizen von Stockholm wohl unwahrscheinlich ist, kommt wohl Stockton in England in Frage. Allerdings gibt es dort mehrere Orte dieses Namens.

In der Literatur wird oft über die Habgier der Helgoländer und die Unregelmäßigkeiten bei Strandungen berichtet. Wenn diese Unregelmäßigkeiten auch nicht verharmlost werden sollen, so sollte man in Betracht ziehen, dass die Fischer und Lotsen ständig mit den Naturgewalten zu kämpfen hatten, um ihr täglich Brot zu verdienen, welches wohl gerade genug war, um ein bescheidenes Leben zu führen. Wenn sich dann eine Gelegenheit bot, etwas besser zu leben, wurde sie natürlich schon einmal wahrgenommen. Nirgends wird aber über den Wagemut und die Bereitschaft gesprochen, selbst das eigene Leben einzusetzen, wenn es galt, Menschen aus Seenot zu retten.

Im Jahre 1723 hatte man sich in den Hansestädten darüber beschwert, dass den gestrandeten Kaufleuten häufig Unrecht geschähe. Um deren Interessen zu wahren, hatte bereits Mitte des 18. Jahrhunderts Bremen den Blüsenmeister, also die für das Leuchtfeuer auf Helgoland zuständige Person, zu seinem Beauftragten gemacht. Von dessen Tätigkeit ist nicht viel bekannt.

Im Jahre 1770 schloss Hamburg ein Abkommen mit der dänischen Regierung, nach dem der Helgoländer Ratsherr Johann Heinrich Müller zum Bevollmächtigten Hamburgs ernannt werden konnte. Dieser legte sein Amt als Ratsherr nieder und widmete sich nunmehr nur der Aufgabe, alle für die Schifffahrt wichtigen Nachrichten nach Hamburg zu melden. Insbesondere war es auch seine Aufgabe, bei Strandungen dafür zu sorgen, dass die Interessen Hamburgs gewahrt würden. Dabei kam es sehr bald zu Streitigkeiten mit seinen Landsleuten. Hatten sie bisher sehr oft fünf gerade sein lassen, so achtete Müller genau auf die Einhaltung der Regeln. Waren zum Beispiel bisher die geborgenen Güter sehr schnell versteigert und von dem Erlös dann die Partien für Berger und Eigentümer entnommen worden, so sorgte Müller dafür, dass möglichst auch vom Festland Bieter an der Versteigerung teilnehmen konnten. Dadurch war es den Helgoländern nicht mehr möglich, die Waren zu einem billigen Preis zu ersteigern. Diese versuchten zwar bei dem dänischen König zu intervenieren, blieben aber erfolglos. Das Gegenteil war der Fall. Im Jahre 1784 strandete ein Schiff mit wertvollen Gütern. Der dänische Landvogt Bödecker organisierte gegen den Willen Müllers eine Auktion, dabei ersteigerte er selbst die meisten der wertvollen Sachen. Müller beschwerte sich darauf in Kopenhagen. Zunächst erteilte man ihm einen Verweis, als man aber dort später die Sache genauer untersuchte, verlor Bödecker sein Amt.[47]

46 The PROVIDENTIA, Johnson, from Stockholm for Hamburgh, is strandet at Holy-goland (Lloyd's List 8 August 1760)

47 Ernst Baasch, Johann Heinrich Müller, der hamburgische Bevollmächtigte in Helgoland 1770–1794, in: ZSHG 33, 1903, Seite 236

Ernst Baasch berichtet weiter in der Broschüre betreffend Johann Heinrich Müller über einen Fall, der sich im Dezember 1770 ereignete und wo er sich in übler Form über das Verhalten der Helgoländer bei der Strandung der Galiote DE NIEWE HOOFT ausließ. Von dem, was sich bei der Strandung zutrug, und über die Rettung der Schiffbrüchigen verliert er kein Wort. Hier ist man wieder auf den Bericht angewiesen, den der Kapitän bei der Verklarung vor dem Helgoländer Strandgericht zu Protokoll gab:

... bey so verwandten Umständen hätten sie sich gezwungen gesehen, zur Rettung der Ladung und des Volkes, alle drey Masten über Bord zu kappen. An Land zu kommen hätten sie ganz keine Möglichkeit gesehen, weil von den gekappten Mästen sowohl Chaluppe und Boot ruinant gewesen. In dieser Verlegenheit hätten sie versucht, mit einer Jagerline, ein Flott am Wall zu bringen, welches ihnen den auch geglückt, und vermittelst dieser Lienen wären sie durch die am Strande befindlichen Helgolander, einer nach dem anderen, durchs Wasser ans Land gezogen, und so dann mit viel Lebensgefahr über die sogenannte Wahl, so zwischen der Sanddühne und dem hießigen Lande fließt, mit einer Chaluppe gebracht zu werden.[48]

Die Helgoländer Fischer und Lotsen waren in dem schweren Sturm, der dem Schiff DE NIEWE HOOFT zum Verhängnis wurde, zur Düne gerudert, hatten die Besatzung gerettet und waren dann mit den Geretteten wieder unter Lebensgefahr zur Hauptinsel zurückgerudert.

Johann Heinrich Müller starb 1794, Hamburg bestellte keinen Nachfolger.

Erst in der Chronik des Hamburger See-Assecuranz-Geschäftes aus dem Jahre 1824 wird ein F. Claassen wieder als Bevollmächtigter der Hamburgischen Assecuradeure auf Helgoland erwähnt. Von seiner Tätigkeit ist Näheres nicht bekannt.

In den letzten 15 Jahren des 18. Jahrhunderts gab es 30 Strandungen, in zehn Fällen davon wird berichtet, dass die Besatzung von Helgoländern gerettet wurde.

In den damaligen Wintern gab es oft sehr starken Frost. Dann war es unmöglich in die Flüsse einzulaufen, da diese stark vereist waren. Die Schiffe waren gezwungen, auf See Tauwetter abzuwarten.

So erging es der Bremer Galiote DIE POST. Sie war auf dem Weg von Bordeaux nach Bremen, als sie am 3. Januar 1789 auf starkes Treibeis vor Helgoland stieß. Am 5. Januar wurde sie durch das Eis gegen die Klippen gedrückt. Als der Wind am 9. Januar westlich lief, wurde das Schiff mit dem Eis auf die Klippen nördlich der Sanddüne getrieben. Der Kapitän berichtet über die dann folgenden Tage:

Hier wurde unser Schiff schrecklich gestoßen und von dem eindringenden Eise gedrängt: so dass wir kein anderes Mittel sahen, als von unserer Ladung so lange auszuwerfen bis das Schiff so weit erleichtert war, dass es von dem Eise mit hohem Wasser über die Klippen hinweggehoben wurde. Ob wir nun gleich auf diese Weise über das Riff gekommen waren, so war doch dabey unser Steuer mitten durchgebrochen und unser Schiff leck geworden, und wir trieben nun als Wrack seewärts.

Er schreibt dann, dass es ihnen gelang, wieder Helgoland zu erreichen, wo das Schiff mit Hilfe von einer Helgoländer Schaluppe auf den Strand gesetzt wurde. Die Restladung wurde gelöscht, doch die Schwierigkeiten waren noch nicht vorüber. Der Kapitän berichtet weiter:

48 LA S-H, 174, 14

d.19ten Jan.: fing mit Westen Winde ein solcher Sturm an zu wehen, dass das Schiff dadurch so sehr auf den Strand gestoßen, dass die 8 Mann Wache, die wir an Bord hatten ..., fürchteten, dass es scheitern würde und daher an Land flüchteten. Des Morgens hatten wir 3 bis 4 Fuß Wasser im Schiff.

d.21ten Jan.: Wir wandten auch alle Mühe auf, um unser Schiff zu retten und bohrten Löcher, wodurch das Wasser welches 4 bis 5 Fuß im Raume stand, ablaufen konnte, es war uns aber dennoch nicht möglich, mit hohem Wasser abzukommen, weil die See uns hinten immer weiter herauf warf.

Allerdings wurde DIE POST nicht aufgegeben. Am 4. Februar konnte sie abgebracht werden und ihre Reise in die Weser fortsetzen.[49]

Wie mühsam und gefährlich die Schifffahrt in der damaligen Zeit war, ist auch einem Reisebericht eines auf Helgoland gestrandeten Schiffes zu entnehmen. Das mit einer Ladung Stockfisch und Tran beladene norwegische Schiff BLAACHEIREN wollte am 22. September 1792 von Bergen nach Amsterdam auslaufen.

Sie bekamen jedoch erst am 2. Oktober günstigen Wind, um die Reise anzutreten. Nach wenigen Tagen drehte der Wind wieder südlich, nahm zu, so dass sie erneut bis zum 7. Oktober in Norwegen Schutz suchen mussten, bis sie dann endlich wieder in See gehen konnten.

Am 12. Oktober drehte der Wind auf SW mit Sturmesstärke. Schwere Seen gingen über das Schiff, sie mussten beidrehen, mehrere Segel zerrissen und sie trieben erneut nordwärts. Am 15. Oktober erreichten sie wieder die norwegische Küste und ankerten in Tannanger. Dort reparierten sie die Segel, setzten das Schiff wieder in Stand und gingen dann am 25. Oktober erneut auf die Reise. Sie waren jetzt bereits fast einen Monat unterwegs und waren nicht viel weiter als zu Beginn der Reise.

Am 1. November zog ein neuer Sturm aus West auf, sie befanden sich jetzt auf der Doggerbank in flachem Wasser und mussten schwere Seen übernehmen, wieder zerrissen Segel, und da der Wind auf SW drehte und immer mehr zunahm, waren sie gezwungen, wieder nach Norden zu halten. Am 4. November waren sie erneut in Norwegen und ankerten wiederum in Tannanger.

Sie mussten bis zum 25. November warten, bis die Wetterlage es zuließ, dass sie erneut in See gehen konnten, im später aufgenommenen Protokoll heißt es: Wir gingen unter Gottesnamen unter Segel.

Sie wussten nicht, dass ihnen das Schlimmste noch bevorstand. Am 5. Dezember fing es wieder an zu stürmen, wieder aus Westen, so dass sie in Richtung auf die dänische Küste getrieben wurden. Der Sturm nahm immer mehr an Stärke zu, die Segel zerrissen und das Schiff machte viel Wasser, sie mussten unentwegt pumpen. Das Rettungsboot zersplitterte. Tagelang waren sie ein Spielball der Wellen, schwere Seen gingen über das Schiff, ermattet vom pausenlosen Pumpen fielen sie in ihren nassen Kleidern für eine kurze Zeit in ihre nasse, kalte Koje, ohne warme Mahlzeit, nur in der Hoffnung, der Sturm würde sich bald legen.

Am Abend des 9. Dezembers flaute der Sturm etwas ab, und am nächsten Morgen sahen sie Helgoland vor sich und konnten nachmittags im Nordhafen ankern. Sie dankten Gott, dass er ihnen bis dahin geholfen hatte.

Am 11. Dezember entwickelte sich jedoch der Sturm zum Orkan, die Ankertaue brachen und sie wurden auf den Strand der Düne geworfen. Das Ende beschreibt der Kapitän als einzig Überlebender:

49 Peter-Michael Pawlik, Von der Weser in die Welt, Band 1, Seite 360. Ernst Kabel, Hamburg 1993

Helgoländer Schnigge am Strand

... des Tages Anbruch und Eintritt der Fluth da strömte die hohe See über das Verdeck und in die Volks Kojen und da wurden wir so erschrecklich von der See überwältigt, dass das Schiff entzwei geschlagen und zu Trümmern ging. Da musste ich, selbst mit großer Todesangst umgeben, mit Ahnungsvoller Seele, alle meine 5 Gefährten einer nach dem anderen vom Verdeck weggespült und von den wütenden Wellen verschlingen sehen und ich allein, beinahe todt und auf das äußerste erschöpft auf den Strand geworfen, ward, als ich gegen die eintretende Nacht mein Ende erwartete, von einigen Helgoländern auf deren Schaluppen mit eigener Lebens Gefahr hinüber auf die Insel gebracht und vom Todt gerettet.[50]

Erst nach einigen Tagen hatte sich das Wetter so weit beruhigt, bis es möglich war, zu dem Schiff hinüberzufahren. Man fand es total in Stücke zerschlagen. Von der Ladung waren nur noch einige beschädigte Fässer Tran geblieben.

50 LA S-H 174/14

Am 13. Juni 1788 erließ der dänische König Christian VII. folgende Verfügung:

Wir haben aus Deinem (des Landvogts) *Berichte vom 2ten Sept.v.J. vernommen, welchergestallt zur Beförderung der ungesäumten Rettung der bey Unserer Insul Helgoland in Gefahr kommenden Schiffe dorten verfahren wird, und dass in gewissen Fällen für diejenigen, welche dem Schiffe zu Hülffe kommen wagen, Prämien ausgeboten und von der Landeskasse bezahlt werden.*

Wie nun die bisher übliche Einrichtung zwar an sich Unsern Beifall findet, indessen doch dabey die Betrachtungen eintreten, dass die in Fällen der Noth zu bezahlenden Prämien der Landeskasse zu lästig fallen möchten und dass durch die von den zahlreichen Administratoren der Landeskasse erst zu entscheidende Prämienfrage: ob ein wirklicher Nothfall vorhanden? Die Rettung leicht zu lange aufgehalten werden könnte: so haben Wir Uns bewogen gefunden, die Hälfte der Prämie zu übernehmen und zugleich der bisherigen Einrichtung eine nähere Bestimmung zu geben.[51]

Es folgen Ausführungsbestimmungen. Damit erfolgt die Belohnung bei Rettungseinsätzen nicht mehr allein durch die Helgoländer Landeskasse, sondern zur Hälfte von dem dänischen Königshaus.

Am 29. August 1794 strandete auf den Norderklippen die Galiot ELISABETH. Das Schiff befand sich mit einer Ladung Hafer und Holz auf dem Weg von Stettin nach Amsterdam. Wie üblich rief der Landvogt die Bevölkerung auf, um die Ladung zu bergen. Bei diesem so genannten Bührwerk waren alle Bürger zur Arbeit verpflichtet. Nach drei Tagen verlangten diese, dass der Anteil des Bergelohns, der auf die Landeskasse fiel, gleichmäßig auf alle verteilt werden solle. Vor allem sollten auch die Witwen und Waisen gleichermaßen bedacht werden. In dem Bericht des Landvogtes Samuel Nicolaus Haase und der Ratmänner von Helgoland heißt es: »*Am dritten Tag des Bergens brach die Unruhe aus, indem von der Menge mit wütendem Geschrei die Theilung der während des Bührwerks in die Landes Casse bereits geflossenen und noch ferner fließenden Lootsen Häuern über das Land, nebst Abschaffung einiger angeblicher Unordnungen bey dem Lootsen Wesen, Entlassung aller Landesältesten etc. etc. verlangt, und bis alles diese versprochen und befolget worden, alle Arbeit bey dem Bergen gänzlich verweigert würde.*« Das wütende Volk stürmte in den Ratssaal und verlangte dort die Erfüllung aller Forderungen. Man einigte sich darauf, dass aus jedem der vier Inselquartiere zwei Personen beauftragt werden sollten, um die Streitigkeiten beizulegen. Es kam zu einer Einigung: Die Forderungen nach Teilung für alle Einwohner sowie eine Verordnung über das Lotsenwesen wurden erfüllt.

Mit dem Einverständnis zur Teilung des Bergelohnes an alle Bürger gleichmäßig, ohne auf die damalige komplizierte Bürgerordnung, den sogenannten Bührlotten, Rücksicht zu nehmen, muss ein ziemlicher Druck auf der Verwaltung gelegen haben, wurde hier doch eine Ordnung außer Kraft gesetzt, die seit ewigen Zeiten gegolten hatte. Darauf weist auch der Schluss des Berichtes des Landvogtes an den König hin:

Wir kamen für diesesmal mit heiler Haut nach Hause, nachdem die Menge uns, indem wir über das Unterland gingen, mit schallenden **Triumpfliedern** *von* **Freiheit** *und* **Gleichheit** *noch zu guter Letzt gehönet, und die Landes Ältesten mit den anzüglichsten Scheltworten namentlich gelästert hatten.*

51 E. Weber, Beitr. z. Gesch. Helg., 1985, Teil 2, Seite 72

Diese Unruhe war natürlich kein politischer Aufstand. Wirtschaftliche Gründe und Bevorzugung einiger Lotsenoffiziere, die sich Unregelmäßigkeiten zu Schulden hatten kommen lassen, waren letztlich der Auslöser. Aber die Ideen der Revolution waren bis nach Helgoland gedrungen.[52]

Nur ein viertel Jahr später ereignete sich ein Vorfall, der für die Verweigerung jeder Ordnung beispielhaft war. Die amerikanische Fregatte THE MORNINGSTAR steuerte am 27. November 1794 Helgoland an, um einen Lotsen zur Elbe an Bord zu nehmen. Obwohl man schon nahe der Insel war, die Fahrzeuge auf der Reede waren deutlich zu erkennen, ließ sich keine Lotsenschaluppe blicken. Erst als das Schiff auf Sellebrunn an Grund geriet, kam die Schaluppe, und man einigte sich, dass weitere Leute von Land kommen sollten, um das Schiff abzubringen. Dieses war jedoch bereits so weit auf die Klippen getrieben, dass es verloren ging. Der Fall ging vor Gericht in Gottorf, hier wurde festgestellt, dass der zuständige Lotsenoffizier seine Pflicht sträflich vernachlässigt hatte, er hätte dem Schiff viel früher entgegenfahren müssen. Als Lotsenoffizier wurde er auf Lebenszeit suspendiert, als einfacher Lotse war er für ein Jahr gesperrt. Die übrige Besatzung der Schaluppe wurde ebenfalls mit einer Sperre von einem halben Jahr bestraft.[53]

Auch in den folgenden Jahren hat es unter den Einwohnern gegärt, die wirtschaftlichen Verhältnisse waren schlecht, und wenn dann ein Schiff strandete, bediente man sich auch mal außerhalb der Legalität an dem geborgenen Gut. Der Landvogt schrieb aus diesem Grunde dem Gericht:

Das hiesige Gericht muß sich verpflichtet finden, die Unordnungen und Räubereyen in hiesigen Strandungsfällen auf die bestmöglichste Art Einheit zun thun, um den Makel, welcher dem Lande leider mit einigem Grunde anklebt, zu entfernen. Er schlägt dann vor, dass aus jedem der vier Quartiere drei *»gewiß treue«* Bürger bestellt werden sollen, die für einen ordnungsgemäßen Ablauf der Bergungen sorgen sollen.[54]

Die Wirren des Krieges, der zwischen Frankreich und den anderen europäischen Mächten nach der Französischen Revolution stattfand, machten sich allmählich auch auf Helgoland bemerkbar. Zunächst nur durch die französischen Kaperschiffe, die in der Nordsee agierten. Im Jahre 1797 strandeten zwei englische Schiffe auf Helgoland, die sich dorthin retten wollten. Auch 1798 hat es solch eine Strandung gegeben. Helgoland war zu der Zeit noch dänisch. Später sollte die Insel eine weit größere Rolle in diesem Krieg spielen.

Im 18. Jahrhundert waren 184 Schiffe bei der Insel Helgoland gestrandet, also fast jedes Jahr zwei Schiffe.

52 R. Ehrhardt-Lucht, Die Ideen der Französischen Revolution in Schleswig-Holstein, Quellen und Forschungen zur Geschichte Schleswig-Holsteins, Band 56, Neumünster 1969, Seite 199.

53 LA S-H 174/14

54 E. Weber, Chr. Kopie1973, Seite 275

Das 19. Jahrhundert

Das Strandrecht

Am 30. Dezember 1803 erließ der dänische König Christian VII. ein neues Strandrecht, geltend für sämtliche Küsten seines Reiches, also auch für Helgoland. Dieses Strandrecht löste das alte, im Jahre 1709 erlassene und später mehrfach in Einzelheiten geänderte Strandrecht ab. Das Gesetz regelte den Ablauf der Bergung in genauen Anweisungen, von der Verpflichtung der Rettung Schiffbrüchiger bis hin zur Aufbewahrung der Güter.

Das ganze Gesetz war grundlegend darauf angelegt, den Besitzern der Güter größtmögliche Sicherheit zu geben, zu ihrem Recht zu kommen. Das reichte vom Einsetzen von Strandvögten, deren Tätigkeit genau vorgeschrieben war, bis hin zur Strafandrohung bei Entwendung von Strandgütern.

Für die Kaufmannschaft war der Passus am wichtigsten, der besagte, dass der Fiskus auf jeden Anteil des Geborgenen verzichtete. Der Bergelohn wurde festgelegt nach Aufwand der Bergung und Wert des Geborgenen. Dabei durfte der Bergelohn niemals mehr als den Wert eines Drittels des Geborgenen betragen. Wenn jedoch herrenloses Gut auf offener See geborgen würde, so bekämen die Berger die Hälfte des Gutes, die andere Hälfte sollte ein Jahr und sechs Wochen für den Besitzer aufbewahrt werden. Falls sich dieser nicht melden würde, solle der Staat diesen Teil erhalten. Ähnlich im Falle, dass Strandgut an den Küsten gefunden würde, welches herrenlos sei. Hier bekämen die Finder ein Viertel des Wertes, mit dem Rest würde wie oben verfahren.[55]

Im Jahre 1868 erhielt die Insel eine völlig neue Verfassung. In Zusammenhang damit wurden dann und im Jahre 1876 »Verordnungen zur Ergänzung der Strandgesetze von Helgoland« erlassen, um die bestehenden Bestimmungen über Strandungs- und Bergungsfälle mehr in Einklang mit denen des nahen Festlandes zu bringen. Diese Verordnungen stützen sich auf das deutsche Reichsgesetz vom Jahre 1874. Dabei sind nicht alle Paragraphen glücklich umgesetzt worden. So besagt der § III, dass gerettete Menschen sowie geborgene Güter im nächsten Hafen vom Rettungsplatz gelandet werden müssen. Eine Strafe wird angedroht, falls diese »nach irgend einem Hafen dieser Insel gebracht werden, welcher nicht der nächste zum Bergungsort sein sollte«. Auf Helgoland eine recht unsinnige Vorschrift.

Die politische Entwicklung

Anfang des Jahrhunderts änderte sich erneut die politische Zugehörigkeit der Insel. Der sich immer mehr verschärfende Krieg zwischen Frankreich und England machte sich nun auch auf Helgoland bemerkbar. Nachdem die Franzosen 1803 Hannover, Cuxhaven und Bremen-Lehe besetzt hatten, verhängte London eine Blockade über Elbe und Weser. Das Blockadegeschwader suchte im Winter Helgoland auf, und da viel Verkehr für Hamburg

55 E. Weber, Beitr. z. Gesch. Helg., Teil 3, 1986, Seite 17

über Tönning lief, wurden viele Güter auf Helgoland von großen Schiffen in kleinere umgeladen, da diese besser geeignet waren, in den engen Gewässern nach Tönning zu navigieren. Um die sehr gefährlichen Untiefen an der schleswig-holsteinischen Küste zu befahren, bediente man sich der ortskundigen Helgoländer Lotsen.

Im Jahre 1805 wurde die Blockade ausgesetzt, aber bereits im Frühjahr 1806 wieder aufgenommen. Zunächst weniger streng als zuvor, aber Napoleon erließ am 21. November 1806 das Berliner Dekret, die Kontinentalsperre. Danach erklärte er die Britischen Inseln für blockiert, verbot jeden Handel mit England und dehnte dieses Verbot auf alle von Frankreich abhängigen Staaten aus.

Jetzt wurde die Blockade von beiden Seiten verschärft, und auch der Handel über Tönning wurde immer schwieriger. Als dann auch noch Dänemark der Kontinentalsperre beitrat, wurde Helgoland für England immer wichtiger.

Seit Nelson bei Trafalgar die französische Flotte vernichtet hatte, hatte England in der Nordsee die Alleinherrschaft. Man war jedoch besorgt, dass die in Kopenhagen liegende dänische Flotte diesen Zustand gefährden könnte, und so wurde Kopenhagen im September 1807 bombardiert und die dänische Flotte weggeführt.

Zur gleichen Zeit wollte man sich der die Deutsche Bucht beherrschenden Insel Helgoland versichern. Am 5. September 1807 erschien eine britische Flotteneinheit vor der Insel und forderte die Übergabe Helgolands an England. Im Gegensatz zur Besetzung der Insel durch Dänemark vor etwa 100 Jahren, als die Insel durch die Besatzer in Brand geschossen wurde, erfolgte die Übernahme unblutig.

Das Leuchtfeuer

Die britische Regierung begann sofort nach Inbesitznahme der Insel ein neues, lichtstärkeres und moderneres Leuchtfeuer zu errichten. Die alte Feuerblüse, nunmehr über 100 Jahre in Betrieb, genügte den Anforderungen der modernen Seeschifffahrt nicht mehr. Es wurde

Der englische Leuchtturm

ein etwa 18 m hoher Turm errichtet, der mit Paraffinkerzen versehen war. Zwei Kränze von Parabolspiegeln konzentrierten den Lichtschein. Später wurde statt der Kerzen Rüböl und dann Paraffin verwendet. Das Gebäude der alten Feuerblüse wurde als Signalstation genutzt, bis es nach dem Ersten Weltkrieg abgebrochen wurde.

Im Jahre 1857 wird unter dem Begriff Rettungsstation mitgeteilt, dass drei Mörser mit *Captain Manby's Apparatur for saving Life from Shipwreck* von England geliefert wurden. Das Kommando über diese Rettungseinrichtung wurde J. Stoldt übertragen, er wurde bevollmächtigt, achtzehn Personen auszuwählen, die ihm bei der Bedienung des Gerätes zur Seite stehen sollten. Von Zeit zu Zeit sollten Übungen abgehalten werden, um so schnelles und wirksames Handeln zu gewährleisten.[56]

Diese Einrichtung diente dazu, Schiffbrüchige von einem Schiff, das in der Nähe der Küste gestrandet war, zu bergen. Zu diesem Zweck schoss man mit einer Rakete eine Leine zum Havaristen. Mittels dieser Verbindung war es möglich, ein Jolltau und dann ein Rettungstau zum Schiff zu ziehen, welche dort befestigt wurden. Eine Hosenboje wurde dann mit dem Jolltau zum Schiff gezogen, um die Seeleute zu bergen.

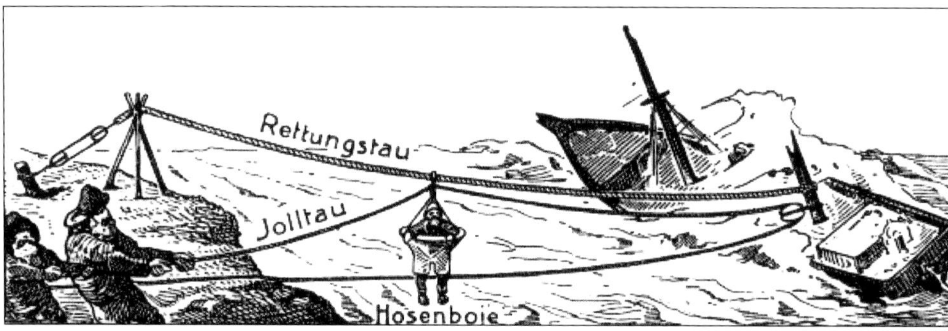

Aus einem alten Lehrbuch der DGzRS

Um die Schifffahrt bei schlechter Sicht zu warnen, wurde im Jahre 1876 eine Nebelsignalstation an der Nordspitze errichtet. Die Signale wurden zuerst durch Schießbaumwolle gegeben, indem dieselbe mittels Elektrizität auf einer auf der Erde liegenden Platte entzündet wurde. Da hierdurch bedeutende Felsabbrüche verursacht worden sein sollen, wurden vom Jahre 1878 an die Raketensignale eingeführt, welche Tag und Nacht bei Nebel jede zehnte Minute gegeben wurden. In den Jahren 1879 bis 1892 wurden jährlich durchschnittlich 2.462 Raketenschüsse abgefeuert. In den Monaten Dezember, Januar und Februar, März am häufigsten.

Die Schiffsunfälle

Über eine spektakuläre Rettung hören wir von Heikens.[57] Die preußische Brigg FLORA war auf dem Weg von Liverpool nach Tondern. Da der Bestimmungshafen wegen der Eislage nicht zu erreichen war, wurde auf der Helgoländer Reede Tauwetter abgewartet. Am 1. März 1805 erhob sich jedoch ein starker Sturm und die Brigg strandete. Hier der Bericht:

56 E. Weber, Beitr. z. Gesch. Helg., Teil 3, 1986, Seite 352
57 Hans Frank Heikens, Helgoland und die Helgolander, Oldenburg i. O. 1844, Seite 2

In dem harten Winter lagen hier mehrere Schiffe im Hafen. Unter ihnen auch die preußische Brigg. Der Kapitän nahm, solange er hier lag, jede Nacht einen Lotsen mit an Bord. Einmal brach das Schiff los und schlug auf die Klippen. Es sah sich nicht anders an, als wenn Alles mit Mann und Maus verloren gehen sollte. Im Nu waren drei Ruderboote vom Strand abgelöst, und dann nach den Klippen hin. Das Schiff saß mitten in der Brandung. Das erste von den drei Booten wagte sich hindurch, und kam so nahe zum Hinterteil des Schiffes, daß der Lotse von da frei hinab in das Ruderboot sprang. In dem Augenblick aber jagte eine so schwere Sturzwelle an, daß das Boot bis unter die Ruderbänke voll Wasser schlug. Dadurch war es gezwungen an seine eigene Rettung zu denken. Nun setzte das zweite Boot durch die Brandung. Es kam dem Schiff so nahe, daß es eine Leine überwerfen konnte, und ruderte dann aus der Brandung weg. Auf diese Art dachten sie die Schiffsmannschaft zu retten. Der Kapitän machte zuerst die Leine um seinen Leib, und sprang über Bord. Er wurde ungfähr dreißig Faden oder Klafter weit durch das Wasser geholt, und so halb tot in das Boot geholt. Dann kam der Steuermann und noch zwei andere. Dann barst das Schiff auseinander. Die vier Mann, die noch an Bord waren, liefen nach dem Hinterteil zu und drei gingen in das kleine Boot, das am Spiegel aufgehängt war. Den Koch, er war der vierte, traf der Gieckbaum im Genick und er fiel über Bord. Das dritte Boot, das auf Reserve postiert war, nahm das kleine Boot wahr, setzte im Nu danach hin, nahm die drei über und ruderte, was es konnte, um wieder aus der Brandung zu kommen. So wurden mit großer Gefahr sieben Mann und auch der Hund gerettet.

Mit der Besetzung der Insel 1807 war Helgoland in den Strudel der Weltpolitik geraten. Es begann eine turbulente Zeit. Da die Insel ideal gelegen, das Festland nicht weit entfernt war, setzte ein schwunghafter Schmuggel mit aller Art Waren ein.

Auf dem Festland bestand ein immenser Bedarf an Waren aller Art. Kaffee, Kakao, Indigo, um nur wenige zu nennen, aber auch Fertigprodukte aus England wurden in größeren Schiffen nach Helgoland gebracht, dort gelagert und dann in kleine Schiffe umgeladen. Diese, von ortskundigen Schiffern geführt, brachten dann die sehnsüchtig erwarteten Waren vorbei an den französischen Wachen aufs Festland.

Aber auch politisch war die Insel wichtig, Spione benutzten die Insel, um von dort unbemerkt das Festland zu erreichen, wichtige Post wurde über Helgoland in die von Frankreich besetzten Gebiete gebracht.

Da es keinen Hafen gab, lagen die Schiffe auf der Reede dicht an dicht. Kleinere Schiffe wurden bei Hochwasser auf den Strand gesetzt und dann entlöscht oder beladen, anschließend wieder ins tiefe Wasser gebracht. Größere Schiffe ankerten auf der Reede, die Ladung wurde mit Booten befördert.

Zeitweise waren bis zu 100 Schiffe auf der Reede. Der englische Gouverneur Hamilton meldete am 29.10.1808 nach London, dass trotz der schlechten Jahreszeit der Hafen von mehr als hundert Seglern wimmelte.[58] Dass es dabei immer wieder zu Havarien kam, blieb natürlich nicht aus.

So strandeten 1808 zehn Schiffe.

Heikens berichtet uns von der Strandung eines englischen Schiffes:

... segelte ein englisches Schiff, von London kommend mit Stückgütern beladen, auf die Klippen. Das Schiff stieß so schwer auf, dass es in kurzer Zeit leck wurde, so dass es sank.

58 Werner Mohrhenn, Helgoland zur Zeit der Kontinentalsperre, Berlin 1928

Glücklicherweise blieben die Toppen (Spitzen) von den Masten über dem Wasser stehen. Die Schiffsmannschaft kletterte auf die Toppen hinauf, und hielt sich oder band sich an denselben fest, bis ein Helgoländer Ruderboot kam und sie rettete. Das Schiff saß eine gute Meile vom Lande ab. Die Vorsteher des Landes ließen ausrufen, um Freiwillige zu ersuchen, Menschenleben zu retten und versprachen gute Belohnung. Kaum war das Ausrufen geschehen, da kamen achtzehn fixe junge Kerls, und rissen ein Ruderboot ab vom Strande, setzten durch die turmhohe Barlung (Brandung) hin, und retteten die ganze Schiffsbesatzung. Die Landeskasse musste alles bezahlen, indem nichts von der Ladung geborgen wurde. Jeder Mann erhielt fünfundzwanzig Reichsthaler ausbezahlt. Hätte die reiche Ladung geborgen werden können, dann hätte die Landeskasse den dritten Theil davon erhalten, was die Strandrechte uns von alten Zeiten zugesagt haben.[59]

Das Jahr 1809 war sehr verlustreich für die Schifffahrt auf Helgoland. Sechzehn Schiffe verunglückten bei der Insel, allein vier am 12. Dezember. Dabei vertrieben die Schiffe im Sturm, kollidierten miteinander, es herrschte ein heilloses Durcheinander.

Kapitän Hermann H. Wolters ließ am 13. Dezember protokollieren, dass sich sein Schiff in dem heftigen Sturm vom Anker losgerissen hätte, dann auf die Düne getrieben wäre, wo es total verloren ging. Zwei Mann der Besatzung fanden dabei den Tod.

Am selben Tag wurde das Schiff DOCHTER MARGARETHA von seinem Anker losgerissen, kollidierte mit einem anderen auf der Reede liegenden Schiff, dabei konnte sich die Besatzung durch einen Sprung auf dieses Schiff retten. Die DOCHTER MARGARETHA ging total verloren.[60]

Welche Art Ladung zu der Zeit auf Helgoland umgeschlagen wurde, kann man dem Seeprotest des Kapitäns der englischen Brigg JANE, David Davidson, entnehmen, den dieser am 19. Oktober 1811 vor dem Magistrat der Insel zu Protokoll gegeben hat. Danach war er mit einer Ladung, bestehend aus Rum, Schinken, Käse und Ballengütern, von London gekommen. Diese Güter wären auf Helgoland gelöscht worden. Anschließend wurde das Schiff mit Fabrikwaren, Baumwollgarn, Zucker, Tabak, Indigo, Schellack, einem Sack Pfeffer und verschiedenen kleinen Artikeln, Nägeln usw. beladen. Diese Ladung war wiederum für London bestimmt.

Die auf Helgoland gelöschte Ladung kann nicht groß gewesen sein. Das Schiff kam am 1. September an, löschte Ladung und Ballast. Bei der geringen Ladung wurde zusätzlicher Ballast benötigt, um das Schiff stabil zu halten. Bereits am 3. September wurde dann mit der Beladung begonnen.

Wird die auf Helgoland gelöschte Ladung noch für die englische Garnison benötigt worden sein, so geben die dann für London geladenen Waren Rätsel auf. Es waren doch gerade diese Artikel, die auf Grund der Kontinentalsperre von England exportiert wurden, um dann über Helgoland auf den Kontinent geschmuggelt zu werden. Wahrscheinlich wurde auch damals schon durch das Hin- und Herschieben von Gütern Geld verdient. In diesem Fall mit fatalen Folgen.

Die Strandung schildert der Kapitän: ... *um 4 Uhr Morgens starker Sturm aus WNW ständig zunehmend, böig mit Regen, gegen Mittag gewaltig schwere Böen mit Hagel, Regen, Donner und Blitz, ein Paketschiff lief ein, nicht in der Lage die Reise fortzusetzen, ebenso eine Kanonenbrigg. Um 4 Uhr Nachmittags warfen sie ihren besten Buganker und steckten*

59 Hans Frank Heikens, Helgoland und die Helgolander, Oldenburg i. O. 1844, Seite 6
60 LA S-H, 174,16

zwanzig Faden an beiden Ankern aus – um halb acht Uhr Abends begann die Brigg zu treiben, sie steckten mehr am besten Anker aus und brachten sie nahe eines anderen Schiffes auf. Um 8 Uhr furchtbar schreckliches Wetter, sie kamen nahe der Galliot, THE ANT, *Nathanal Throp Kapitän, aus Hull. Sie waren bereits in der Brandung der Düne, die See brach über das Schiff, sie steckten weiter beide Anker, jedoch ohne Erfolg, die Brigg trieb weiterhin, so dass sie nach wenigen Minuten aufstieß und quer auf den Strand der Düne kam. Die Brigg stieß schwer auf und da sie in Gefahr war durchzubrechen, kappten sie den Mast um das Schiff zu erleichtern, um so die Ladung und ihr Leben zu erhalten; Wind und Wetter dauerten an, alle waren an Bord, kein Menschenleben verloren und das Schiff bis obenhin voll Wasser.*

Am 14. Okt. Mitternacht starker Sturm aus Nordwest, die Brigg immer noch voll Wasser, um 4 Uhr Morgens gingen sie bei Niedrigwasser an Land, es war zu unsicher an Bord zu bleiben. Morgens gegen 11 Uhr waren die Fregatte HORABLE *und eine Kanonenbrigg mit ihren eisernen Ankerketten vertrieben und die Fregatte war lediglich eine Schiffslänge von der Brandung entfernt, sie feuerten mehrer Kanonen ab und setzten Notsignal, der Hafenmeister und mehrere andere Boote kamen zur Hilfeleistung – gegen 1 Uhr Nachmittags flaute es etwas ab, das Wasser lief ab und sie gingen an Bord um so viel wie möglich zu bergen. The Ant war nahe von uns verloren gegangen und daneben der Schooner* FORTUNA.[61]

Bei diesem Sturm waren fünf Schiffe in Seenot gewesen, drei davon gingen verloren.

Am 10. September 1820 strandete die englische Brigg NEW MINERVA auf dem Riff Sellebrunn.

Ein Unfall, der durch die darauf folgenden Umstände großes Aufsehen erregte. Das Schiff war nördlich von Helgoland gesichtet worden mit einem Kurs, der direkt auf die Klippen führte. Die Lotsen ruderten hinaus, informierten den Kapitän über die Gefahrenlage, in der die Brigg sich befand, und boten sich an, das Schiff in die Elbe zu lotsen. Der Kapitän erklärte, er befände sich nicht auf gefährlichem Kurs, und lehnte es ab, anhand seiner Seekarte die Lage zu erörtern. Er wäre aber bereit, Lotsen zur Elbe zu nehmen. Man konnte sich jedoch nicht über das Lotsgeld einigen und so ruderten die Lotsen wieder an Land. Sie waren noch nicht lange zurück, als die Brigg auf Sellebrunn fest kam und um Hilfe signalisierte. Sie ruderten erneut hinaus, boten an, das Schiff abzubringen, wieder konnte man sich nicht über die Bezahlung einigen. Der Kapitän erklärte, er würde das Schiff auch ohne Hilfe freibekommen. Als dieses Manöver nicht gelang, fuhr der Kapitän zur Insel und übergab das Schiff zur Bergung für ein Drittel Bergelohn. Die Helgoländer fuhren hinaus, brachten Warpanker aus und fingen an, das Schiff zu löschen. Da drehte der Wind und das Schiff kam frei. Darauf erschoss sich der Kapitän.

Die Reederei lehnte es ab, den Bergelohn zu zahlen, da das Schiff ohne Hilfe freigekommen wäre. Die Helgoländer klagten darauf und bekamen Recht und ihren Bergungslohn ausgezahlt.

Am 23. September 1821 verließ das Hamburger Schiff FASETA, beladen mit einer Ladung Zucker, Bahia. Das Schiff war bestimmt nach Hamburg. Kapitän war Hendrek de Haan. An Bord befanden sich 14 Besatzungsmitglieder sowie 4 Passagiere.

Bis zum Englischen Kanal verlief die Reise ohne besondere Vorkommnisse. Dann frischte der Wind auf, entwickelte sich zum Sturm aus SW mit Regen und trüber Witterung.

61 LA S-H 174,16

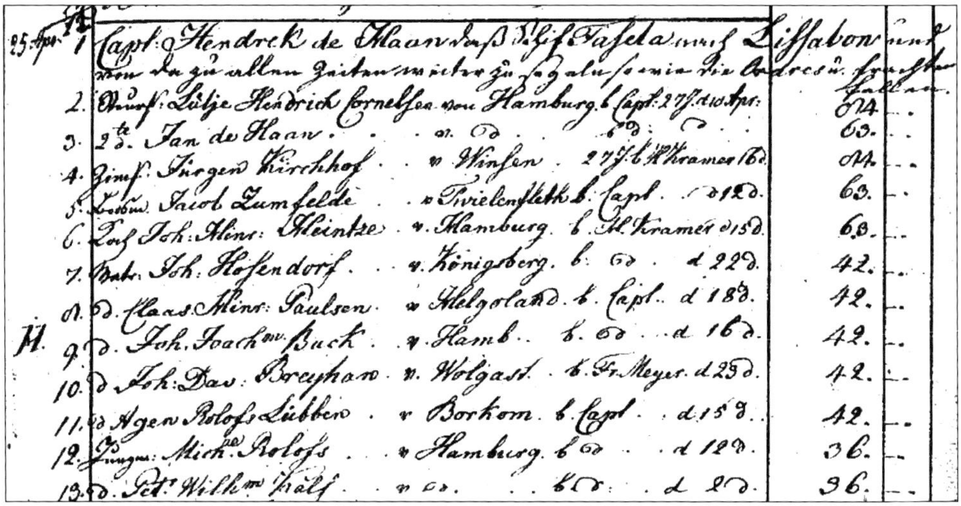

Auszug aus der Musterungsliste des Staatsarchivs Hamburg

Am 29. Oktober liefen sie bei Dover auf eine Sandbank, stießen zweimal leicht auf den Grund und kamen sogleich wieder frei. Das Schiff war jedoch so leck geworden, *dass es kaum durch beständiges Arbeiten mit beyden Pumpen oben Wasser gehalten werden konnte.*

Am 1. Dezember nachmittags um 1 Uhr bekamen sie Helgoland bei einem orkanmäßigen harten Sturm aus WSW in Sicht. Bei diesem Wetter wäre es unmöglich gewesen, mehr als das Vorstagsegel zu führen.

Da es bei diesem Sturm und der schlechten Sicht zu dieser späten Stunde nicht ratsam erschien in die Elbe einzulaufen, entschlossen sie sich, auf der Südreede von Helgoland vor Anker zu gehen, zumal sie einen Matrosen aus Helgoland an Bord hatten, der examinierter Lotse war.

Jedoch: ... *wie sie die vor der Süder Rhede gefährlichen Untiefen glücklich passiert und auf der Rhede hatten einbiegen sollen, waren ihnen die hinter Segel so selbige zugesetzt vom Sturme zerrissen worden. Ermattet und erschöpft an Kräften durch vorhergehenden Stürme und vorzüglich durch das viele Pumpen in der letzten Zeit bei Tag und Nacht wäre es ihnen bei dem besten Willen der ganzen Schiffsmannschaft unmöglich gewesen, mehrere Segel zur Richtung des Schiffes bey zusetzen oder andere Rettungsmaßregeln anzuwenden. Durch die stark laufende Fluthzeit, heftige Windstöße und Seebrechungen wäre das Schiff auf die gefährliche Spitze der Sanddühne so zu sagen geschleudert worden.*

Vorher hatten sie noch einen Anker fallen lassen, aber leider zu spät, nichts wäre in Stand gewesen, die tobende Brandung zu widerstehen. Sie waren an Grund gestoßen und auch nicht die mindeste Aussicht wäre für die Rettung ihres Lebens vorhanden gewesen. Selbst jeden Augenblick ihren Tod erwartend sahen sie bald darauf die hintere Hälfte mit den Meisten ihrer Seegefährten abgerissen und die Menschen im Abgrund des Meeres versinken.

Auf dem Vordertheil des Schiffes welches glücklicherweise sitzen geblieben, waren sie mit noch einem Passagier durch die Hände des Allgütigen erhalten und von vier Helgoländern bey fallender Ebbzeit ganz entkräftet auf der Sand Dühne an Land gebracht wo sie unter mehreren gastfrey aufgenommen und die gehörige Verpflegung genossen hätten.[62]

62 Aus der Verklarung des Steuermannes Lüttje Hendrick Cornelsen vor dem Helgoländer Gericht am 13.12.1821. (Landesarchiv Schleswig Holstein Abt. 174/22)

Strandung der FASETA

Der erwähnte Helgoländer war Claus Hinr. Paulsen.[63] Er war 26 Jahre alt, ein Jahr verheiratet, Vater einer Tochter, welche er durch den tragischen Tod nicht mehr hatte sehen können.[64]

Ein sehr realistisches Bild der Strandung ist im Besitz von Herrn Thaysen in Archsum, dessen Vorfahr der Steuermann des Schiffes war. Es wurde gemalt von dem Helgoländer Jacob Hansen Claußen.[65]

Wir haben hier wohl einen der seltenen Fälle aus jener Zeit, dass bei diesem Seeunfall ein Beteiligter bei Gericht die Strandung schildert und ebenso gleichzeitig ein Maler als Augenzeuge ein Bild der Strandung anfertigt.

Ein bezeichnendes Licht auf die Einstellung der Helgoländer zu Menschen in Seenot wirft die Gerichtsverhandlung und anschließende Versammlung nach der Strandung der Schmacke DE GODE HOOP am 2. Dezember 1824. Das Schiff war in Seenot gewesen und man hatte die Besatzung und die Frau und Kinder des Kapitäns gerettet.

Die Besatzung des Rettungsbootes stellte Forderungen an den Kapitän, da sie an Bord auch einige verschiedene Verrichtungen gemacht und etwas Ladung geborgen hätten. Vor Gericht wurde festgestellt, dass weder während der Bergung noch jetzt Geld für die Rettung der Schiffbrüchigen verlangt worden wäre. Der Streit ging um die Höhe der Entlohnung für die Arbeit an dem Schiff.

Nach pro und kontra, Vortrag und Einreden wurde von Seiten des Gerichts (welcher der Vergleich aufgetragen) an den Schiffer der Vorschlag gemacht, sich zu einer billigen Entschädigung an die Schaluppenbesatzung zu verstehen. Man einigte sich dann auf Zahlung einer Belohnung.

63 Musterungsliste vom 10. April 1821 (Staatsarchiv Hamburg Wasserschout)
64 Diese Informationen stammen von dem Helgoländer Genealogen E.N. Krüss
65 20.08.1800–23.10.1836 (Daten von E.N. Krüss)

Am nächsten Tag fand eine Versammlung der Helgoländer Fischer und Lotsen statt. Dabei äußerte sich der Lotsenoffizier, der die Bergung durchgeführt hatte, dass er, falls es kein Geld für die Rettung von Menschenleben geben sollte, in Zukunft keine Hand mehr rühren und jeden ertrinken lassen würde. Die Versammlung ging zunächst nicht darauf ein ... *Ob dieses vielmehr Pflicht für jeden gebildeten Menschen sey; überließ man ihn seinen unüberlegten Ausdrücken, und es schien als wenn man davon keine Notiz nehmen wolle.* Aber da er keine Ruhe ließ, im Gegenteil seine Meinung noch bekräftigte, wurde er, Lotsenoffizier und einer der Landesältesten, ... *als untaugliches Subjekt seines Amts als Representant entlassen, und hiermit völlig degradirt.*[66]

Im vorliegenden Fall war das Schiff total verloren gegangen, nur wenig konnte geborgen werden.

Hier muss auch einmal eingegangen werden auf das selbst heute noch in Fachliteratur der Seefahrt immer wieder erwähnte Strandsegengebet »Gott segne unseren Strand«.

Noch im 19. Jahrhundert, so wird behauptet, wäre dies ein Teil des Gottesdienstes gewesen.

Dabei wäre es ein Leichtes, bei genauer Recherche die Wahrheit herauszufinden.

Für Helgoland schreibt Friedrich Oetker 1855 in seinem Buch Helgoland dazu: ... *aber man hätte schon aus Camerers*[67] *Nachrichten ersehen können, dass schon um 1758 der helgolander Prediger bezeugt hatte, ein solches Gebet finde nicht statt. Es werde vielmehr nur um Abwendung von Gefahren und um Segnung des Fischereibetriebes und des Sandspierenfangs am Strande gebetet. In ähnlicher Form hat das Kirchengebet bis auf den heutigen Tag gelautet. Gleichwohl hat das nicht gehindert, das noch in allerneusten Schriften von jenem Gebet die Rede ist, als sei es in den letzten Jahrzehnten üblich gewesen. Die Schilderungen Helgolands blieben hinter ähnlichen Erzählungen von Wangeroge, Nordernei, Hiddensee, und anderen gesegneten Stränden nicht zurück. Ob ein solches Gebet jemals vorgekommen ist, lasse ich dahin gestellt sein. In einem Kirchengebet von 1716 findet sich die Bitte nicht.*

Ein alter Lotse, den ich befragte, ob nicht die Helgoländer selbst und im Stillen mitunter den Himmel um Strandungen angerufen hätten, meinte das »könne gern sein«, der Sinn sei dann aber etwa folgender gewesen: Mann gönne Jedem Glück und Segen; wenn's aber mal Gottes Wille sei, dass mit Teufels Gewalt ein Schiff verloren gehen solle, so möge es denn doch lieber an den Strand geworfen werden, als dass es für Nichts und wieder Nichts im Meere versinke, wobei ja ohnehin die Gefahr für die Mannschaft größer sei, als in der Nähe der Insel.

Oetker fährt dann fort: *Und verklausuliren sich etwa unsere Anwälte, Ärzte, Schuh- und sonstigen Flicker, die auf das Missgeschick ihrer Nebenmenschen angewiesen sind, noch besser, wenn sie beten, dass Gott ihr Geschäft segnen möge?*[68]

Aber dieses Klischee hat sich so festgesetzt, dass wohl nichts mehr daran ändern kann.

Als der Bremer Dreimaster CONSTANCE mit einer Ladung Zucker, Tabak, Kaffee und Baumwolle am 5. Dezember 1827 strandete, wurde unter viel Mühen die Besatzung gerettet. Das Schiff ging mitsamt der Ladung verloren. Die Helgoländer wandten sich, da kein Bergelohn

66 LA S-H 174,31
67 J. Fr. Camerer, Vermischte historische politische Nachrichten, erschienen 1758
68 Friedrich Oetker, Helgoland, Bremen 1855, Seite 141

angefallen war, an den Bremer Senat. Sie erhielten als Belohnung für die Rettung der Besatzung 50 Reichstaler.

Ein großer Feind der Schifffahrt waren auch die strengen Winter. Bei starkem Frost und überkommender Gischt gefror das Wasser sofort und machte die Bedienung der Segel und Anker sehr oft unmöglich. Dazu kam das Gewicht des Eises, das das Schiff im schlimmsten Fall zum Kentern brachte. Es war dann manövrierunfähig und ein Spielball der See. So erging es im Februar 1828 nicht weniger als sechs Schiffen, die bei der Insel strandeten.

Am 12. Februar dieses Jahres strandeten die Schoner DIE GUTE MUTTER sowie der Schoner HENRY & ANN. Bei diesem Unglück sind drei oder vier Mann sofort ertrunken, und der Capitain nebst dem Jungen, die von einer Helgoländer Schaluppe gerettet wurden, sind einige Tage später an den Folgen der erlittenen Kälte gestorben. Dies wird von der Hamburger Zeitung »Börsenhalle« berichtet.[69]

Über ein schweres Unglück am 29. August 1838 findet sich in dieser Zeitung die folgende kurze Notiz: *Ein Kuff- oder Schmackschiff ist gestern Nachmittag bei den äußersten Klippen der Sandinsel durch eine schwere Sturzsee umgeschlagen und samt der Mannschaft verunglückt. Hülfe oder Rettung war nicht möglich zu leisten.*[70]

Die ganze Dramatik dieses Unglücksfalles schildert Heikens so: *Ein kleines zweimastiges Schiff kreuzte bei Norden der Insel mit dem heftigen Sturme und den furchtbar tobenden Wellen, um die hiesige Rhede oder Hafen zu gewinnen. Aber ach! als es dem Lande näher kam, gewahrten sie die ungeheure hohe Brandung auf den Klippen an der Nordseite der Insel. Da wendete es alle Kraft an, die ihm bei dem brausenden Sturm in der hohen See nur durch kleine Segel zu Gebote stand, diese gefährlichen Klippen zu umschiffen. Aber umsonst waren alles Mühen und Anstrengungen. Die schrecklich hohe Brandung von der ersten Reihe Klippen, durch welche das Schiff hindurch mußte, warf dasselbe zu mehreren Malen auf die Seite, dass wir glaubten, es stände nicht wieder auf. Allein es widerstand doch jedesmal dem Wurf der schrecklichen Wellen. Schon hofften wir das Schiff sicher in den Hafen einlaufen zu sehen, noch durch eine Reihe von Klippen hatte es durchhinzusetzen, auf denen die Wellen mit einer Kraft brandeten, der nicht zu widerstehn war. Das Schiff kämpfte fort mit kleinen Segeln, dem Anschein nach mit seiner letzten Kraft. Aber das Schicksal des tapfern Volkes war entschieden. – Eine furchtbare Sturzsee rollte heran. Sie warf das Schiff mit solcher Kraft das Unterste zu Oben, dass es vor den Augen aller der vielen Zuschauer, welche am oberen Rand des Felsen standen, verschwand und nicht wieder zum Vorschein kam.*[71]

Das Jahr 1838 war für die Schifffahrt bei Helgoland ein sehr verlustreiches. Nicht weniger als neun Schiffe strandeten bei der Insel.

Die englische Brigg ANDES, Capt. Campbell, mit Kohlen auf dem Weg von Newcastle nach Kiel, wurde am 3. April 1838 in sinkendem Zustand von der erschöpften Mannschaft verlassen. Die Besatzung wurde krank auf der Insel gelandet, das Schiff mit Hilfe vieler Boote nach Helgoland geschleppt.

Der Marinemaler Heinrich Gätke, vor allem bekannt als Ornithologe, befand sich zu der Zeit auf Helgoland. Er hatte sich der Seemalerei zugewandt und wollte »für eine Reihe von Jahren in möglichster Nähe des Meeres leben«. Er blieb sein Leben lang.

---

69 Hamburgische Börsenhalle, Sammelband 1828
70 Börsenhalle, 1838
71 Hans Frank Heikens, Helgoland und die Helgoländer, Oldenburg i. O. 1844, Seite 57

In seinem Skizzenbuch findet sich eine Zeichnung, die die Brigg ANDES vor Helgoland liegend zeigt.

Im Oktober verunglückten fünf Schiffe.

Am 19. Oktober 1838 strandete die SOPHIA auf den Norderklippen. Zwei Boote mit je 17 Mann ruderten hinaus, um die Besatzung zu retten. Sie mussten jedoch unverrichteter Sache wieder umkehren, da der schwere Sturm sie zur Aufgabe zwang. Am nächsten Tag wurde ein neuer Versuch unternommen, diesmal glückte es unter dramatischen Umständen, die acht Personen zu retten. Der Kapitän übergab das Schiff für ein Drittel des Wertes an die Behörde. Es wurde noch allerhand Wertvolles geborgen.

In diesem Fall entschied das Gericht, dass der Kapitän an die an der Rettung der Menschen beteiligte Bootsbesatzung eine angemessene Belohnung zu zahlen habe, wohl weil hier im Gegensatz zur Rettung der Schiffbrüchigen der Schmacke DE GODE HOOP noch allerhand geborgen wurde.

Mit ganz besonderen Schwierigkeiten bekamen es die 20 Lotsen zu tun, die am 3. Januar 1839 die Besatzung eines russischen Schiffes retteten. Das Schiff hatte schon am Vorabend Notsignale gegeben, es war wegen des schweren Sturmes jedoch nicht möglich, ihm zur Hilfe zu kommen. Als sich am nächsten Morgen das Wetter besserte, fuhren zwei Boote mit 20 Mann zu dem sich im sinkenden Zustand befindlichen Schiff hinaus, um die Mannschaft zu retten.

Heikens berichtet weiter: ... *allein hier stellten sich andere Schwierigkeiten dar. Das Schiff war ein Russisches, kam von Odessa mit einer Ladung Roggen, und war unter strenger Quarantaine. Was war zu thun? Menschenleben zu retten galt für die erste und höchste Pflicht. Die Helgoländer entschlossen sich daher, sich mit der Schiffsmannschaft absperren zu lassen. Sie segelten mit ihren Lotsenböten und der ganzen Schiffsmannschaft zuerst nach der Rhede von Helgoland, wo ihnen die Ordre ertheilt wurde, nach der Sandinsel zu fah-*

ren, wohin ihnen Lebensmittel gebracht werden sollten. Nun denke man sich aber die Lage dieser Seehelden: zwanzig Lootsen und sechszehn Männer von der Schiffsbesatzung, zusammen sechs und dreißig Personen, waren in einer kleinen hölzernen Hütte eingeklemmt. Obzwar ein kleiner Feuerherd zum Kochen vorhanden war, so war doch der Raum für eine so große Anzahl Menschen zu beschränkt, und noch dazu war es mitten im Winter. Vor Kälte fast erstarrt, drängten sie sich des Nachts gepresst zusammen, um sich gegenseitig zu erwärmen.

Nachdem endlich die festgesetzte Quarantaine überstanden war, eilten diese zwanzig Lotsen zu den Ihrigen und vergaßen alles Elend und Ungemach in dem freudigen Bewußtsein Menschenleben gerettet zu haben.[72]

Ein Ölgemälde von Gätke, das 1843 entstand, zeigt ein gestrandetes Schiff, wohl eine Brigg, welche auf der Düne gestrandet ist. Das Schiff ist den Unterlagen nach zeitlich nicht zuzuordnen.

Ab dem Jahre 1843 wird in der Hamburger Zeitung »Börsenhalle« im Teil der Schifffahrtsnachrichten über Seeunfälle bei der Insel berichtet, die von dem Helgoländer Jasper Bufe übermittelt wurden. Dieser firmierte als Lloyds-Agent, war also von der Londoner Gesellschaft Lloyds beauftragt, in Schifffahrtsfragen für sie tätig zu werden.

Durch den zunehmenden Schiffsverkehr strandeten jetzt immer häufiger Schiffe auf den Riffen der Insel Helgoland. Im Jahre 1845 waren es neun Schiffe. Heikens schildert den Untergang des englischen Schoners AQUATIC am 20. August 1845: *Mitten in der Nacht war ein schöner englischer Schooner, AQUATIC, von Hull auf die Klippen geworfen worden. Er war mit Getreide beladen und leck. Eine fürchterliche See ging über sein Deck, die Mannschaft hing in den Wanten, und Niemand konnte helfen, obgleich er nicht tausend Schritt vom Ufer lag. Plötzlich wurde das Schiff durch ungeheure Wellen von den Klippen abgerissen, und nun taumelte es, wie betrunken, der Insel näher, nach allen Seiten sich neigend und immer tiefer sinkend, bis es zuletzt ein paar hundert Schritte vom Ufer plötzlich nach vorn herunterschoß und verschwand. Die Mannschaft hatte im entscheidenden Augenblicke Zeit gefunden, die Taue des Bootes zu kappen, und das Schiff zu verlassen. Sie wurde glücklich gerettet.*[73]

Durch den zunehmenden Fremdenverkehr auf Helgoland wurden auch Gäste Augenzeugen von Strandungen. In der Zeitschrift »Freischütz« wurde ein Brief abgedruckt, den ein Gast schrieb:

Furchtbarer Seesturm auf Helgoland *(aus einem Brief vom 21. August 1850)*

Nachdem wir noch am 17. das herrliche Schauspiel der Beleuchtung der Insel am Abend genossen, alle Grotten in dunkelrothem Lichte gestrahlt, das Feuerwerk unter dem Klange der Musik abgebrannt war, und friedliche Stille bis zum folgenden Tage uns umgab, erhob sich in der Nacht vom 19. zum 20. ein orkanähnlicher Sturm und bange Ahnung erfüllte die Gemüther der Bewohner des Eilandes. Der Morgen war schrecklich, die See ging hoch, den Schaum der sich türmenden Wellen deckte das Wasser wie selten in dieser Jahreszeit. Bald kamen Schiffe in Sicht, hielten aber glücklich das hohe Meer, nur zwei derselben vermochten es nicht und geriethen den vor der Insel befindlichen Dünen zu nahe; das eine wurde gegen die auf der Nordseite befindlichen Klippen getrieben, gerieth fest und wurde bald von den furchtbaren Wogen verschlungen und nur die beiden Mastspitzen mit dem Wimpel

72 Hans Frank Heikens, Helgoland und die Helgoländer, Oldenburg i. O. 1844, Seite 57
73 Hans Frank Heikens, Helgoland und die Helgoländer, Oldenburg i. O. 1844, Seite 186

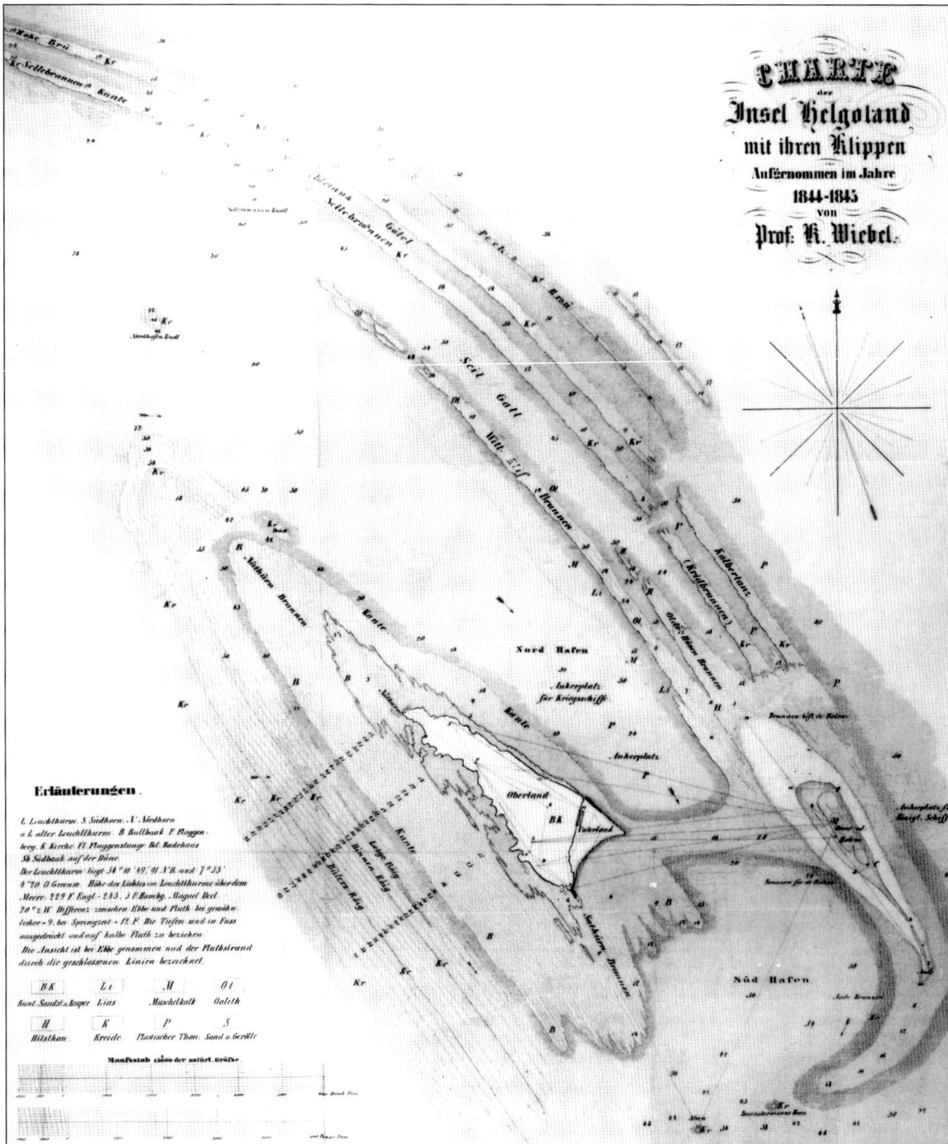

Karte der Insel von 1844

ragten aus dem Wasser empor. Die Mannschaft sprang in das Boot, wurde aber von den Wellen wieder fortgetrieben, sodass sie unserem Auge entschwanden und wir von ihrem weiteren Schicksal nichts sahen. Das andere Schiff, welches Kohlen aus Schottland führte, kam gegen die Südseite der Düne und blieb dort im Sand stecken. Furchtbar kämpften die Wellen gegen dasselbe und drohten es jeden Augenblick zu zerschellen. Schrecklich war der Anblick, so in der Nähe zu stehen, keine Rettung geben und finden zu können. Nur die Ebbe konnte sie bringen, wenn bis zu ihrem Eintritt das Schiff den Elementen Widerstand leisten würde. Kein Lotse wagte in See zu stechen, schon lag das Schiff auf der Seite. Ein Matrose sprang in die See, um das Ufer zu erreichen, musste aber von der Mannschaft zurückgezo-

gen werden weil das Schwimmen unmöglich war. Erschöpft kehrte er zurück, konnte sich nicht mehr auf dem schwankenden Schiff halten und wurde von den Wellen heruntergerissen, dann in den Fluthen begraben. Da trat die Ebbe ein. Die auf der Düne stehenden zwölf Helgoländer schritten nun auf dem schwankenden Boden muthig vorwärts, mit Stricken aneinander gebunden; glücklich gelang es so dem Ersten, mit einem kühnen Sprung durch die Wogen das kämpfende und schon berstende Schiff zu erreichen, bald folgten die Anderen und, dem Himmel sei Dank, sie waren so glücklich, die noch auf dem Schiff befindlichen drei Mann von dem Schiff herunter zu holen, und auf die Dünen zu retten. Kaum war dies geschehen, so rissen auch die Wogen das Schiff um, spülten die Ladung fort und bei der zunehmenden Ebbe lag nur das Wrack des Schiffes auf und neben der Düne.

Heute früh kam die gerettete Mannschaft, bestehend aus Capitain, Steuermann und Matrosen von der Düne herab zur Insel, während andererseits die auf Helgoland anwesenden Badegäste zur Düne fuhren und das mitten auseinander geborstene Schiffswrack besuchten, und nachher mit einer schleunigst veranstalteten Geldsammlung die gerettete Mannschaft beschenkten.[74]

Dazu der Bericht in der Börsenhalle: *(von Hrn. J. Bufe, Lloyds Agent) Seit gestern weht hier ein Sturm aus WNW, wobei diesen Morgen eine Kuff, angeblich unter hannoverscher oder oldenburger Flagge, über die Klippen der Sandinsel hingestoßen und gesunken, und die hannov. Kuff* NOORDOG, *Capt. Behrens, auf der Südspitze der Sandinsel gestrandet ist. Von ersterem Fahrzeug sind 4 Mann in ihrem Boot geflüchtet, und nordöstlich fortgetrieben; von der Kuff* NOORDOG *ist der Koch verunglückt, die Ladung fortgespült und nur ein Theil des Schiffsmaterials geborgen.*[75]

Am 30. Oktober 1851 trieb in der Nähe der Insel eine englische Brigg in Seenot und bat um Hilfe. Ein Boot mit zehn Helgoländern fuhr hinaus und sechs von ihnen gingen an Bord, um der Schiffsbesatzung zu helfen. Ein plötzlich aufkommender Sturm aus NO vertrieb das Schiff, das in der Nähe von Spiekeroog versank. Es wurde niemand gerettet.

Carsten Carsten Boymann (36 Jahre), Jasper Peter Nickels (59 J.), Hinrich Paul Schaut (53 J.), Paul Rickmer Denker (38 J.), Peter Erich Thaten (23 J.), Jasper Dreyer Lührs (24 J.) versanken mit dem Schiff.

In der Börsenhalle vom 22. November 1851 ist Folgendes notiert: *den 20. November (von Hrn. J. Bufe, Lloyds Agent). Der schwed. Schooner* HOPPET, *Capt. Strömbek, mit Stückgut von Hamburg nach Gothenburg bestimmt, ist vorige Nacht an der Ostseite der Sandinsel gestrandet und voll Wasser gelaufen; Mannschaft und Passagier gerettet. Zur Bergung des Fleths und der Ladung, letztere total naß, ist Hoffnung vorhanden, das Schiff aber ist als verloren zu betrachten.*

Den 28. November. Die Gustav Adolph-Statue ist in gutem Zustand auf der Sandinsel geborgen worden.[76]

Der schwedische Schoner HOPPET war am 20. November 1851 an der Ostseite der Düne gestrandet und sehr bald in Stücke geschlagen. An Bord befand sich eine Statue von Gustav Adolph, diese war in München gegossen worden und für Göteborg bestimmt. Man brachte die Statue auf die Düne, konnte sich mit dem Versicherer aber nicht einigen. Die Statue wurde dann versteigert, die Helgoländer ersteigerten sie für 5.100,– Mark und verkauften sie

74 »Freischütz«, Jahrgang 1850, Nr. 107, Seite 427
75 Börsenhalle 1850
76 Börsenhalle 1851

dann nach Bremen für 6.000,– Mark. Dort wurde sie aufgestellt und im Zweiten Weltkrieg eingeschmolzen.

Der Oktober des Jahres 1852 war katastrophal für die Schifffahrt. Am 2. Oktober strandete bei orkanartigem Sturm aus NW die englische Brigg JANE auf der Reise nach Sunderland sowie die englische Brigg RANGER mit Kohlen beladen auf der Reise nach Altona. Die Besatzung beider Schiffe wurde gerettet, die Schiffe gingen total verloren.

Fünf Tage später, am siebten Oktober, strandeten in einer Nacht die holländische Kuff TWEE GEBROEDERS auf der Reise von Danzig nach Amsterdam, beladen mit Weizen, sowie die Kuff JUNGE ROSE und die Tjalk ELISABETH, beide beladen mit Holz von Norwegen zur Weser. Ein schlimmes Schicksal erlitt die Schoner-Kuff FRIEDE, die im Jahre 1853 auf der Reise von Newcastle nach Palma de Mallorca in sehr schlechtes Wetter geriet, zwei Mann verlor, der Kapitän starb, und sie wurden quer durch die Nordsee nach Helgoland vertrieben.

Die Börsenhalle notiert darüber: *den 15. Januar (von Hrn. J. Bufe, Lloyds Agent). Hannov. Scho.Kf. FRIEDE, Capt. Jongebloed, aus Papenburg, von Newcastle nach Palma (Majorca) bestimmt, ist heute in sinkendem Zustande hier gestrandet und Schiff und Ladung zur Bergung an die Behörde dieser Insel für ein Dritttheil Berglohn übergeben. Der Capitain ist am 13. an Bord gestorben und der Steuermann und ein Matrose, Namens Will. Fettler, gegen Ende vorigen Monats über Bord geschlagen und ertrunken; die übrigen drei Mann der Besatzung nebst zwei von der engl. Fischer-Smack ALARM OF HULL auf der Doggerbank zur Assistenz an Bord genommenen Leuten sind gerettet. Das noch vorhandene Inventar und die Ladung werden hoffentlich geborgen. Das Schiff aber ist wohl verloren.*

den 20. Januar das gestrandete Schiff FRIEDE ist jetzt total wrack und konnte nur der größere Theil des Inventars und der Ladung geborgen werden.[77]

Am 28. September 1856 berichtet die Börsenhalle von einem Schiffsunfall: *Helgoland, (von Hrn. J. Bufe, Lloyds Agent). Der in der Nacht auf den nördlichen Klippen der Insel an Grund gewesene engl. Schooner JANE NEVILLE, Capt. Hazell, in Ballast von der Elbe nach England gehend, wurde heute entmastet und leck vom Hamb. Dampfb. HELGOLAND, Capt. Otten, aus See, wohin er getrieben, hier eingebracht. Mannschaft gerettet.*

den 29. Sept. Die JANE NEVILLE ist leider noch gestern Abend 10½ Uhr auf unserer Norder-Rhede gesunken und da das Schiff gänzlich unter Wasser sitzt, so sind wenig Aussichten vorhanden, dass selbst von dem Inventar noch einiges geborgen wird.[78]

Der Musikschriftsteller und Komponist Karl Debrois van Bruyk, er schrieb unter anderem eine Melodie zu dem von Heinrich Heine geschriebenen Loreleylied »Ich weiß nicht, was soll es bedeuten«, weilte zu der Zeit auf Helgoland und schrieb an seinen Freund Friedrich Hebbel über diesen Schiffsunfall: ... *Die Nacht muß aber sehr stürmisch gewesen seyn, denn ein Segelschiff war an der Düne gestrandet, daß sich aber später wieder flott machte und ein anderes trieb, der Masten und Segel beraubt, hülflos auf offener See. Unser Dampfer stach daher zu seiner Rettung des Morgens in die See, die ihm auch nach fünfstündiger Arbeit gelang, indem er das Wrack glücklich in den Hafen bugsirte. Ein Hamburger Kaufmann, mit dem ich gestern hierher gekommen und der die Expedition mitgemacht, erzählte mir davon eine*

77 Börsenhalle 1853
78 Börsenhalle 1856

ganz grausame Geschichte, ich fürchte ihn aber nicht ganz recht verstanden zu haben und will daher erst sicheren Bericht abwarten, ehe ich weiter erzähle. Das Wrack soll morgen von unserem Schiffe in's Schlepptau genommen und nach Hamburg gebracht werden.[79]

Das erste Dampfschiff strandete am 18. Januar1860 auf Nathurnbrunn. Das Schrauben-Dampfschiff BARNSLEY kam aus Grimbsby mit einer Ladung Baumwolle und Twist.

18. Januar 1860. Im Nebel aufgelaufen, Inventar und Ladung zum großen Teil geborgen, Schiff gesunken. laut telegr. Privat-Depesche aus Helgoland von gestern Morgen ist das Schrauben-Dampfschiff BARNSLEY, *von Grimsby kommend, mit Baumwolle und Twist, ½ Stunde von dort an Grund gerathen, und hat die Schraube gebrochen. Es war Hülfe von hier beordert. Laut heute hier erhaltenen späteren Berichten ist das Schiff verloren und abandonniert. Man versucht so viel wie möglich von der Ladung zu bergen.*

den 27. Jan. (pr. Telegramm) Die Ladung des Dampfschiffes BARNSLEY, *ist beinahe geborgen, die ausgepackten Ballen sind beschädigt befunden. Der Berglohn ist auf ein Drittel natura bestimmt. Der Rest wird nach Hamburg verladen werden.*[80]

Zwei hannoversche Kuffs, beladen mit Kohlen von England zur Weser, strandeten am 14. November 1861 fast zeitgleich auf der Düne. Die Besatzungen wurden unter dramatischen Umständen gerettet. In der Verklarung der IDA heißt es: ... *sie vor der Brandung der Dühnen auf den Strand geworfen worden wären. Auf eine schauderhafte Weise seien die Wellen jetzt über das Schiff hergestürmt und es förmlich begraben und dasselbe sofort mit Wasser gefüllt, so daß sie sich in größter Lebensgefahr befunden und sich kaum noch auf dem Wrack hätten halten können. Ein mit 16 Mann besetztes zu ihrer Rettung herbeigeeiltes Boot hätte den Versuch aufgeben müssen, jedoch dank der Vorsehung und der Thatkraft der Helgoländer, die ihren Bergungsversuch erneuerten, seien sie endlich ihrem nahen Grabe entrissen und so glücklich gegen 5 Uhr gänzlich ermattet und von Nässe und Kälte verkommen und unter Zurücklassung fast sämtlicher Habe auf der Düne gelandet worden.*[81]

Nicht besser erging es der TEUTONIA:

... seien sie von der Brandung auf die nördliche Spitze der Sandinsel geworfen worden. Mit so furchtbarer Vehemenz sei das Wasser über das Schiff gegangen das sie förmlich davon begraben worden und sie sich kaum unter Aufbietung aller ihrer Kräfte hätten halten können dabei nur die Hoffnung habend, daß das Schiff mit dem fallenden Wasser bis zur Ebbzeit zusammen bleiben möchte. In Folge ihres schon vorher gesetzten Nothsignal sei ein großes, mit 16 Mann besetztes Rettungsboot herbeigeeilt, allein des furchtbaren Seeganges wegen hatte es unverrichteter Sache wieder Kehrt gemacht sie dem sicheren Tod preisgebend, da das Schiff längst voll Wasser sich auf die Seite gelegt habe. Bald darauf sei unvermutet das Boot zurückgekehrt, habe glücklich die furchtbare Brandung durchfahren, sei bis ans Schiff gelangt, habe sie aufgenommen und wohlbehalten jedoch gänzlich ermattet und verkommen an der Sandinsel gelandet.[82]

Von einer weiteren dramatischen Rettungsaktion ein Jahr später berichtet Ernst Hallier in seinem Buch »Nordseestudien«.[83] *Die Tage vom 17. bis zum 25. Oktober 1862 tobte der Sturm unaufhörlich; fast 14 Tage war die Verbindung mit dem Festland ganz und gar un-*

79 Friedrich Hebbel, Wesselburener Ausgabe, Briefwechsel 1829–1863, Band III, München 1999, Seite 338
80 Börsenhalle 1860
81 LA S-H 174, 49
82 LA S-H 174, 49
83 Ernst Hallier, Nordseestudien, O. Meissner 1863, Seite 49

terbrochen. Am Morgen des 17. hatte der Sturm bei heiterem Himmel aus Südwesten begonnen. Gegen Abend nahm er eine drohende Gestalt an. Indem der Wind allmählich nach Nordwesten herumging, bezog sich der Himmel immer mehr mit Wolken, welche gegen 5 Uhr den ganzen Himmel bedeckten, tief herabhingen und mit rasender Schnelle vom Sturm vorwärts gepeitscht wurden. Unter großer Anstrengung und nicht ohne Gefahr waren am Nachmittag die Helgolander in einem Fährboot in den Nordhafen hinausgerudert, um einem daselbst ankernden mit Ziegeln beladenen Ewer eine schwere Ankerkette zu bringen, welche ihm von Seiten der Landschaft gratis zur Verfügung gestellt wurde. Der kühne Ewerführer blieb nicht nur mehrere Tage mitten im heftigen Sturm vor seinen beiden Ankern liegen, sondern er wagte es sogar, als der Sturm kein Ende nehmen wollte, bei dem schrecklichsten Unwetter mit seiner gefährlichen Ladung der Elbe zuzusegeln, was man allgemein als Tollkühnheit und Herausforderung des Geschickes bezeichnete; indessen sah ich ihn am 25. fast unversehrt in Kuxhaven liegen.

Am Morgen des 20. lag oben auf der Aade (Südspitze) der Sandinsel eine englische Brigg, mit dem Spiegel (Hintertheil) den Dünen zugewendet. Dieselbe war in der Nacht in die Nähe von Helgoland gerathen und hatte beim Halsen (Drehen vor dem Winde) einen so furchtbaren Windstoß auszuhalten gehabt, daß im Nu alle Segel zerrissen waren, das Schiff auf dem Trocknen saß und die Mannschaft an nichts als die eigene Rettung denken durfte. So erblickte man bei Tagesanbruch das schöne Schiff mit vollen, zum Theil gänzlich zerfetzten Segeln, mit der ängstlich an das Takelwerk sich klammernden Mannschaft an demselben Punkt wo im Sommer lorgnettenbehangene Herren und zierliche Damen auf dem Kiesboden sich lagern oder am Strande lustwandelnd nach Muscheln und bunten Steinchen suchen. Die Helgolander hatten Gelegenheit, eine jener Thaten der Kühnheit und Bravour ins Werk zu setzen, von denen uns die Annalen der meerbefahrenden Nationen so häufig erzählen, und sie haben diese Gelegenheit redlich genutzt. Schon am Morgen ward unter großer Anstrengung ein Fährboot an die Ostseite der Insel gerudert. Fast bis zu den Dünen war diese durch die ungewöhnlich hohe Fluth überschwemmt und eine schreckenerregende Brandung, von beiden Seiten über der schmalen Aade haushoch zusammenschlagend, trennte die Rettungsmannschaft von der Bemannung der Brigg, über welcher 50 bis 60 Fuß hoch die Wogen zusammenschäumten und sie so gewaltig in rollende Bewegung setzten, daß die Mastspitzen fast das Wasser berührten. Indessen hatten die Engländer allmählig gemerkt, daß nach Eintritt der Ebbe ihr Schiff nach und nach aufs Trockne gerieth; noch brauste und toste rundum die schreckliche Barleng (Brandung), aber ein kleiner Fleck um die Brigg ward trocken und die in dem zwölfstündigen, eisigen Wasserbade erstarrten Leute ließen sich Mann bei Mann am Strick vom Schiffsbord hinab, um das kleine, aber unschätzbare Stück festen Landes zu Erwärmung der Glieder als Rennbahn zu benutzen. Nur ein unglücklicher Matrose litt schon an so rheumatischen Schmerzen, daß er erst später vom Schiff getragen werden konnte und noch zu seiner Heilung auf Helgoland weilen mußte, als seine Brüder schon das Vaterland wieder erblickten. Mehre Versuche der Engländer, sich durch die Brandung hindurchzuwagen, mißglückten gänzlich und hätten ihnen fast das Leben gekostet. Auch den Helgolandern gelang die Rettung erst nach mehren vergeblichen Versuchen und furchtbaren Anstrengungen. Zwei kühne Lootsen hatten sich völlig entkleidet und ein langes Tau um den Leib geschlungen, dessen anderes Ende die übrigen Helgolander festhielten, welche in bedeutender Entfernung zurückbelieben, um die Vordermäner mittelst des Taues rasch zurückzuziehen, falls ihnen etwas zustieße. Diese begannen den Kampf mit den Wogen vorsichtig schreitend und den Wellen ausweichend. Endlich, gegen

1 Uhr, gelang es, die Engländer, einen nach dem andern mittelst des Taues durch die Brandung zu geleiten. Sie mußten sammt den Helgolandern noch bis zum Abend des folgenden Tages in einem Schuppen auf der Sandinsel zubringen, weil bis dahin die Rückkehr nicht zu ermöglichen war.

Im Jahre 1863 wird Major Henry Fitzgerald Maxse Gouverneur auf Helgoland. Mit ihm tritt eine radikale Änderung in der Verwaltung der Insel in Kraft.

Bis zur Übernahme Helgolands durch England wurde die Insel von einer Vorsteherschaft verwaltet. Diese bestand aus sechs Ratsleuten unter dem Vorsitz des dänischen Landvogtes. Zu ihrer Assistenz gab es acht Quartiersleute, für jedes der vier Quartiere (Bezirke) zwei, sowie 16 Landesälteste. Der Landvogt achtete auf die Einhaltung der Gesetze, ließ aber in diesem Rahmen den Ratsleuten breiten Raum.

England gab der Insel eine volle Selbstverwaltung. Die Stelle des Landvogtes wurde nun von dem Ältesten der Ratsleute wahrgenommen, dieser unterstand dem Gouverneur. Die Gouverneure waren altgediente Marineoffiziere, kannten weder die alten Gesetze noch die Regeln. Außerdem waren sie der deutschen Sprache, der Schriftsprache auf Helgoland, nicht mächtig, von dem gesprochenen Helgoländisch ganz zu schweigen. Die englische Regierung war ihnen keine Hilfe, sie waren auf sich allein gestellt. Diese Regelung führte mit der Zeit zu einer Lockerung der allgemeinen Moral. Einmal gefällte Gerichtsurteile konnten nur mit viel Mühe und Übersetzungen in London zur Kontrolle vorgelegt werden. In dänischer Zeit hatte es dieses Problem nicht gegeben, das Appellationsgericht war in Schleswig schnell zu erreichen, und gesprochen wurde dort deutsch. Die Gerichtsakten auf der Insel wurden auf Deutsch geführt.

Dazu kam, dass es auf der Insel an jeder polizeilichen Gewalt fehlte. Hatte der dänische Landvogt immer noch eine kleine Schar Soldaten zur Verfügung, so mangelte es dem englischen Gouverneur an jeglicher Unterstützung dieser Art.

Es wurden im Laufe der Zeit von verschiedenen Seiten viele Eingaben zwecks Änderung in London gestellt, aber man reagierte nicht. Selbst verschiedene Eingaben über willkürliche Gerichtsurteile sowie andererseits über Urteile, die ignoriert wurden, blieben ohne Reaktion. Besonders in Bergungsangelegenheiten regelten die Helgoländer die Angelegenheiten, wie sie wollten, und das natürlich meistens zum Nachteil der Kaufleute.

In seinem Buch »Lebenserinnerungen«[84] beschreibt Oetker so einen Versuch wegen einer Ladung Häute. Sogar ein Kriegsschiff erschien, um dem Verfahren Nachdruck zu geben. Aber nach langem Hin und Her ließ sich die Angelegenheit nicht mehr klären, und der Gouverneur erließ eine Generalamnestie.

In seinem im Jahre 1855 erschienenen Buch über Helgoland schreibt er:

Von gehöriger Rechtspflege und obrigkeitlicher Zucht besteht kaum noch eine Spur. Niemand genießt ein Amtsansehen, nirgends Gehorsam.[85]

Es war daher klar, dass London irgendwann reagieren würde. Gouverneur Maxse wurde mit klar umrissenen Aufgaben nach Helgoland geschickt. Sein Vorteil war, dass er perfekt Deutsch sprach und somit die Übersetzungen der immer noch auf Deutsch geführten Verhandlungen entfielen. Er sollte zunächst seine Aufmerksamkeit auf folgende fünf Punkte richten:

84 Friedrich Oetker, Lebenserinnerungen, Stuttgart 1878, Seite 285
85 Friedrich Oetker, Helgoland, Bremen 1855, Seite 295

1. Die Existenz der offenen Spieltische auf der Insel
2. Die hohe und zunehmende Schuld der öffentlichen Hand (£ 7.000)
3. Die schmachvolle Entwicklung in Hinsicht von Wracks und Bergung
4. Die Zusammensetzung der Vorsteherschaft und die Position der Ratmänner
5. Den allgemeinen Zustand der Unordnung und Nichtachtung der Gesetze.[86]

Bereits 1864 wurde eine neue Verfassung erlassen. Die Anzahl der Männer in der Vorsteherschaft wurde um zehn Personen verringert. Gouverneur Maxse gab als vorrangiges Ziel aus: keine Verlängerung der Spielbanklizenz, regelmäßiges Kassieren der Steuern sowie neue Gesetze und Verordnungen, um mehr Ordnung bei Bergungen zu garantieren.

Die Verfassung sollte zunächst fünf Jahre gelten, aber bei der Veröffentlichung erhob sich ein Sturm der Entrüstung, ein schon vorher gegründetes »Bürger-Comitee« legte einen geharnischten Protest bei der englischen Regierung ein.

Zusätzlich wurde die Angelegenheit verschärft durch von außen eingetragene Forderungen zur Eingliederung der Insel ins Deutsche Reich. Die Zustände verschlechterten sich jedoch immer mehr.

Da schritt London energisch ein, im Jahre 1868 wurde die Vorsteherschaft aufgelöst, der Gouverneur erhielt die alleinige legislative und exekutive Macht. Er ließ sich von einer kleinen Gruppe angesehener Einwohner beraten, und ein englischer Offizier wurde als Verantwortlicher bei Schiffsunfällen ernannt.

Zur Durchsetzung seiner Anordnungen wurde eine Gruppe von sechs englischen Soldaten (Coastguard) nach Helgoland verlegt. Die Lage beruhigte sich darauf sehr schnell.

Innerhalb von drei Tagen strandeten Anfang April 1865 drei Briggs auf Wittkliff sowie auf den Norderklippen. Es waren die BILL POINT am 2. April, die MARGARETHE LOUISE am 3. April sowie die TYNESIDE am 4. April, alle drei Schiffe mit Kohlen von England nach Hamburg. In diesem Fall glückte es, die Schiffe wieder flott zu bekommen, so dass sie ihre Reise fortsetzen konnten.

Im Jahre 1868 strandeten sieben Schiffe, ein Jahr später sogar elf.

Ein besonders tragischer Fall ereignete sich am 16. Dezember 1869. Das englische Dampfschiff LADY FLORA, auf dem Weg von Pillau nach Schiedam mit einer Ladung Hafer, hatte auf seiner Reise sehr viel schlechtes Wetter gehabt und daher sehr viel Kohlen verbraucht. Das Schiff war lediglich vier bis sechs Seemeilen von der Hafeneinfahrt nach Schiedam entfernt, als der Vorrat zu Ende ging. Da die LADY FLORA, wie alle ersten Dampfschiffe, auch mit Segeln versehen war, versuchte man mit deren Hilfe die Einfahrt zu erreichen. Das misslang jedoch, da der Wind auf WSW drehte und Sturmesstärke erreichte. Als das Schiff jetzt stark leck wurde und nur noch schwer zu manövrieren war, entschloss man sich, Helgoland als Nothafen anzulaufen. Aber kurz vor Erreichen der Insel sank das Schiff. Bei dem Zuwasserlassen des Rettungsbootes ertranken der Kapitän und zwei Besatzungsmitglieder. Die restlichen Seeleute retteten sich, wurden von einem Helgoländer Boot aufgenommen und an Land gebracht.

Im Deutsch-Französischen Krieg hatten die Franzosen eine Kriegsflotte vor die Mündungen von Elbe und Jade gelegt, um Hamburg und Bremen zu blockieren. Dadurch wurde Helgoland oft von Schiffen angelaufen, die dort den Ablauf der Dinge abwarten wollten. Durch

86 Memorandum des englischen Kolonialministers vom Jahre 1876 für das Oberhaus über die Gründe, die zum Erlass der Helgoländer Verfassung von 1868 Anlass gegeben haben. E. Weber Chr. Teil 3, 1937, Seite 478

die nicht sehr sicheren Ankergründe kam es an Sturmtagen dann sehr leicht zu Strandungen. Im Jahre 1870 waren es zwölf.

Der Blankeneser Schoner NICOLAUS auf der Reise von Bahia nach Hamburg war ohne Kenntnis des Kriegszustandes am 5. September 1870 in der Deutschen Bucht von den Franzosen aufgebracht worden. Es kam ein Prisenkommando an Bord, und das Schiff sollte nach Dünkirchen gebracht werden. Man geriet jedoch in einen heftigen Weststurm, der an dem Schiff ziemlichen Schaden anrichtete. Der Prisenoffizier beschloss umzukehren und Hilfe bei dem vor der Elbe kreuzenden Geschwader zu suchen. Dieses wurde nicht gefunden, und so entschloss er sich, Helgoland anzulaufen, um dort zu reparieren. Das Einlaufen wurde dem Schoner zunächst verweigert, aber der Prisenoffizier schickte Kapitän Nibbe zu Verhandlungen mit dem englischen Gouverneur an Land. Dieser erreichte auch die Erlaubnis, die Reede aufzusuchen. Als Kapitän Nibbe dies dem Franzosen meldete, verweigerte dieser ihm die Erlaubnis, wieder an Bord zu kommen. Er wollte ohne Nibbe und mit Lotsen auf die Reede segeln, dann das Schiff auf den Südstrand setzen, um es zu reparieren. Dies gelang jedoch nicht, das Schiff strandete auf der Düne und wurde wrack.

Der gestrandete Schoner NICOLAUS

Ein Schicksal ähnlicher Art erlitt die norwegische Brigg SKULDA vier Wochen später. Auf der Reise von Malaga nach Hamburg, beladen mit Früchten, wurde sie am 10. Oktober 1870 vor der Elbmündung von einem preußischen Schiff gestoppt. Der Brigg wurde die Einreise in die Elbe verweigert, da der Hamburger Hafen gesperrt war. Darauf wurde Helgoland angelaufen, um das Weitere abzuwarten.

In der Nacht zum 13. Oktober erhob sich ein starker Sturm mit orkanartigen Böen aus WSW. Es war nicht möglich, das Schiff mit den Ankern zu halten, die Masten wurden gekappt, trotzdem strandete das Schiff auf Wittkliff. Morgens um acht Uhr wurde die Besatzung von dem total zertrümmerten Schiff von einem Helgoländer Boot gerettet.[87]

Der Helgoländer Schmied Peter F. Ohlsen schrieb Ende der zwanziger Jahre des 20. Jahrhunderts seine »Aufzeichnungen aus dem Gedächtnis über Seeunfälle aus den Jahren November 1874 bis 19. Mai 1929 bei Helgoland«. Auf diesen sechzehn maschinengeschriebenen Seiten werden sehr viele Einzelheiten berichtet, die in den offiziellen Darstellungen, Verklarungen, Havarieberichten etc. nicht erscheinen.

So schreibt er über den Verlust des französischen Schoners JULIA am 10. Mai 1875: *Bei hellem, klaren Wetter strandete der Schooner in der Mittagsstunde auf Nordburnbrunnen. Trotzdem es erst um 2 hoch Wasser war, lehnte er jede Assistenz ab, blieb sitzen. Nachdem er drei Tiden gesessen, kam der Capt. mit 4 Mann an Land um Akkord mit dem Dampfer zu machen. Es wurde ein Akkord von 250 £ abgeschlossen. Als der Dampfer am nächsten Morgen Anfassen sollte, saß der Schoner voll Wasser, wie konnte das angehen?* Der Champagner wurde gelöscht, das Schiff mit Mühlsteinen und Ocker verkauft.[88] Ohlsen hinterlässt hier den Eindruck, dass seiner Meinung nach ein Versicherungsschwindel im Spiel war.

87 LA S-H 174, 49
88 Ohlsen, Aufzeichnung aus dem Gedächtnis, Museum Helgoland

Zerstörte Schaluppen am Strand

Die Probleme, die auftraten, wenn die Besatzungen keine Kenntnis von Rettungsmitteln hatten, zeigten sich im Fall der Strandung der deutschen Kuff CATHARINA am 7. Oktober 1875. Ohlsen schreibt: *Die Kuff kam unter Notflagge aus See bei schwerem Weststurm. Ein Boot lag so weit sie konnten mit der Flagge* (das Helgoländer Fischerboot, um den richtigen Kurs anzuzeigen). *Der Schiffer ist aber wohl bange gewesen für die Brandung. Da sprang der Wind in einer Böe nach NW, nun konnte die Kuff nicht mehr einsegeln und kam auf die Spitze der Düne. Der Junge ist gleich über Bord geschlagen. Von hier wurden Anstalten gemacht. Es wurde Verbindung mit dem Raketenapparat hergestellt. Aus Unkenntnis hatte der Schiffer als erster die Boje verkehrt an sich befestigt. Halbtot gelandet, war die Verbindung vorbei. Die beiden anderen waren schon aufgegeben, wurden aber wie durch ein Wunder gerettet. Schiff und Ladung war ganz verloren.*

Der Besatzung war die Handhabung des Raketenapparates unbekannt, dadurch wurde nur der Kapitän auf dramatische Weise damit gerettet; wie die anderen beiden Seeleute geborgen wurden, ist nicht überliefert.

In der Nacht vom 14. zum 15. November 1878 wurden durch plötzlich aufkommenden Sturm fünfzehn Helgoländer Schaluppen, die auf der Reede geankert hatten, versenkt oder so stark zerstört, dass sie ebenfalls total verloren waren. Neben den Schiffen war auch ein großer Wert an Segel, Tauwerk und Fischereigerät zerstört worden.

Ein Spendenaufruf wurde am 26. November veröffentlicht, unterschrieben von Personen von hohem Rang aus Politik und Wirtschaft, z.B. dem Duke of Connaught (Prince of Great Britain), Lord Odo Russel (Britischer Botschafter in Berlin), Georg von Bunsen (Mitglied des deutschen Reichstages), Dr. Karl Frenzel (Autor); Dr. Kletke (Herausgeber der Vossischen Zeitung) und vielen anderen.

Es wurden von dem Komitee 30.713,36 Mark und auf der Insel 4.735,30 Mark gesammelt. Dieser Anlass war die Gründung des Helgoländer Compact. Es wurde ein Verein der Helgoländer Schaluppen- und Bootsreeder ins Leben gerufen, der durch regelmäßige Beiträge eine Versicherung für Havarien an ihren Fahrzeugen bildet.

Extract from the German Appeal

for Voluntary Contributions in aid of suffering Fellow-creatures in the English Colony of Heligoland.

A violent southerly Gale has sunk at their moorings in the roadstead of Heligoland fifteen out of thirty Fishing boats, lying there, ready to put to sea, with all nets, sails and stores on board. Seventy families are thrown out of employment by this calamity. The Island-Colony is poor. We appeal to all philantropic souls especially all those among our fellow-creatures, who in rude or in failing health have visited and loved this little nook in the North-Sea, to join their offerings to ours to lighten the distress of honest folk.

Surely every one will give his mite along with others, and not excuse himself on trivial grounds, remembering that where man is suffering it is not only our privilege, but our duty to render succour.

The undersigned Committee will render an account of the employ of the contributions.

Voluntary contributions will be accepted in the office of the Vereinigte Deutsche Telegraphen-Gesellschaft, Berlin (Werderstr. 4) and at its London Agency, the German Union Telegraph and Trust Company Limited, 66 Old Broad Str. E. C.

Berlin November 26th. 1878.

His Royal Highness the Duke of **Connaught,** Prince of Great-Britain and Ireland. Hon.-President.
His Excellency Lord **Odo Russell** G. C. B. Her British Majesty's Ambassador at the Court of Berlin. President.
Bayer, Lt. General, President of the European Central-Office of Longitude and of the German Office of Longitude.
von Bleichröder, Royal British Consul-General.
Georg von Bunsen, Member of the German Parliament.
Dr. **Dambach,** Privy Counsellor of the General Post Office and Professor at the University of Berlin.
Henry Nevill Dering, Secretary of the British Embassy.
Dernburg, Editor of the „National-Zeitung" and Member of the German Parliament.
Dr. **Karl Frenzel,** author.
Lord **Frederic Hamilton,** Attaché of the British Embassy.
Dr. **Hans Hopfen,** author.
von Hülsen, Royal chamberlain, Intendant-General of the Royal theatres.
Dr. **Kletke,** Editor of the „Vossische Zeitung".
Dr. **Lasard,** Managing-Director of the German Union Telegraph Company, Secretary and treasurer of the Committee.
Lindau, Secretary of the German Embassy.
Marx-Hansemann, Esq.
Pindter, Editor of the „Norddeutsche Zeitung."
Dr. **Wilms,** Privy Counsellor and Physician-General to the Army.

Printed b -cke, Berlin.

F. H II V

Spendenaufruf

Ein Jahr später, am 15. November 1879, wurde eine Cuxhavener Lotsenschaluppe bei dem Versetzen eines Lotsen von einer See vollgeschlagen und kenterte. Fünf Lotsen und zwei Lotsknechte ertranken. Die Helgoländer Lotsen spendeten darauf für die Witwen und Waisen der auf See Gebliebenen. Die Handelskammer Hamburg dankte mit einem Dokument für diese Solidarität.

Wrack der am 30. Juli 1880 gestrandeten schwedischen Bark ARLAN

Der russische Schoner EMILIE ANETTE wurde am 26. August 1882 in Seenot von einem englischen Kutter eingeschleppt

Über die Strandung des amerikanischen Vollschiffes REUNION am 30. August 1879, auf der Reise von der Westküste Südamerikas nach Hamburg mit einer Ladung Guano, heißt es im Kapitänsbericht: ... *drehten den Bug vom Land ab, Feuer peilte NE zu N Abstand etwa 5 Meilen vom Land, das Schiff brauchte länger als normal um abzufallen, und bevor es vor dem Wind lag, stieß es sehr hart auf den Boden und drehte in den Wind, die Rahen wurden unmittelbar gebrasst, um den Steven nach See zu drehen aber es stieß weiter hart auf, es wurde sofort nach der Grundberührung gepeilt und zwei Fuß Wasser waren sofort im Schiff. Wir ließen den Anker fallen, peilten sechs Fuß Wasser im Raum, die See brach über das Schiff, wir drehten das Rettungsboot aus und trafen Vorbereitungen das Schiff zu verlassen, da es unmöglich war zu bleiben. Um 5 Uhr kamen Boote vom Land und übernahmen die Besatzung, die See brach schwer über Deck und Quarter Deck.*[89]

Ohlsen schildert es folgendermaßen: ... *strandete morgens bei starkem Westwind auf Sathurnklippen. Die See ging gleich übers Schiff weg, setzte die Flagge verkehrt. Da es schlecht ans Schiff heranzukommen war, musste die Mannschaft einschließlich Frau und Kinder des Capt. sowie die Gouvernante übers Heck an Leinen ins Boot geholt werden. Nachmittags, nachdem es flauer geworden, wurde sein Inventar geborgen und eine Partie Katzen. Am andern Nachmittag brach das Schiff auf.*[90]

In diesem Bericht wird wie so oft der tatsächliche Abstand von der Insel weit unterschätzt.

Die Coastguard wurde auf 32 Mann erweitert, 16 davon in Reserve. Der erweiterte Teil der Coastguard diente zur Rettung Schiffbrüchiger und wurde aus Freiwilligen der Bevölkerung rekrutiert. Das Höchstalter war 43 Jahre. Am Jahresende schieden die am längsten aktiven acht aus und es wurden acht neue ernannt.

Daneben fuhren aber die Lotsen und Fischer weiter bei Unfällen zur Rettung der Verunglückten hinaus.

Am 29. Januar 1887 waren abends südlich der Insel zwei Raketen aufgestiegen. Die Coastguard und das Lotsenboot konnten zunächst wegen der schlechten Sicht keinen Havaristen finden. Als sich der Nebel etwas lichtete, wurde die englische Bark FLORENCE gesichtet, sie war auf der Südspitze der Düne gestrandet. Da das Wetter es erlaubte, wurde begonnen, die Ladung, bestehend aus Salpeter, zu löschen. Am 2. Februar 1887 gelang es zwei Schleppdampfern, die Bark abzuschleppen.

89 LA S-H 174, 49
90 Ohlsen, Aufzeichnung

Helgoländer Boote in der Brandung

Während der Bergung der FLORENCE stiegen am Abend des 31. Januar 1887 erneut Raketen nördlich der Insel auf. Es fuhren sofort zwei Boote zur Hilfe hinaus. Das englische Vollschiff WARWICK, ebenfalls mit Salpeter beladen, war auf Nathurnbrunnen gestrandet. Man versuchte auch hier, die Ladung zu löschen, um dann das geleichterte Schiff mit Schlepperhilfe abzuschleppen. Was im Fall der FLORENCE gelang, schlug hier fehl: 80 Tonnen Salpeter konnten gelöscht werden, dann brach das Schiff auseinander und versank.

Als am Abend des 22. August 1889 ein helles Licht an der Südspitze der Düne gesichtet wurde, das die Segel eines Schiffes anleuchtete, war man sich klar darüber, dass dieses Schiff in Seenot war. Wegen der hohen See, es war Ebbe, der Gezeitenstrom stand gegen den Wind und steilte die See auf, war es jedoch noch nicht möglich, zur Düne zu fahren. Man musste zunächst einige Zeit warten, damit die Tide günstiger war. Es hatten sich jedoch eine Menge Badegäste eingefunden, die immer mehr auf eine sofortige Ausfahrt drängten. Man äußerte sogar die Meinung, die Helgoländer wollten nicht retten. Als die Menge immer aufgeregter wurde, entschloss man sich, das Boot zu besetzen und abzufahren. Man blieb aber in der Nähe des Strandes, bis die Zeit gekommen war, zur Düne zu rudern. Der norwegische Schoner JOHANN DAHL war auf der Düne gestrandet, die Besatzung des Schiffes wurde mit Hilfe des Raketenapparates abgeborgen, das Schiff ging dann verloren. Hier war eine gut ausgebildete Besatzung an Bord, die Rettungsaktion lief problemlos ab.[91]

91 Ohlsen, Aufzeichnungen

Die deutsche Zeit

Der Hafen

Nach der Übernahme der Insel Helgoland durch das Deutsche Reich im Jahre 1890 begann man sofort mit dem Bau eines Hafens. Zweck dieses Hafens war es, in erster Linie einen Kriegshafen zu schaffen. Aber für die zivile Schifffahrt wurde ebenfalls gebaut. Nach Fertigstellung hatte die Insel erstmalig in seiner Geschichte einen sicheren Hafen.

Nach dem Ersten Weltkrieg wurde er auf Verlangen der Alliierten zerstört, im Dritten Reich erneut und vergrößert wieder aufgebaut, dann wiederum nach dem Krieg zerstört.

Jetzt sind die Häfen wieder aufgebaut worden, aber zu friedlichen Zwecken. Die Helgoländer haben ihre sicheren Liegeplätze, und der ehemalige Kriegshafen wird als Nothafen und als Liegeplatz für den Seenotkreuzer der Gesellschaft zur Rettung Schiffbrüchiger, das Lotsenboot, als Yachthafen und als Anleger für Fährschiffe genutzt.

Das Leuchtfeuer

Der deutsche Staat hatte im Jahre 1894 den Betrieb des Leuchtfeuers übernommen, und man begann sofort, einen neuen Leuchtturm zu bauen. Das Leuchtfeuer wurde elektrisch betrieben und hatte eine Leuchtweite von 23 Seemeilen.

Im Jahre 1945 wurde mit der gesamten Insel auch der Leuchtturm zerstört.

Der deutsche Leuchtturm, links die Signalstation

Nach der Freigabe der Insel wurde auf dem ehemaligem Flakleitstand ein provisorisches Leuchtfeuer eingerichtet.

Nach Umbau des Turmes wurde im Jahre 1965 das neue Leuchtfeuer eingeweiht.

Das neue Leuchtfeuer

Nachdem die Insel Helgoland zu Deutschland kam, wurde die Coastguard aufgelöst und ein Boot der Gesellschaft zur Rettung Schiffbrüchiger auf der Insel stationiert. Aber nach wie vor waren auch die Lotsen und Fischer im Seenotfall gefordert.

Es gab auch Schiffe, die von der Besatzung verlassen waren und dann herrenlos in der Nordsee trieben. Der holländische Schoner JOHANNA trieb am 17. November 1895 auf die Nordklippen. Das Schiff war mit Holz beladen und trieb auf der Ladung. Das herrenlose Schiff wurde gelöscht, das Schiff selbst war verloren. Ein Fischdampfer hatte das in Seenot befindliche Schiff geschleppt, dann war die Schlepptrosse gerissen. Die Besatzung des Schoners wurde von dem Fischdampfer übernommen, das Schiff seinem Schicksal überlassen.

Ein Vorfall, der großes Interesse erregte, ereignete sich am 24. September 1896. Auf der Nordreede hatte die Lustyacht ATALANTA geankert. Es herrschte NW-Sturm Stärke 9 mit schweren Böen. Das Schiff arbeitete hart in der See. Um acht Uhr setzte die Yacht das Flaggensignal »Habe Hilfe nötig«. Der auf der Südreede liegende Schlepper HEY wollte dem Schiff zu Hilfe kommen, wegen der hohen See gelang es jedoch nicht, nahe genug an die Yacht heranzukommen, und der Schlepper gab auf. Da die Yacht jetzt das Notsignal setzte, segelte das Rettungsboot der Gesellschaft zur Rettung Schiffbrüchiger hinaus, um Hilfe

Die Besatzung des Rettungsbootes
Obere Reihe, stehend: Jacob Singer, Peter A. Oelrichs, Broder Kröger, Paul Michels, Nickels Wichers, Paul Denker, Jacob Friedrichs
Untere Reihe, sitzend: Peter Bauch, Hans Röhrs, Erich Röhrs, Jacob Broders, Jacob Oelrichs, Hinrich Oelrichs, Peter Köhn

zu bringen. Gegen den starken Wind und die Flutströmung misslang auch dieser Versuch, das Boot schlug voll Wasser und wäre fast selbst verunglückt.

An Land waren die Bemühungen von den Badegästen und der Bevölkerung unter großer Anteilnahme beobachtet worden.

Jetzt brachte der Lotsenoffizier Peter Franz 15 Freiwillige zusammen, die zu der Yacht hinausfahren wollten, um die Besatzung zu retten. Man ruderte hinaus, das Boot wurde immer wieder durch die hohe See zurückgeworfen, aber nach 1½ Stunden erreichte man die nur ca. 1.500 m entfernte ATALANTA. Um zwölf Uhr war das Boot mit den Geretteten wieder glücklich an Land, wo sie mit großem Jubel empfangen wurden. Das Seeamt Hamburg würdigte in seinem Spruch vom 11. März 1897 ausdrücklich und mit Namensnennung der Retter die Rettungsaktion.

Im Jahre 1899, am 16. Januar, ereigneten sich zwei spektakuläre Schiffsunfälle. Abends um 18.30 Uhr wurden südlich der Insel Notsignale gesichtet. Sofort liefen das Rettungsboot und ein Lotsenboot, besetzt mit 14 Mann, zur Rettung aus. Sie fanden das englische Vollschiff FOUR WINDS auf der Reise von Iquique nach Hamburg, beladen mit Salpeter. Das Schiff war auf Hog Stean aufgelaufen und begann sofort zu sinken. Als die beiden Boote bei dem Havaristen ankamen, hatte man bereits ein Boot zu Wasser gelassen. Das Rettungsboot nahm zwölf Schiffbrüchige an Bord, das Lotsenboot elf. Die Dramatik der Rettung beschreibt Ohlsen: ... *die Mannschaft einschließlich Frau und Tochter des Kapitän mussten vorn über die Back herunter geholt werden, da das Heck schon beinah unter Wasser war.*[92] Telegrafisch wurde Hamburg informiert: *Cuxhaven: über die Strandung eines englischen Schiffes wird uns aus Helgoland telegraphiert: Das Vollschiff FOUR WINDS ist Montag Nachmittag um 6½ Uhr bei starkem Südweststurm auf Hohen Stein gestrandet. Das in Liverpool beheimatete Schiff kam von Iquique mit einer Ladung Salpeter. Die Mannschaft ist gerettet. Beim Landen brachte die Mannschaft den Helgoländern ein dreifaches Hurrah.*

Am nächsten Tag war von dem Schiff nichts mehr zu sehen.

Die Rettungsmannschaften hatten sich noch nicht von den Anstrengungen erholt, da wurden um 22 Uhr erneut südlich der Insel Notsignale gesichtet.

Das Segelrettungsboot unter der Führung des Vormannes, des Lotsenoffiziers Tönnies Pauls, sowie ein großes Boot, besetzt mit 15 Mann unter der Leitung des Lotsenoffiziers Franz Müller, fuhren sofort zu dem Havaristen. Das Rettungsboot traf zuerst bei dem auf dem Aadebrunnen gestrandeten Schiff ein, es handelte sich um das englische Vollschiff FALLS OF FOYER, ebenfalls von der Westküste Südamerikas kommend, bestimmt für Hamburg mit einer Ladung Salpeter.

Der Versuch, längsseits des Seglers zu kommen, scheiterte jedoch. Kurz darauf traf auch das Ruderboot ein. Franz Müller berichtet über den weiteren Verlauf vor dem Seeamt: ... *WSW Wind, böiges Wetter, 5 bis 7 Grad Windstärke. Besonders hoher Seegang. Nachdem wir längere Zeit vergeblich versucht hatten, an das Schiff heranzukommen, gelang uns dies schließlich. Ich begab mich an Bord des Schiffes, auf meine Anfrage bei dem Kapitän, ob er mit uns wolle, sagte dieser, er könne noch nicht. Ich sagte ihm, dass wir nur gekommen seien, um ihn und seine Mannschaft zu retten, er sagte mir, es ginge noch nicht. Ich begab mich an die Seite und fragte meine Mannschaft: Können wir hier noch länger verweilen, der Kapitän kann mit seinen Leuten noch nicht mit, diese antworteten einstimmig, es ist unmöglich länger zu bleiben. Ich begab mich nun noch einmal zu dem Kapitän, gab ihm die Hand*

92 Ohlsen, Aufzeichnung

und sagte, es wäre der Augenblick sich zu entscheiden, er sagte mir wieder, dass er noch nicht könne. Weil unser ferneres Verweilen mit der größten Lebensgefahr für uns verknüpft war, mussten wir das Schiff verlassen. Wir waren gegen 1 Uhr wieder an Land. Unsere Rückfahrt war eine äußerst gefährliche. Schon während unserer Rückfahrt nahm der Wind bedeutend zu, doch es war für uns unmöglich, noch einmal zurückzukehren. Der Wind nahm andauernd an Stärke zu, wir haben die ganze Nacht auf Wache gesessen, doch es war keine Möglichkeit, noch einmal hinauszugehen. Erst um 5 Uhr, nachdem längere Zeit Ebbe gewesen war und das Wasser sich etwas legte, traten wir von neuem unsere Fahrt an. Wir bemerkten nun, angekommen bei der Strandungsstelle, dass das Schiff nicht mehr dort war.[93]

Der Vormann des Rettungsbootes betonte ebenso die Stärke des Sturmes und die Höhe der See. Zeitweise war die See so hoch, dass das bei dem Havaristen längsseits liegende Lotsenboot bis in Höhe der Reling des Schiffes gehoben wurde. Interessanterweise erwähnt der Kapitän in seinem Bericht für das Seeamt mit keinem Wort, dass zwei Helgoländer Boote zur Rettung der Mannschaft bei dem Schiff waren und er die Hilfe abgelehnt hatte.

Er schreibt nur, dass man, als das Schiff dann auseinanderbrach, in die Boote gegangen wäre.

Der Schlepper REIHER, der ebenfalls am Morgen hinausgefahren war, fand in der Nordsee treibend ein Boot der FALLS OF FOYERS mit 20 Personen an Bord. Die übrigen sechs Besatzungsmitglieder wurden am Nachmittag von dem Fährschiff SILVANA, das zwischen Cuxhaven und Helgoland verkehrte, unter gefährlichen Umständen auf dem Großen Vogelsand in der Elbmündung gerettet.

Mit großem Glück wurde die Besatzung doch noch gerettet. Wenn der Kapitän auf die erfahrenen Helgoländer Retter gehört hätte, wären der Besatzung 24 Stunden Angst und große Gefahr für ihr Leben in ihrem Rettungsboot erspart geblieben.

Innerhalb von nur fünf Stunden waren hier zwei große Segler verloren gegangen. Etwa 8.000 Tonnen Salpeter hatten sich in der Nordsee aufgelöst.

In einer Zeitungsnotiz vom 7. Juli 1899 heißt es.

Den hiesigen Lootsenoffizieren Franz Müller und Hinrich Ralfs, die bei dem starken Sturm im letzten Winter (16. Januar 1899) hinausgefahren waren, um die Mannschaften der beiden gestrandeten Schiffe FOUR WINDS und FALLS OF FOYERS zu retten, wurde durch den hiesigen Regierungsassessor von der englischen Regierung die silberne Rettungsmedaille, am Bande zu tragen, überreicht. Die Medaille trägt das Bildnis der Königin und die Aufschrift: »For assisting a british vessel in distress presented by the british government.« Ferner den Namen des betreffenden Lotsenoffiziers und das Datum der Strandung des Schiffes.[94]

Das letzte Schiff, das im 19. Jahrhundert verunglückte, war der englische Dampfer AGENORIA. Er verunglückte am 28. November 1899 abends 18 Uhr auf den Seehundsklippen. Auch hier war die Rettung schwierig, es herrschte starker Wind und es war sehr dunkel. Das Rettungsboot und das Lotsenboot fuhren hinaus. Als sie fast den Havaristen erreicht hatten, fanden sie ein gekentertes Boot, auf dem sich ein Seemann gerettet hatte. Man nahm ihn an Bord und fuhr zu dem in Seenot befindlichen Schiff. Die AGENORIA war bereits mit der Reling zu Wasser, ihre Boote zerschlagen. Im letzten Augenblick konnten die beiden Boote die Besatzung bergen.

In diesem Jahrhundert waren 378 Schiffe bei der Insel verunglückt.

93 Bericht des Lotsenoffiziers Franz Müller 17. Jan. 1899, Staatsarchiv Hamburg
94 Die Quelle ist ein Zeitungsausschnitt ohne Herkunftsangaben.

Das 20. Jahrhundert

Im Jahre 1902 war es wiederum ein Großsegler, dem die Klippen bei Helgoland zum Verhängnis wurden. Die englische Viermastbark BANDANEIRA, mit einer Ladung Salpeter von Iquique nach Hamburg bestimmt, hatte wegen schlechter Sicht keinen Lotsenschoner angetroffen, man steuerte jetzt Helgoland an, in der Hoffnung, dort einen Lotsen zu bekommen. Durch die schlechte Sicht irrte man sich im Abstand von der Insel und kam am frühen Abend auf dem Hog Stean fest. Sofort gab man Notsignale und die Mannschaft ging in das Rettungsboot. Das Schiff kam dann wieder frei und segelte jetzt ohne Besatzung in Richtung Düne, wo es dann endgültig fest kam und voll Wasser lief. Von der Insel waren zwei Boote mit je 16 Mann hinausgerudert und konnten die Besatzung, die bereits abgetrieben war, aufnehmen. Die Helgoländer waren natürlich alle an den Strand und den Falm gegangen, um

Gestrandete Viermastbark BANDANEIRA

die Rettung zu verfolgen. Aber es war stockdunkel und außer den kleinen weißen Lichtern der Rettungsboote nichts zu sehen. Dann ließ der Inselkommandant Hofmeier plötzlich den Scheinwerfer an der Südspitze der Insel aufleuchten. Der Helgoländer Henry Dörner, damals elf Jahre alt, erzählte später: ... *plötzlich wurde es taghell, als er dann hinüber zur Düne leuchtete, saß da ein großer Viermaster zwischen Düne und Insel. Das war ein richtig unheimliches und eigenartiges Bild. Es sah aus, als wenn plötzlich der Fliegende Holländer in der Nordsee herumspuken würde, ohne Menschen und ohne Leben an Bord. Zuerst beleuchtete der Scheinwerfer die Mastspitzen, die fast so hoch wie die Klippe waren, und dann lag das ganze Schiff in einem hellen Schein, als wenn es aus Silber war. Rundherum war alles stockdunkel.*[95] Da das Schiff bereits voll Wasser war, konnten lediglich 800 Sack Salpeter geborgen werden. Außerdem wurden alle Segel und das Inventar an Land gebracht.

95 James Packroß, Mitteilungsblatt für Halluner Moats Nr. 50/51. Der Helgoländer Nr. 450, Dezember 2001

Das langsame Sterben eines Großseglers

Der Hog Stean wurde ebenfalls dem spanischen Dampfer ZURIA zum Verhängnis. Das Schiff war am 27. Oktober 1905 nachts um vier Uhr festgekommen und hatte Notsignal gegeben. Das Rettungsboot war in Reparatur, und so fuhr die Rettungsmannschaft mit einem Ruderboot zum Havaristen. Es war starker Südweststurm mit heftigen Regenböen. Nach zwei Stunden Rudern (für ca. 2.000 m) erreichten sie das Schiff. Und jetzt wiederholte sich das Drama wie vor Jahren bei der Strandung der FALLS OF FOYERS. Obwohl der Vormann des Rettungsbootes, Daniel Denker, den Kapitän dringend auf die Gefahr hinwies, in welcher sich sein Schiff befand, lehnte dieser es ab, mit seiner Besatzung in das Rettungsboot zu gehen. Das Rettungsboot wurde durch eine See halb voll Wasser geschlagen, trotzdem versuchte man noch einmal an den Dampfer heranzukommen. Aber wieder lehnte der Kapitän eine Rettung ab. Dem Boot blieb nun keine andere Möglichkeit, als wieder zurückzufahren. Unterwegs trafen sie das Lotsenboot, das ebenfalls zur Rettung ausgelaufen war, aber mit ihnen umkehrte. Da es Daniel Denker klar war, dass nur noch wenig Zeit blieb, bis das Schiff von der See zerschlagen würde, ging er mit acht Mann auf den auf der Reede liegenden Staatsdampfer TRITON. Sie fuhren zu dem Havaristen hinaus und fanden das Schiff bereits wrack. Vierzehn Mann waren in ihr Rettungsboot gegangen. Bei der Übernahme dieser Leute kam ein Mann ums Leben. Die Leute wurden an Land gebracht, und anschließend konnte man noch vier Personen bergen, die sich auf Wrackteilen gerettet hatten. Aber acht Seeleute konnten nicht gerettet werden.

Das Schiff ging total verloren, lediglich 98 Kisten mit Bananen, die der Dampfer als Deckslast gefahren hatte, wurden aufgefischt.

Die holländische Tjalk NIEUWE ZORK war am 8. Dezember 1907 auf der Reede bei stürmischem Wetter in Seenot geraten. Das Rettungsboot unter der Führung des Vormannes Daniel Denker rettete die Besatzung. Daniel Denker erhielt für diese Tat die holländische Rettungsmedaille.

Auf dem Hog Bru strandete bei schlechter Sicht und starkem Sturm am 11. Januar 1909 der englische Dampfer GLENDALE. Das Schiff hatte Kohlen für Hamburg geladen. Das Helgoländer Rettungsboot CLAUS DREYER unter Führung des Vormannes Daniel Denker sowie das Helgoländer Lotsenboot unter Führung des Helgoländers Johannes Krüss fuhren hinaus und retteten die Schiffbrüchigen. Im Spruch des Seeamtes wurde ausdrücklich mit besonderer Anerkennung die Leistung der beiden Boote bei der Rettung der Besatzung betont.

Gestrandeter Dampfer SHANDON

Ende des Jahres 1909, am 29. Dezember, strandete der englische Dampfer SHANDON südlich der Düne. Die beiden Boote fuhren hinaus, ebenso der Postdampfer SILVANA. Erneut beleuchtete der Marinescheinwerfer die Rettung, was das Unternehmen natürlich sehr erleichterte. Fünfundzwanzig Mannschaftsmitglieder konnten gerettet und an Land gebracht werden. Das Schiff war mit Getreide beladen und auf dem Weg von Odessa nach Bremen. Am anderen Tag wurden 150 Tonnen gelöscht und dann an Land gebracht. Dann verschlechterte sich das Wetter und weitere Bergung unterblieb zunächst. Bei nächster Gelegenheit wurde das nasse Getreide teils gelöscht, teils über Bord geworfen. Es gelang dann, das Hinterschiff abzudichten, das Schiff hinter der Düne auf Sandboden zu setzen und auch das Vorschiff abzudichten. Am 15. März 1910 konnte das Schiff dann zur Elbe geschleppt werden.

Glück im Unglück hatte der amerikanische Dampfer WEST MUNHAM, beladen mit Mais von Portland nach Libau. Der Dampfer strandete am 7. März 1922 an der Westseite der In-

Am Strand gelagerter geborgener Mais

sel, im *Moadek Göttel,* an sehr gefährlicher Stelle und war sofort leck. Zunächst wurde etwas Ladung geworfen und ein Bergungsversuch gestartet. Da dieser erfolglos blieb, wurde die Ladung, da das Wetter gut blieb, in Leichter gelöscht und auf der Insel am Strand aufgeschüttet. Acht Tage wurde in zwei Schichten von jeweils 50 Helgoländern die Ladung gelöscht. Dann konnte das Schiff abgeschleppt werden.

Das große Glück war, dass sich das Wetter die ganze Zeit über hielt, sonst wäre der Dampfer sehr gefährdet gewesen.

In der Folge waren es fast ausschließlich Fischereifahrzeuge, die auf Helgoland strandeten. Auf der Heimreise vom Fischfang, ohne genaue Abgangsposition, kamen die Schiffe an der Insel fest. Meistens verliefen diese Unfälle glimpflich, aber am 11. Januar 1931 strandete bei Weststurm der holländische Fischdampfer PLUTO an der Westseite der Insel. *Die vermutlich letzte Rettungstat der Helgoländer Lotsen ereignete sich im Jahre 1931. Der Fischdampfer* PLUTO *war an der Westseite beim Mönch gestrandet. Das Rettungsboot der DGzRS war unklar. Darauf liefen die Motorschaluppen* HENNY, *geführt von dem Lotsen Peter A. Oelrichs, und* ETA ELISABETH, *geführt von dem Lotsen Nummel Krüß, aus und fuhren zwischen dem äußeren Brandungsgürtel und der Uferschutzmauer zu dem gestrandeten Fischdampfer. Sie gingen längsseits und retteten die elfköpfige Besatzung. Oelrichs hatte bereits im Jahre 1920 für eine andere Rettungstat die »Goldene Rettungsmedaille« verliehen bekommen.*[96]

Im Zweiten Weltkrieg strandete der deutsche Dampfer CONTINENTAL am 13. November 1940 auf Wittekliff. Im offiziellen Bericht der DGzRS wird die Rettung der Besatzung so geschildert:

96 Günther Spelde Geschichte der Lotsenbrüderschaften an der Außenweser und an der Jade, erweiterte Auflage 1985, Hauschild Bremen, Seite 49

... Bericht des Vormannes Rickmer Bock: Die Unfallstelle lag etwa 1.200 m von der Insel auf Wittekliff, dem von der Düne nach NW sich ziehenden inneren gefährlichen Klippenzug. Bei schwerem Wetter war ein Hamburger Dampfer dort gestrandet. Das Schiff stieß in der wilden Brandung hart auf den Felsen und mußte jeden Augenblick leck schlagen. Die Besatzung gab Notsignale. Wir versuchten in der Grundsee ans Heck heranzukommen, was uns auch gelang, und nahmen die aus 13 Mann bestehende Besatzung an Bord. Eine halbe Stunde später waren von dem gestrandeten Dampfer nur noch Masten und Schornstein zu sehen.

Vormann Rickmer Bock erhielt für seine Fahrt am 13. November 1940, auf der er die gesamte Besatzung eines vor Helgoland gestrandeten Dampfers holte, die Prinz-Heinrich-Medaille, die für die schwerste Rettung des Jahres nur einmal verliehen wird.[97]

Obwohl der letzte zu berichtende Unfall nicht an der Insel stattfand, gehört er doch hierher. Es handelt sich um die Tragödie des Helgoländer Seenotrettungskreuzers ADOLPH BERMPOHL. Der Rettungskreuzer war bei einem Orkan am 23. Februar 1967 mit einem Rettungsfall beschäftigt, als ihn der Hilferuf des holländischen Fischkutters BURGEMEESTER VAN KAMPEN erreichte. Da im vorliegenden Fall auch ein anderes Schiff helfend tätig war, entschloss sich der Vormann Paul Denker, dem holländischen Fischkutter zu Hilfe zu eilen. Nach einer Stunde war er erreicht. Es stellte sich als unmöglich heraus, den Fischkutter nach Helgoland zu schleppen oder die drei Mann Besatzung direkt von dem Kutter auf den Rettungskreuzer zu bergen. Daher wurde das Tochterboot ausgesetzt und die holländischen Fischer stiegen in das Boot. Was weiter geschah, ist nur durch Indizien zu erklären. Die ADOLPH BERMPOHL wurde am nächsten Tag 13 Meilen südöstlich von Helgoland mit laufender, ausgekuppelter Maschine treibend aufgefunden. Es befand sich niemand an Bord. Fünf Meilen westlich dieses Fundortes wurde später das Tochterboot kieloben aufgefunden, auch dieses Boot war menschenleer. Es ist davon auszugehen, dass durch eine schwere See der Rettungskreuzer auf die Seite gedrückt wurde oder eine Drehung um 360 Grad vollführte und dass das Tochterboot ebenfalls kenterte. Dabei wurden alle Personen ins Wasser gerissen.

Diese Gedenktafel der dänischen Fischer für die Besatzung der ADOLPH BERMPOHL an dem Glockenturm der Insel Helgoland soll hier stellvertretend stehen für alle, die ihr Leben ließen, um Menschen aus Seenot zu retten.

Die vier holländischen Fischer sowie die Besatzungsmitglieder Paul Denker, Hans-Jürgen Kratschke, Otto Schülke und Günter Kuchenbecker kamen bei dem Rettungsversuch ums Leben.

Die Öffentlichkeit hat 1967 sehr stark an dem Schicksal der Retter Anteil genommen. Mit diesem Unglück ist die Kette der großen Schiffsunfälle vor Helgoland vorerst zu Ende gegangen.

97 Jahresbericht der Deutschen Gesellschaft zur Rettung Schiffbrüchiger (DGzRS), S. 1940

Verzeichnis der gestrandeten Schiffe

Die fett gedruckten Zahlen unterhalb der Kästchen geben die Quelle an. Genaueres dann am Ende des Verzeichnisses

Jahr Datum	Strandungsort	Schiffsname Schiffsart	Nationalität Heimathafen	Kapitän	Abgangshafen Bestimmungshafen	Ladung
1409						

1 Zu wissen, dass in den Grenzen Helgolands vor Zeiten, etwa um 1409, ein gewisses Schiff Schiffbruch erlitt, indem sich Kupfer und andere Waren befanden. Einige Bewohner von Helgoland erlangten eine gewisse Menge von diesem Kupfer und verbrachten es nach Eiderstedt. Dort kaufte Borchard Hegher von dem Kupfer eine gewisse Menge, vom dem die Ratsherren 11 ½ Liefländische Pfund (Lispunt) und 3 Markpfund durch Johann Gellersen zum Nutzen der Stadt erhielten, weil sie diese Güter gegen das Verbot der Ratsherren kauften, obwohl keiner schiffbrüchige Güter kaufen soll. Ebenso erhielten sie von Luchow 12 Stücke des gleichen Kupfers, nämlich 2 Schiffspfund und 3 ½ Markpfund, weil das Kupfer ebenfalls aus dem Schiffbruch stammte, zum Nutzen der Stadt.

1428				Johann Sassen		

2

1437 15.09.				Hermann Capelle		

3 Gestrandet

1512			Bremen	Johann Schengen		

4 Gestrandet

1596 Dezember			Hamburg	Peter Johansen		

13*7/4660

1597			Hamburg	Marten Petersen		

13* 7/4660

1597			Amsterdam	Johann Hermann Lindt		

13* 7/4660

1607 09.09.			Hamburg			

13* 7/4660

1612			Amsterdam			Elefanten- zähne

13* 7/4660

Jahr Datum	Strandungsort	Schiffsname Schiffsart	Nationalität Heimathafen	Kapitän	Abgangshafen Bestimmungshafen	Ladung
1612 20.10.	Süd Strand	Schmacke	Bremen Bremen	Aßmuß Hector	Amsterdam	Verschiedene Güter

13* 7/4660 In der Nacht ist ein Schiffer mit Nahmen Aßmuß Hector von Bremen hin Ein Schnacke Segell fuerend, so Vesbollandt von Amsterdam gekommen undt Bremergüder eingehatt, in einem Ehrschrecklichen Storm in des Suith Strant gedrewen weches hernach in derselben Nacht alsbalt vom wasser in Stücken geschlagen, undt sind diese Nachfolgende Güter darauß geborgen worden, so alles die halve Nacht under wasser gelegen. Erstlich 12 Tunnen Bücklinge, so mehrendels vom Saltzenwasser verdorben, 5 Tonnen Tran, 3 Oxhoves Tran, das eine das Dritte Partt voll gewesen, 2 Tunnen Pökel hering, 1 Fatt midt Muschaten so mehrendill vom Wasser verdorben. 614 Vierendele Sefe, 1 Klein Achten Diel mit Muschalen Blomen, 32 Olifandt Tauenden und verschiedenes mehr.

1612 23.10.	Süd Brunnen			Dieter Christians	Norwegen	Holz

13* 7/4660 Im Nebel gestrandet

1623			Hamburg	Jacob Pamphert		

13* 174/242 Im Nebel gestrandet

1623 03.01.			Hamburg	Hannes Wickhöft		

13* 174/242 Gestrandet

1627			Westerhever	Jacob Ivers		

13* 174/242 Gestrandet

1640 Dezember			Bergen		Nantes Amsterdam	Wein

13* 174/242

1645			Eswouden	Cornelius Jansen		

13* 174/242 Gestrandet

1647						Korn

13* 7/4/660

1650 16.12.			Hamburg	Adrian Bonenborgh		

13* 174/2 Gestrandet und übergeben

1650 17.12.			Hamburg	Berendt Karl Langer		Pflaumen und Nüsse

13* 174/2 Gestrandet und übergeben

1651			Hamburg		Hamburg Rouen	Allerhand Kaufsmanns- waren

13* 174/2 Gestrandet

Jahr Datum	Strandungsort	Schiffsname Schiffsart	Nationalität Heimathafen	Kapitän	Abgangshafen Bestimmungshafen	Ladung
1655 05.08.				Verdt Elkens		Balken und Masten

13* 174/2 Gestrandet und übergeben

1657 02.12.		S. MARIA	Hamburg	Ratyr Brynn	Cadis Hamburg	Wein, Feigen, Rosinen, Zitronen, Apfelsinen

13* 174/2

1657 18.10.				Peter Petersen		Roggen

13* 174/2 Gestrandet und übergeben

1657 13.11.	Strand		holländisch	Volquardt Ahrens	Norwegen	6.580 Bohlen und Bretter 638 große fürn Balken 192 kleine Balkiner 261 lange Spieren

13* 174/2 Gestrandet und übergeben

1657 02.12			Hamburg			Rosinen, Wein, Feigen

13* 174/2 Gestrandet und übergeben

1659 06.02.	Nordhafen	Frantzfahrer				Wein

4* S 28 ein Schiff mit Wein, ein Viertel erhielt das Land

1659 08.02.				Hans Krohn		Roggen

4*S 28 ein Schiff mit Roggen, die Kaufleute erhielten zwei Teile, der Herzog und das Land je ein Teil

1659 23.02.						Holz

4*S 28 Es war viel Holz darin geborgen

1651 14.11.			holländisch	Jan Krüß		Norwegisches Holz

13* 174/2

1660 29.09.						600 Ochsen häute

4*S 28 Die Helgoländer erhielten 240 Mark

1660 05.12.						

4*S 29 ist ein Schiff auf der Rhede gekommen und an den Brunnen gestoßen, wovon es umgefallen, das Volck ist mit 1 Chaloupe noch zur Noth geborgen.

Jahr Datum	Strandungsort	Schiffsname Schiffsart	Nationalität Heimathafen	Kapitän	Abgangshafen Bestimmungshafen	Ladung
1660 09.12.				Peter Boyens		Franzwein

13* 174/2 Gestrandet und übergeben

1661 06.07.	Nordhafen					Holz

13* 174/2 Gestrandet und übergeben

1661 20.12.		Schmacke				

4* S 29 verunglückte hier bey Helgeland eine Schmacke und hat man die Menschen davon nicht retten können

1665 05.02.	Strand		Tönning	Johann Timm	London	Zucker, Stückgüter

4* S 29 Ein Schiff von London kommend wurde von einem holländischen Caper gejagt und lief auf den Strand. Die Helgoländer erhielten 1.500 Rthlr.

1668 11.04.	Strand			Christoffer Barruß		

13* 174/2

1669 12.10.	Strand	St. George	englisch	Thomas Houltby	Hamburg Hull	

13* 174/2 Gestrandet

1672 08.11.			russisch	Johann Meyers	Archangelsk Hamburg	Juchten

4* S 31 strandete ein Schiff, wobei die Helgoländer 2.000 Taler erhielten

1673 30.12		Jupiter	schwedisch	Jacob Fix	Schweden Amsterdam	Kupfer und Eisen

4* S 31 Verunglückt

1674 01.03				Christoffer de Foß		

4* S 31 Allhier gestrandet

1674 04.03.		Fortuna	französisch Nantes	Jürgen Evosr	Nantes Hamburg	Handelsgüter

13* 174/2 Gestrandet

1678 01.10.		Elisabet	Hamburg			

4* S 32 Gestrandet

1680 23.04.		Die Margaretha	englisch Glasgow	James Campbell	Norwegen Amsterdam	18.200 Stück Bretter

13* 174/2 Verunglückt

Jahr Datum	Strandungsort	Schiffsname Schiffsart	Nationalität Heimathafen	Kapitän	Abgangshafen Bestimmungshafen	Ladung
1682 29.04.			holländisch			Roggen, Weizen, Gerste

13* 174/2 Gestrandet und mit acht Schaluppen an den Strand geschleppt

1685 30.11.		DIE HOFFNUNG	holländisch	Cornelis Tellis van der Schellig	Danzig	Weizen

13* 174/2 Gestrandet und Ladung teilweise geborgen

1685 Dezember		Schmacke	holländisch			

13* 174/246 Im Dezember 1685 seyn aus einer holländischen Schmacke, darauß die Leute alle Todt gefunden geborgen worden 64 Tn Heringe da von Ihrer Königl. Mayst. die Hälfte als 32 tons so verkauft jede a 9 ch also 288 ch

1686 06.08		Schmacke		Berend Weddersch	Hamburg Amsterdam	Eichenplanken, Silber, ungemünzte Platten

13* 174/2 ist eine Schmacke, darauf Schiffer Berend Weddersch von Hamburg nach Amsterdam wollende, unter Helligelandt geblieben

1687			Tönning	Lambert Schürmann	Amsterdam	Wein, Branntwein

13* 174/2 Ein Schiff aus Tönningen Lambert Schürmann Bürger daselbsten zugehöhret mit den eingeladenen Waren als 4 Stück Fässer Nantes Brandtwein 4½ Stück Fässer Bordeaux Brandtwein 20 Oxhöft französischen Wein 10 Tonnen mit holländischer Seife ist unter Helligeland in diesem Jahr gestrandt.

1695 27.08.	Strand	PRINTZ FRIEDRICH	Amsterdam	Jan Petersen Monds	Malaga Hamburg	

13* 174/3 Heiligland, den 27. August 1695. Ist ein Schiffer Jan Petersen Monds von Amsterdam mit seinem Schiff PRINTZ FRIEDRICH genannt, als er auf der Rückreise von Malaga nach Hamburg begriffen gewest, am Süderwall an den Grund kommen, sein Ruder und Boot verloren, und durch wehenden Sturm anhero zugetrieben kommen, darauf er mit Schüssen und Schauen gewahrschaut, daß man ihm helfen möchte. Weil aber wegen anhaltenden Sturms, und Unwetter die Piloten vom Lande nicht fahren konnten, hat er seinen letzten Anker an einem höchstgefährlichen Ort aussetzen müssen, da er dann noch mit Warschauen continuirt, bis gegen Abend 2 Schlupen voll Volk nach ihm mit großer Leib- und Lebens-Gefahr zugefahren und das Volk geborgen. Hierauf sind auf des Schiffers anhalten vier Schlupen ausgemacht, ihm mit angehenden Tage zu helfen. Und indem sie das Anker aufwinden, bricht das Tau, und weil der Wind aus West Süd Westen wehte, schlagen die Wellen das Schiff nach der Klippe zu, und gerathen alle in große Leib- und Lebens-Gefahr, daß das Schiff bald an der Klippe zerschmettern können, wofern nicht alsofort 4 Schlupen mehr ihnen zu Hülfe kommen wären, und weil der Schiffer keinen Anker auszusetzen hatte, dennoch aber das Schiff nicht treiben lassen wollte, hat er dasselbe bereiwillig an den Strand gesetzt, und sich dem Heiliglander Strandrecht unterworfen.

1695 27.10.	Strand					Holz

13* 174/3 Von einem französischen Kaper an Land gesetzt

Jahr Datum	Strandungsort	Schiffsname Schiffsart	Nationalität Heimathafen	Kapitän	Abgangshafen Bestimmungshafen	Ladung
1696 17.03.	Strand		Fühnen	Jens Hansen	Norwegen	140 Tonnen Speck, 25 kleine Fässchen Butter, eine kleine Tonne Kornbranntwein

13* 174/3 Gestrandet

1696. 29.10.	Strand		Hamburg	Jacob Ullrich		Holz

13* 174/3 Leck auf die Reede gekommen, durch erneuten Sturm gesunken, Mannschaft gerettet

1697 27.01.	Klippen	Die Jungfrau (Lgel)		Knudt Teisen	Scholland Hamburg	ungefähr 64 scholländische seefahrende Passagiere, Schmiedekohlen, 7 Packen mit Strümpfen und Kaufmannswaren

13* 174/3 War auf die Reede gekommen, um Lotsen für die Elbe zu nehmen, ein Befahren der Elbe war aber wegen Eisgang nicht möglich. Ein Sturm trieb dann das Schiff auf die Klippen. Es ging total verloren, die Menschen wurden geborgen.

1698 12.09.	Strand	Weisses Einhorn	Hinlopen	Robert Reymers	Norwegen	Nordisches Holz

13* 174/3
4* S 35 Wegen Ruderschaden und Schaden am Schiff an den Strand gesetzt, Ladung geborgen, Schiff verloren

1698 23.10.	Strand	Kap	Neuhaus/Oste	Jacob Vists		

4* S 35 Durch Sturm im Hafen losgerissen, an den Strand getrieben

1698 06.11.	Strand	Galioth	Helgoland	Jasper Jaspers Kröger		

4* S 35 Angetrieben

1698 20.11.	Südhörn	Windmühle Schmacke	Hamburg	Hans Carstens	Rouen Hamburg	Passagiere, allerhand Galanterien und Kramwaren

13* 174/3
4* S 36 An den Strand geschlagen, Totalverlust

1698 23.11.	Strand	Vergoldete Sonne Schmacke	Harling	Frantz Jonas	Friedrichstadt Amsterdam	Fleisch, Butter, Bier, Hafer und Holz

13* 174/3
4* S 36 Gestrandet, Waren teilweise geborgen,

1698 23.11.	Aade	De Jossers großes Schiff	englisch	Thomas Witthorn	Cadix	Salz

13* 174/3
4* S 36 Gestrandet. Von 14 Mann 13 gerettet

Jahr Datum	Strandungsort	Schiffsname Schiffsart	Nationalität Heimathafen	Kapitän	Abgangshafen Bestimmungshafen	Ladung
1699 06.04.	Strand	Kleines Schiff	Beyenfleth			

4* S 37 Angetrieben

1699 01.11.	Aade	ABRAHAMS OPFERUNG Schmacke	Mackum	Gosche Sagge	Enckhuysen Hamburg	30 Last Hering

13* 174/3
4* S 36 Gestrandet, Ladung geborgen, Schiff verloren

1699 18.11.	Strand	DE WITTE WINDHOND Nordsfahrer	holländisch		Cooperwyk/ Norwegen Edam	Balken und Dielen

13* 174/3
4* S 38 Ruderlos u. beschädigt. Durch Strandrecht geborgen, Schiffer an den Pumpen verstorben

1699 29.11.	Sathurn- brunnen	Arche Noe	norwegisch Bergen	Peter Iversen		10.000 Dielen, 500 t Steinkohlen

13* 174/3
4* S 39 Beim Aussegeln aus dem Hafen festgekommen, Schiff wurde aufgegeben

1699 30.11.	Sathurn- brunnen	DER BLAUE SCHLÜSSEL Katte	holländisch	Sieter Glocker	Königsberg	franz. Salz

4* S 39 Besatzung zweimal geborgen. Auf der Klippe festgekommen

1699 06.12.	Nathurn- brunnen	Schmacke	holländisch Harling	Gentje	Liebau/Churland	Butter, Fleisch, Talg

4* S 39 Gegen Abend kam ein Hollandische Schmacke Schiffer Gentje alles von Harling so von Libau aus Churland mit Butter, Fleisch und Tallig destiniret, bey Norden dem Lande auf die Klippe fest zu sitzen, wurde aber von den Einwohnern loßgeholfen

1700 21.09.	Strand	ST. PETRI FISCHZUG Schmacke	Gröning	Johan Alberts		Passagiere

4* S 46 Riss vom Anker los und strandete, Totalverlust, Passagiere und Besatzung gerettet

1700 30.11.	Strand	Fischer Schlupe	Helgoland			

4* S 47 ist eine Fischer Schlupe gegen Abend verunglücket mit 5 Menschen als Haycke Peters, Jacob Jansen, Schuster welche beide Männer und 3 Jungen, der Polacksche Sohn, Hummernetz ihr Sohn und des Schusters Erek Nordts Bruder

1701 19.06.	Strand	Schmacke	Hamburg	Michel Lührs	Hamburg Gotland	1.200 Piep- und 5.500 Oxhofft Stäben

13* 174/3 Gestrandet

Jahr Datum	Strandungsort	Schiffsname Schiffsart	Nationalität Heimathafen	Kapitän	Abgangshafen Bestimmungshafen	Ladung
1701 15.09.	Strand	De Slootemaker Großsegler	holländisch Amsterdam	Reyer Gerbrands	Danzig Lissabon	Klapholz, Piepstaven, Teller, Gläser, Stahl

13* 174/3 geankert wegen schlechtem Wetter, nach vertreiben an Grund gekommen. Obwohl bis zu 100 Mann zur Hilfe an den Pumpen kamen, konnte das Schiff nicht gerettet werden.

1701 15.10.	Aade	Jouffrou Johanna Sophia	 Bremen	Mattheus Cramer	London Bremen	Virginischer Toback in Fässern, Lacke, Särge und Kaufmannswaren

13* 174/251
4* S 36 Ankerkette gebrochen und gestrandet, Besatzung u. Passagiere geborgen. Ladung wurde zum großen Teil geborgen, teils durchnässt. Da es ein großes Schiff war, hatte man viel Mühe, die geborgenen Waren zu lagern.

1701 20.11.	Wittkliff	St. Joris	 Lübeck	George Croos	Neu Castel Hamburg	Blei und 8 große Steinkohlen, 400 St. Schleifsteine

13* 174/3
4* S 49 Schiff war leck und sank, musste von den Helgoländer Lotsen auf Wittekliff Brunn gesetzt werden. Totalverlust

1702 April		Der Stern	 Hooge	Bandir Knutzen		Bretter

13* 174/3 Gestrandet

1702 22.12.	Strand	5=ten Maria Dorothea		Jürgen Thod		

13* 174/3 Kam beim Aussegeln von der Reede fest, wurde an den Strand geholt, Totalverlust
4* S 55

1704 01.02.		Der Stern Fleute	 Åland	Encke Friederiechs		Weizen, Roggen, 12 Sack Wolle

13* 174/3
4* S 62 Leck an Strand gesetzt, Totalverlust

1704 25.02.	Strand	Alexander	 Korckwall	Andreas Troll		Malz, Gerste, Hafermehl

13* 174/3 Gestrandet
4* S 63

1704 14.06.	Wittkliff	Die 3 Segelmacher Pinnas	schwedisch Stockholm	Erich Holm	Bordeaux Hamburg, Lübeck	Wein, Branntwein, Felle

13* 174/3
4* S 49 Gestrandet, Ladung zum Teil geborgen

1704 24.09.		Die Hoffnung Hucker	 Hamburg	Jan Jansen Bull	Lissabon Hamburg	Tabak, Zucker, Lemonen, teilweise geborgen

13* 174/3
4* S 66

Jahr Datum	Strandungsort	Schiffsname Schiffsart	Nationalität Heimathafen	Kapitän	Abgangshafen Bestimmungshafen	Ladung
1704 Oktober		DOROTHEA SOPHIA Jödde				

13* 174/3 Gestrandet

1704 07.10.	Nordhafen	ST. ANNEN		Johann Voll		Bretter

13* 174/3 Aufgegeben

1705 30.04.		Schaluppe	Helgoland			

4* S 68 fiel waß schlimm Wetter ein und kam Jacob Knuds jun. Schlups nicht aus der See zu Lande, mit dieser Schlupe sind verunglückt Jacob Knuds Jun. und Johan Lütjens, Christian Beckmann und ein Jung, Gretje Lang ihr Sohn

1705 05.06.	Hog Stean	DIE SONNE Fleute	schwedisch Gotenburg	Jan Olson Brangio	Bordeaux Hamburg	Wein und Branntwein

13* 174/4 Gestrandet, leck geschlagen
4* S 69

1705 22.11.	Wittkliff	LAMM GOTTES Schmacke	Garding	Broder Rolffs	Newcastle Tönning	Schmiedekohlen

13* 174/34 Broder Rollfs von Garding in der Nacht Glock 11 mit seiner Schmacke den Lam Gottes, mit Schmiedekohlen beladen, von Neycastel kommend und nach Tonning wollend, ist hinter der weißen Klippe verunglücket auff dem Riff
4* S 74

1705 30.12.	Strand	DER BULLE Galioth		Lorenz Peter Pay Schaut		

4* S 76 Trieb an den Strand

1705 30.12.	Strand	DER ENGEL Schmacke	Husum	Hans Michels Christoffer Prüß	Ostende Husum	Hopfen

13* 174/4 Wir Endesunterschriebene Dero zu Schleswigholstein regierende Hochfürst Durchlaucht und bestalter Obristlieutnant wie auch Commandant Landvoigt dieser Insel und Vestung Heiligland und wir geschworenen Rathmanner hierselbst urkunden und bekennen hiermit öffentlich für jedermänniglich sonderlich aber wo noth, daß vor uns an gewöhnlicher Gerichtsstätte erschienen und gestanden Hanß Michaelsen und Christoffer Prüß beyde Schiffer von Husum und Eigenthümer einer alhier angestrandeten Schmacke, DER ENGEL genannt, benebst ihres Steuermann Peter Jenßen allda gelangt mit mehren Zuvernehmen gebende, und auf ihr Gewissen und Eyd betheurernde, waßgestalt Sie vergangenen Sonntag den 27. Dezember nächstabgewiesenen Jahres die Glock 10 des Morgens mit bemalter Schmacke im Nahmen Gottes von Ostende mit südlichem Wind in See gesegelt, und ihren cours Nordost gestellt, folgenden 28sten des Abends wären sie ihrer Muthmaßung nach vor das Vlie gewesen, und den 29sten des Morgens hätten sie den Borkumer Thurm Süden von sich ins Gesicht bekommen. Weil sie aber wegen Kürtze des Tages sich nicht unterstanden die Hever zu besegeln, hätten sie ihren cours Nordost zum Osten anhero nach Heiligland gesetzt, und wären des Abends ohngefehr die Glock auf der Rheede zu Anker gekommen, mit continuizirendm Winde, welcher auch den 30sten des Morgens mit steiffer Kühlte angehalten, da sie zwar Willens gewesen zusegeln, es hätten aber die Lootsen, so damahls bey ihnen an Bord gewesen, keine Gelegenheit gesehen, daß sie aus dem Hafen oder von der Reehde kommen könnten, zumahlen der Wind auch zum Südosten gelaufen, also wären sie den Tag über liegen geblieben, deß Abends aber habe Gott ein hartes Wetter über sie verhangen, daß ihr Bratspill sich erstlich begeben müssen, hernach ungefehr Glock 7 ihr Pflicht oder bestes Tau so damals aus gewesen, sich auch begeben, und sie genöthiget worden Strand zusuchen, weil der Wind noch südlich war, und auf den Wall anstunde.
4* S 76

Jahr Datum	Strandungsort	Schiffsname Schiffsart	Nationalität Heimathafen	Kapitän	Abgangshafen Bestimmungshafen	Ladung
1706 01.02.	Westklippe		Tönning	Lorentz Lorentzen	Bordeaux Tönning	Wein und Kastanien

4*S 76 Strandete auf den Westklippen, wurde von Helgoländern abgeholfen

1706 20.04.	Strand	CHRISTINE Fregatte	Ter Veer	Alexander Renzier	Lieth	Feuerkohlen, Bekleidung

13*174/4
4*S 76 Gestrandet bei gutem Wetter

1706 30.11.	Strand	Kleine Kuff	Altona	Heiner Bahrs	Altona Helgoland	

13* 174/4
4*S 81 Gestrandet und aufgegeben.

1707 12.11.	Strand	DIE WEINRANKE Pincke 3mastig	Douvre	Thomas Hoogget	Sunderland Douvre	18 Last Steinkohlen, 30 Fässchen Butter

13* 7/4462
4*S 84

1709 04.09.	Strand	Schnigge	Vollerwick	Hans Jürgens		Ballast

13* 7/254 Am Strand durch Sturm zerschlagen

1709 09.10.	Strand	CHRISTINA ELISABETH Buys	Riga	Cord Tütgen	Edinburgh Sandstede	Salz, 10 Last Hering, Pack Tuch

13* 7/254 Das Schiff auf der hiesiegen Rhede zu Anker gekommen und dieser Nacht durch den schweren Sturm von den Ankern losgebrochen und an den Strand getrieben. Das Schiff ist sofort in der Nacht am Strande in Stücken gestoßen, und lieget nun in Splittern übereinander, auch sind zwei Mann von dem Schiffsvolke dabei ums Leben gekommen, und ohne den Schiffer und Kaufmann von Sandstede nur drey Mann lebendig geblieben, welche nun, was von der Schiffsgeräthschaft noch vorhanden, zu bergen bemüht sind. Das Salz ist weg, von dem Hering aber mögen ohngefähr bis 24 Tonnen zu bergen sein, und so bald solches geschen sein wird, den Bergern und Eignern jedem ⅓ zuteilen, Serenisimi ⅓ aber in Verwahrung nehmen und gnädigste Order abwarten, wie sich damit zu verhalten.

1710 27.07.	Strand	Kuff	Worcum	Sieke Jauckes		Kalk

13* 7/255 Als Prise eingebracht, im folgenden Sturm an den Strand geworfen und zerschlagen

4*S 102 Vergangene Nacht war ein harter Sturm aus S.W. und waren aus dem Hafen an den Strand getrieben Capit. Thomas Henrichsen kleine Fregatte mit 38 Stücken kommende von Genua.

2. Capitain John Grunwalds Fregatte mit Stücken von Mallaga.

3. der Caper mit seiner Priese vido den 17. u. 18. huj.

4. Die Tonniger Schmacke HENNING CLAUSEN, damit er die Commandirten vid den 23. anhero fahren sollen, und erst ehegestern mit einig Gut vor dem H. Capit. Boldewahn nachgekommen.

5. Paul Schusters Galiot

6. 7. 8. drey Schnicken JACOB FRECKS, BART PETER BARTS und LÜTJEN JASPER.

9. und 10. Beide Spieljachten, RICKMER JACOBS und JOHAN JACOBS. Auch war Daniel Syrops Fahrzeug, dass am Strand saß, zu nichts gestoßen, welches er hernach abgetackelt hat.

Jahr Datum	Strandungsort	Schiffsname Schiffsart	Nationalität Heimathafen	Kapitän	Abgangshafen Bestimmungshafen	Ladung
1710 27.07.	Strand	 Schmacke	 Tönning	Henning Clausen, Henning Clauß		

13* 7/255 Gestrandet und zerschlagen
4*S 102

1710 27.07.	Strand	ORESUNDISCHE GALLEY Fregatte	 Gothenburg	Thomas Hendrichsen	Genua Hamburg	Reis, Mandeln, Öl etc.

13* 7/255 In der Nacht zwischen dem 26. und 27. July ist alhier gestrandet mit 26 Stücken, die ORESUNDISCHE GALLEY genannt, Capitains Thomas Hendrichsen Kleins von Gothenburg. Selbige war aus der Straße gekommen und nach Hamburg destiniret. Die Ladung ist daraus wiewohl naß geborgen, und davon durch das Loß auf Serenißimi dritten Theil gekommen Rth. 1543,42
4*S 102

1710 27.07.	Strand	FRIDERICUS 4TUS Fregatte		Johan Grünwalds	Malaga Hamburg	Wein, Rosinen, Pottasche

13* 7/255 Imgleichen ist selbige Nacht zwischen dem 26. und 27. July 1710 alhier gestrandet eine Fregatte mit 10 Stücken, FRIDERICUS 4TUS genannt, Capitains Johan Grünwalds von Malaga nach Hamburg destiniret. Die Güter sind daraus geborgen, und davon durch das Loß auf Sereßimi dritten Theil gekommen Rth. 711,–
4*S 102

1710 27.07.	Strand	 Galioth		Paul Schuster		

4*S 102 Bei hartem SW-Sturm vom Anker gerissen und an den Strand getrieben

1710 27.07.	Strand	 Fischjager	 Oost			

13* 7/255 Gestrandet und zerschlagen
4*S 102

1710 22.12.	Wittkliff	MARIA JOHANNA Fleute	norwegisch	Knut Hanßen	Haugesaund Amsterdam	Holzwaren

13* 7/255
4*S 103

1710 30.12.		DE HOOP VON HEILIGLAND Hucker Hummerjager		Jacob Peters		

13* 7/255
4*S 103

1711 06.11.	Klippen	SIMSON Schmacke	 Hooge	Edleff Paysen	Pellworm Amsterdam	Hafer

13* 7/256 Auf den Klippen gestrandet und zerschlagen, Mannschaft rettete sich im Boot.

Jahr Datum	Strandungsort	Schiffsname Schiffsart	Nationalität Heimathafen	Kapitän	Abgangshafen Bestimmungshafen	Ladung
1711 07.11.	Strand	JUFFROW SUSANNE Fregatte	 Hardingen	Cornelius Eylers	Tönningen	Ballast, Käse

13* 7/256
4*S 109

Jahr Datum	Strandungsort	Schiffsname Schiffsart	Nationalität Heimathafen	Kapitän	Abgangshafen Bestimmungshafen	Ladung
1711 09.11.	Strand	DIE LIEBE VON HUSUM Schmacke	 Husum	Nickels Kocks	Dünkirchen	Hafer

13* 7/256 Auf den Strand getrieben und zerschlagen
4*S 109

Jahr Datum	Strandungsort	Schiffsname Schiffsart	Nationalität Heimathafen	Kapitän	Abgangshafen Bestimmungshafen	Ladung
1711 09.11.	Strand	PROPHET DANIEL Tjalk	 Ammerland	Selcke Galbes		Weizen und Hafer

13* 7/256 Kam auf die Rehde, und trieb an den Strand, wurde auch sofort in Trümmer geschlagen und trieb das Kors alles weg. Der Schiffer selbst kam umbs Leben, und nachdem er wieder gefunden, ist er hier auf dem Kirchhof begraben, sein Compagnion und Schwager aber trieb auf dem Ruder an Land.

Jahr Datum	Strandungsort	Schiffsname Schiffsart	Nationalität Heimathafen	Kapitän	Abgangshafen Bestimmungshafen	Ladung
1711 29.11.		DER SEEGEN VON OBEN Schmacke	 Tönningen	Peter Blohm und Gohche Holm	Hamburg	10 Schleifsteine, 29 Tonnen Butter, 12 Tonnen Fleisch 30 St. Ochsen- häute

13* 7/256 Gestrandet und zerschlagen, Ladung teilweise geborgen

Jahr Datum	Strandungsort	Schiffsname Schiffsart	Nationalität Heimathafen	Kapitän	Abgangshafen Bestimmungshafen	Ladung
1711 07.12.	Strand	DAS PARADIESS Schmacke	 Nordhöft	Paul Nummels	Hamburg Nordhöft	Lebensmittel

13* 7/256 Gestrandet und zerschlagen

Jahr Datum	Strandungsort	Schiffsname Schiffsart	Nationalität Heimathafen	Kapitän	Abgangshafen Bestimmungshafen	Ladung
1712 24.07.	Strand	 Tjalk				Brandholz

13* 7/257

Jahr Datum	Strandungsort	Schiffsname Schiffsart	Nationalität Heimathafen	Kapitän	Abgangshafen Bestimmungshafen	Ladung
1712 27.10.	Strand	DE HOOP Schmacke	 Raccum	Haucke Röhrs	Hamburg Gardam, Saerdam	Piepstäbe

13* 7/257
4*S 111

Jahr Datum	Strandungsort	Schiffsname Schiffsart	Nationalität Heimathafen	Kapitän	Abgangshafen Bestimmungshafen	Ladung
1712 29.10.	Wittkliff	LOLJALTI, LOYALT Fregatte	englisch London	Johann Schmidt, John Smith		Blatttabak, Kaufmannssachen

13* 7/257
4*S 111 In den Klippen festgekommen und zerschlagen

Jahr Datum	Strandungsort	Schiffsname Schiffsart	Nationalität Heimathafen	Kapitän	Abgangshafen Bestimmungshafen	Ladung
1712 13.11.	Strand	 Spieljagdt				Brandholz, Zwie- back, Leinsaat

13* 7/257 Als Prise nach Helgoland gebracht, dort im aufkommenden Sturm gestrandet und zerschlagen

Jahr Datum	Strandungsort	Schiffsname Schiffsart	Nationalität Heimathafen	Kapitän	Abgangshafen Bestimmungshafen	Ladung
1713		Die Hoffnung				

13* 7/257

Jahr Datum	Strandungsort	Schiffsname Schiffsart	Nationalität Heimathafen	Kapitän	Abgangshafen Bestimmungshafen	Ladung
1714 08.03.	Süden	Vogel Hoop großes Schiff	holländisch	Pieter Hoop	Riga	414 Last Hanf, Flachs, 71 Last Liensaat, 1.612 Last Garsten, 10½ Schock Klarholz

4*S 1120 Auf See zerschlagen, von Helgoländern geborgen und an den Strand gesetzt

Jahr Datum	Strandungsort	Schiffsname Schiffsart	Nationalität Heimathafen	Kapitän	Abgangshafen Bestimmungshafen	Ladung
1714 27.04.	Nordhafen	Tjalk	holländisch	Husum		Roggen

4*S 121 Kam zerschlagen auf die Reede und an den Strand gesetzt

Jahr Datum	Strandungsort	Schiffsname Schiffsart	Nationalität Heimathafen	Kapitän	Abgangshafen Bestimmungshafen	Ladung
1714 10.08.	Südhafen	Ewer	dänisch			Kriegsmaterial

4*S 132 Schiff von der dänischen Besatzung. Bei Sturm gestrandet

Jahr Datum	Strandungsort	Schiffsname Schiffsart	Nationalität Heimathafen	Kapitän	Abgangshafen Bestimmungshafen	Ladung
1714 06.10.	Nordhafen	kleines Schiff	englisch			Klippfisch, Wolle, Strümpfe

13* 174/5 Gestrandet, 4 Personen gerettet, 1 Person ertrunken

Jahr Datum	Strandungsort	Schiffsname Schiffsart	Nationalität Heimathafen	Kapitän	Abgangshafen Bestimmungshafen	Ladung
1716 10.11.						Holz

4*S 141 Strandete im NW-Sturm

Jahr Datum	Strandungsort	Schiffsname Schiffsart	Nationalität Heimathafen	Kapitän	Abgangshafen Bestimmungshafen	Ladung
1716 10.11.		Frantz-Fahrer	holländisch			Wein

4*S 141 7 Leute ertrunken, 1 Person gerettet, 3 Helgoländer ertrunken. 350 Oxhoft Wein geborgen

Jahr Datum	Strandungsort	Schiffsname Schiffsart	Nationalität Heimathafen	Kapitän	Abgangshafen Bestimmungshafen	Ladung
1716 10.12.		Catharina von London	englisch	George Johnson		Holz

13* 174/5

Jahr Datum	Strandungsort	Schiffsname Schiffsart	Nationalität Heimathafen	Kapitän	Abgangshafen Bestimmungshafen	Ladung
1716 Dezember		Die Jungfrau Maria	Amsterdam			Salz

13* 174/5

Jahr Datum	Strandungsort	Schiffsname Schiffsart	Nationalität Heimathafen	Kapitän	Abgangshafen Bestimmungshafen	Ladung
1717 15.12.		Hope Well	englisch	Robbert Binx	Hull Bremen	Laken, Weizen, Blei, Butter

13* 174/5 Besatzung von Helgoländern geborgen

Jahr Datum	Strandungsort	Schiffsname Schiffsart	Nationalität Heimathafen	Kapitän	Abgangshafen Bestimmungshafen	Ladung
1717 25.12.	Düne	Die Stadt Leyden Nordfahrer	holländisch	Hesse Thersen	Christiana Amsterdam	Dielen

13* 174/5 Gestrandet

Jahr Datum	Strandungsort	Schiffsname Schiffsart	Nationalität Heimathafen	Kapitän	Abgangshafen Bestimmungshafen	Ladung
1717 27.12.		Tjalk				Weizen, Bohnen

4* S 150

1718 25.03.			englisch			Weizen

13* 174/5 Gestrandet

1719 März		EYLAND BURKUM Schmacke		Cornelius Klasen		Salpeter, andere Waren

13* 174/5
4*S 151

1719 12.08.	Hog Stean Hucker	DER SPANISCHE KAUFMANN		Jacob Tönnies	Bremen Cork	Eisen, Wein, Anis, Carthun, Schinken

13* 174/5
4*S 150 Leck geworden, an den Strand gesetzt, aufgegeben

1719 30.11.		DIE FORTUNA VON TONDERN	Tondern	Friedrich Fritzen		Käse, Hafer

13* 174/5 Gestrandet und übergeben

1720 Februar		DER JUNGE JOHANN		Hendr. van der Smisen	Hamburg	Franz. Branntwein, Zucker

13* 174/6 Gestrandet und übergeben

1720		DIE STADT LEYDEN				Nordische Dielen

13* 174/6 Gestrandet und übergeben

1720 01.12.		SARAH Brigantine	englisch	William Read	Hull Bremen	Laken, Kirsey, Weizen, Roggen, Scalung, Blei

13* 174/6 Gestrandet und verloren
4*S 152

1721 30.07.		LA PORTUNA Hucker	französisch	Bartholome Boictier		

4*S 155 Am 30stn July strandete hierselbst eine fransche Hucker LA PORTUNA genand, geführet von Capitain Bartholome Boictier und wurden alle Güter aus demselben ziemlich wohl geborgen.

1721 23.09.		Tjalk	Borkum	Hinrich Baldur		Rosinen, Pott- asche, Sirup, Glas

4*S 155 Gestrandet

1721 30.11.	Strand	2 Schniggen	Helgoland			

4*S 155

Jahr Datum	Strandungsort	Schiffsname Schiffsart	Nationalität Heimathafen	Kapitän	Abgangshafen Bestimmungshafen	Ladung
1721 30.11.		Schmacke	Glückstadt	Janne und Hinrich Doppelstehn	Glückstadt Oldenburg	

4*S 155 Strandete allhie eine Glückstädter Schmacke mit 85 Soldaten ohne Weiber und Kinder, die von Glückstadt nach Oldenburg transportirt werden sollten, es wurden alle Leute salviret, außer ein Kind, so ins Both vertrunckt

Jahr Datum	Strandungsort	Schiffsname Schiffsart	Nationalität Heimathafen	Kapitän	Abgangshafen Bestimmungshafen	Ladung
1721 30.11.		Tjalk	Emden	Jan Jansen Feytima	Eider	Weizen, Bohnen

4*S 155 Von der Eyder kommend nach Bremen destiniret, welches Schiff sogleich zerscheiterte und wurde von der ganzen Ladung nicht das geringste geborgen, außer waß von Wrack und Geretschaften am Strande schlug. Derselbe wurde mit seine Frau, Sohn und Knecht zu genauer Noth durch ein Chaluppe mit 12. Mann, die jeden 1 Rthlr davor vom Lande bekamen, geborgen und gerettet

Jahr Datum	Strandungsort	Schiffsname Schiffsart	Nationalität Heimathafen	Kapitän	Abgangshafen Bestimmungshafen	Ladung
1721 30.11.						

4*S 155 Dieselbe Nacht strandeten auch 3 von unseres Landes Schiffer oder Schnecken, wovon 2. derselben verloren gingen, als Reymers Bardt und Michel Jansen

Jahr Datum	Strandungsort	Schiffsname Schiffsart	Nationalität Heimathafen	Kapitän	Abgangshafen Bestimmungshafen	Ladung
1722 02.04.	Hog Stean		französisch	Wilhelm Kloppenberg		Wein, Branntwein

4*S 156 Ist der Schiffer Willem Kloppenburg von Frankreich mit Wein und Brantwein beladen auf den großen Stein hier beym Lande gesegelt und dermaßen mit seinen Schiff angestoßen, daß es gleich voll Waßer lief und weil die Segel noch stunden, schlug es umb und trieb also mit der ganzen Ladung weg.

Jahr Datum	Strandungsort	Schiffsname Schiffsart	Nationalität Heimathafen	Kapitän	Abgangshafen Bestimmungshafen	Ladung
1723 26.01.		Schaluppe	Helgoland			

4*S 158 Verungückte eine Fischer Chalupe aus Hells Compagnie mit 4 Personen, welche zu fischen aus waren, mit Nahmen Peter Hanssen, Broder Jaspers, Claus Peters.

Jahr Datum	Strandungsort	Schiffsname Schiffsart	Nationalität Heimathafen	Kapitän	Abgangshafen Bestimmungshafen	Ladung
1725 02.01.		Brignorth	englisch	Jean Hoogdrige	Topsen Hamburg	

4*7/267 Das geborgene Gut wurde auf Königl. Befehl verauktioniert und brachte eine Gesamtsumme von 113 230 Mk 1ß. Hiervon bekamen die Berger den dritten Teil.

Jahr Datum	Strandungsort	Schiffsname Schiffsart	Nationalität Heimathafen	Kapitän	Abgangshafen Bestimmungshafen	Ladung
1725 02.01.		De Koopmann		Peter Hermann Südewind	Danzig Hamburg	Roggen

13* 174/137 Von den Klippen geborgen und nach Glückstadt gebracht.

Jahr Datum	Strandungsort	Schiffsname Schiffsart	Nationalität Heimathafen	Kapitän	Abgangshafen Bestimmungshafen	Ladung
1732		Der vergul-dete Hirsch Schnigge	Amsterdam			Rapssaat

13* 174/7 Gestrandet

Jahr Datum	Strandungsort	Schiffsname Schiffsart	Nationalität Heimathafen	Kapitän	Abgangshafen Bestimmungshafen	Ladung
1732 28.09.	Reede	C'est Enfonee (Landrome)	französisch	Guill. Thierri		Indigo

13* 174/7 Auf Reede leckgeschlagen und gesunken, drei Mann ertrunken

Jahr Datum	Strandungsort	Schiffsname Schiffsart	Nationalität Heimathafen	Kapitän	Abgangshafen Bestimmungshafen	Ladung
1732 28.09.	Brunnen	William and Ann	englisch	Josef Lentz	Sunderland Hamburg	Steinkohlen

13* 174/10 Auf Riff gelaufen und gesunken, Totalverlust

1732 29.11.		Der Pranger				

1* Gestrandet

1735 17.12.	Düne	Johanna Catharina		Michael Ries	Rouen Hamburg	

1*
13* 174/7 Gestrandet und übergeben

1736 10.12.	Reede	Weems	englisch	John Matthie	Schottland Bremen	Salz, Blei

13* 174/7 Auf Reede gesunken, Totalverlust

1740 28.02.	Düne	Jungfer Catharina		Hinrich Holst	Petersburg Hamburg	Öl, Seife, Tauwerk

13* 174/7 Durch Eis auf die Düne getrieben, leck geworden. Übergeben

1740 09.11.	Düne	Die zwey Gebrüder Schmacke		Claus Daues	Holland Hamburg	Kalk

13* 174/7 Auf die Düne getrieben, Totalverlust

1743 14.01.	Westklippe	Maria-Galley Dreimaster, Galiot		Wolter Radix	Malaga Hamburg	

13* 174/7 Gestrandet, Totalverlust, 10 Mann ertrunken, 1 Mann gerettet

1743 Oktober		Das Lamm				

1* Gestrandet, Totalverlust

1745		Die Freund- schaft		Georg Brun		

13* 174/7 Gestrandet, Totalverlust

1745		De Anna af Fredersborg		Andres Grigs		

13* 174/7 Gestrandet, Totalverlust

1750 08.01.	Hog Stean	Die zwey Annen- Magdalenen		Peter Clasen	Bordeaux Hamburg	

13* 174/7 Gestrandet, Totalverlust

Jahr Datum	Strandungsort	Schiffsname Schiffsart	Nationalität Heimathafen	Kapitän	Abgangshafen Bestimmungshafen	Ladung

1751 10.09.	See	ELSABE CATHARINA		Peter Knut	Hamburg Christiania	Ballast

13* 174/8 Auf See leckgeschlagen, Mannschaft in das Boot gegangen, Schiff gesunken, von zwei Helgoländer Schaluppen gerettet

1751 13.09.	See	ADOLF FRIEDERICK		Valentin Thierow	Ostsee Amsterdam	Eisenstangen

13* 174/8 Auf See leckgeschlagen, Mannschaft in das Boot gegangen, Schiff gesunken, mit Mühe Helgoland erreicht

1753 November		THE JOSEPH Brigantine		Josep Rook	Liverpool	

13* 174/8 Leck auf die Reede gekommen, von jeweils 2 mal 16 Helgoländern 24 Stunden flott gehalten, dann an den Strand gesetzt und übergeben

1754 03.04.		JGFR. AGATA		Johann Hermann Bellmann		

13* 174/137

1755 17.05.	Strand	St. Michael		Paul Nummensen	Bremen	Ballast

13* 174/8 Leckgeschlagen, auf den Strand gesetzt, übergeben

1755 28.10.	Strand	DE GUT JOB		Nommen Lorenzen	Norwegen Amsterdam	Bretter

13* 174/8 Leckgeschlagen, auf den Strand gesetzt, übergeben

1756 18.10.	Sanddüne	DIE SONNE Fregatte		Olaf Utter		

13* 174/9 Gestrandet

1757 25.01.	Strand	DER JUNGE SELLEBORGER Schmacke		Johannes Selles	Morlau Hamburg	Stückgüter

13* 174/9 Gestrandet und übergeben

1757 20.12.		Schmacke		Frenck Roolofs		

13* 174/9 Gestrandet und übergeben

1759 08.02.	Klippen	JAN AUS LIVORNA		Peter Hansen Guderup		Zitronen, Apfelsinen, Korsika-Weine, Seifen, Kamelhaare, Frauenstrohhüte

13* 174/9 Gestrandet und übergeben

Jahr Datum	Strandungsort	Schiffsname Schiffsart	Nationalität Heimathafen	Kapitän	Abgangshafen Bestimmungshafen	Ladung
1760 24.07.		Providentia	englisch	Antony Johnson	Stockton Hamburg	Weizen

13* 174/9 Stark beschädigt und leck an den Strand gesetzt, übergeben.
13* 174/304
Lloyd's list 1760, The Providence, Johnson, from Stockholm for Hamburgh, is stranded at Holy-goland (»Lloyd's list«, 7 August 1760)

1760		Lady Anna 2-mastig	englisch	Ralph Bird	Hull Bremen	Tücher und englische Manufakturwaren

13* 174/364 Im Landungsrechnungsprotokoll von 1760 aufgeführt, Schiff und Ladung übergeben

1760		De Junge Pieter Boltjes Galioth	holländisch	Anna Ulbes van de Lemmers		Roggen

13* 174/364 Im Landungsrechnungsprotokoll von 1760 aufgeführt, Schiff und Ladung verloren

1760		Elisabeth & Mary	englisch	Charles Wood		Prig. Stäbe

13* 174/364 Im Landungsrechnungsprotokoll von 1760 aufgeführt, Schiff und Ladung übergeben

1760 06.10.		Hayfield				

13* 174/364 Im Landungsrechnungsprotokoll von 1760 aufgeführt, Schiff und Ladung verloren

1760 18.10.	Sanddüne	Salomonis Erstes Gericht Schmacke	holländisch	Bovy Bleyken		Erbsen

13* 174/9 Gestrandet und übergeben

1760 28.10.		De Zeepsidery		Dietrich Hahn		Holz

13*174/364 Im Landungsrechnungsprotokoll von 1760 aufgeführt, Schiff und Ladung verloren

1761		De Endracht 2-mastige Schau		Lanfstedt		

13* 174/364 Im Landungsrechnungsprotokoll von 1760 aufgeführt, Schiff und Ladung übergeben

1761		De Zee Post 3-mast. Fregatte	 Altona	Hinrich Brodersen	Cette	

13* 174/9

1761 12.11.		Die Gerechtigkeit Schmacke		Gerrit Syben	Delft Hamburg	Steingut

13* 174/9 Gestrandet und übergeben

Jahr Datum	Strandungsort	Schiffsname Schiffsart	Nationalität Heimathafen	Kapitän	Abgangshafen Bestimmungshafen	Ladung

1762		Poggy		William Penwick		

13* 174/9 Gestrandet und übergeben

1763 02.11.		James H. Amligh				

13* 174/9

1764 11.11.	Sanddüne	De Stadt Dockum	holländisch	Jürgen Hinrichs	Bilbao Hamburg	Schafwolle, Steine, Rundholz

13* 174/9 Gestrandet und übergeben

1765 02.04.	Norder Riff	The Schwaan	englisch	Thomas Lindley	Newcastle Hamburg	Schmiedekohle

13* 174/9 Gestrandet und übergeben

1765 01.12.		De Pittgrand Brigantine		Eduard Edwards	Jarmuth Hamburg	Weizen, Malz

13* 174/9 Gestrandet und übergeben

1766 18.10.	Sanddüne	De Verragting Schmacke		Oeke Jürgens	Amsterdam Königsberg	

13* 174/9 Gestrandet und übergeben

1767 03.01.	Sathurn- brunnen	Johan af Corcke Schnau	englisch	William Mayburg	Corck Hamburg	Butter

13* 174/137 Gestrandet und übergeben

1767 07.10.	südl. Düne auf den Klippen	Anna Catharina	norwegisch Arendal	Tellef Dahl		

13* 174/9

1767 12.11.	Sanddüne	De twe Gebrüdere	 Norderney	Harmen Gerds de Frahm	Sieverfleth Spieker Amsterdam	Weizen und Erbsen

13* 174/9 Gestrandet und übergeben

1767 21.12.	Sathurn- brunnen	De Neptunus Schnau	 Hamburg	Bleyk Mannes	Hamburg Lissabon	Weizen, Gerste, Stückgüter

13* 174/9 Gestrandet und übergeben

1768 31.03.	Sellebrunnen	De Nicolay	norwegisch	Henning Sohs	Kristiansund Hamburg	Hering, Tran, Stockfisch

13* 174/9 Gestrandet und übergeben

Jahr Datum	Strandungsort	Schiffsname Schiffsart	Nationalität Heimathafen	Kapitän	Abgangshafen Bestimmungshafen	Ladung
1770 17.12.	Sanddüne	De Niewe Hooft Galiote	 Hamburg	Johann Christian Reder	London Hamburg	Stück Güter, Zucker, Reiß, Tobak

13* 174/14 ... bey so verwandten Umständen hätten sie sich gezwungen gesehen, zur Rettung der Ladung und des Volkes, alle drey Masten über Bord zu kappen. An Land zu kommen hätten sie ganz keine Möglichkeit gesehen, weil von den gekappten Mästen sowohl Chaluppe und Boot ruinant gewesen. In dieser Verlegenheit hätten sie versucht, mit einer Jagerline, ein Flott am Wall zu bringen, welches ihnen den auch geglückt, und vermittelst dieser Lienen wären sie durch die am Strande befindlichen Helgolander, einer nach dem anderen, durchs Wasser ans Land gezogen, und so dann mit viel Lebensgefahr über die sogenannte Wahl, so zwischen der Sanddühne und dem hießigen Lande fließt, mit einer Chaluppe gebracht zu werden.

1771 03.04.		Fortuna Galiote		Hinrich Reimers	Bergen Bremen	Stockfisch, Tran und Fleckhering

13* 174/11 Festgekommen und mit Hilfe von Helgoländern wieder freigekommen

1771 16.04.	Sanddüne	Catharina Maria Galiote		Hans Hinrich Heidmann	Hamburg	wenige Stückgüter und Ballast

13* 174/11

1771 13.11.	Aadebrunnen	De Nancy an Midleton Brigantine	englisch	John Durham	Newcastle Hamburg	Holz, Glas

13* 174/11 Gestrandet und übergeben

1772 02.09.		Les deux Freres	französisch	Joseph Plantier	Hamburg Port a Port	

13* 174/11 Gestrandet und übergeben

1773 03.11.	Wittkliff	De junge Diederich Kahn	 Bremen	Johann von Rönnen	Friederichstadt Oldenburg	Habern und Erbsen

13* 174/11 Gesunken

1773 15.11.	Wittkliff	Edle Maria Schnau	 Hamburg	Christian Gronwold	Waterford Hamburg	Butter

13* 174/11 Festgekommen und mit Hilfe von Helgoländern freigekommen

1774 03.09.	Strand	Die Königin Juliana Maria Galiote	 Bremen	Hans Gronninger	Friederichshafen Havre de Grace	Bretter

13* 174/11 Auf See leck geworden und an den Strand gesetzt

1776 06.01.	Strand	De junge Gottfried Galiote		Gerhard Bode	Limmerick Bremen	Butter und Rum

13* 174/11 Gestrandet und übergeben

Jahr Datum	Strandungsort	Schiffsname Schiffsart	Nationalität Heimathafen	Kapitän	Abgangshafen Bestimmungshafen	Ladung
1776 30.01.	Strand	Die junge Jungfrau von Altona Schnau	Altona	Booije Hansen	Malaga Hamburg	Rosinen, Rosmarin, Wein

13* 174/11 Vom Eis von der Reede an den Strand getrieben.

1776 10.10.	Hog Bru	De Frau Geretina	Emden	Frercks London Ems Siebold	London Ems	Ballast

13* 174/11 Gestrandet, Totalverlust

1777 27.11.		Printz von Stahrenberg dreimast. Fleute		Pieter La Grande	Archangelsk Amsterdam	Korn, Bretter

Gebaut 1770 Hull; 120 tons; Eigner Capt.
13* 174/12 Gestrandet und übergeben

1778 20.10.		De goode Hoop Schnigge		Peter Sievers Wolf	Nordhöft Amsterdam	Rapssaat

13* 174/12 Bei Helgoland gekentert, Besatzung mit Boot an Land gerudert, Wrack gestrandet

1779 03.03.		Baron Sparre Schnau		Jonas Petrejus	Hamburg Lissabon	Weizen, Piepstäbe, Stückgüter

13* 174/12 Gestrandet und mit Hilfe von Helgoländern wieder flottgemacht

1779 28.10.	Sanddüne	Die junge Berhardus		Henry Tönnies	Dorthmouth Hamburg	Zucker, Baumwolle

13* 174/12 Gestrandet und übergeben

1779 28.10.	Sanddüne	Die zwei Gebrüder		Hans Thowarsen	London zur Elbe	Ballast

13* 174/12 Gestrandet und übergeben (⅓ Bergelohn, wurde bereits mehrmals in diesem Jahr erwähnt)

1779 03.12.	Sanddüne	Die junge Guilliam einmastige Galiote		Siem Lütjes		Wachs, Wolle, Blei, Wollgarn, Fedespulen

13* 174/137 Gestrandet und übergeben

1779 13.12.	Sanddüne	Die junge Pieter Julde		Jacob Reinders	Carolinensiel Amsterdam	Weizen, Gerste, Bohnen

13* 174/12 Gestrandet und übergeben

1780		Anna Catharina Schnau	norwegisch Drammen	Hermann Arboe		

Gebaut 1764 Norwegen; 250 tons; Eigner J. Arboe
13* 174/12 Gestrandet und übergeben

Jahr Datum	Strandungsort	Schiffsname Schiffsart	Nationalität Heimathafen	Kapitän	Abgangshafen Bestimmungshafen	Ladung
1780 01.10.	Sanddüne	DIE PATENTIA		Niels Antonichen	Amsterdam Föhr	Passagiere

13* 174/12 Gestrandet und übergeben

1782 18.09.	Sanddüne	DE JONGE SIMON OSEN Schmacke		Peter Friedrich Godbers	Drammen Amsterdam	Holz

13* 174/12 Leckgeschlagen und auf die Düne gesetzt

1783 02.05.	Sanddüne	WEISSE LILIE Jagd		David Bugdahl	Stockholm Hamburg	Pech, Eisen und ein Fass Pelzwerk

13* 174/12 Strandete, wurde gelöscht und dann versucht, es abzubergen, in sieben Tagen ohne Erfolg.

1784 Februar		ANTELOPE Brigg	schwedisch Gothenburg	Johann Arofell	Gothenburg Bremen	

Gebaut 1782 Schweden; 170 tons

13* 174/13 Im Eis mehrere Tage auf der Reede getrieben, mehrmals festgekommen, mit Hilfe von Helgoländern mit ihren Schaluppen wieder freigekommen.

1784 Februar		DIE FREUNDSCHAFT		P. M. Barghahn	Bayonne Hamburg	Wein, Kaffee, Kakao, Indigo

13* 174/13 Im Eis mehrere Tage auf der Reede getrieben, mehrmals festgekommen, mit Hilfe von Helgoländern mit ihren Schaluppen wieder freigekommen.

1784 Februar		LE VENDANGEUR Brigg		Johann Hinrich Schild	Malaga Hamburg	

13* 174/13 Im Eis mehrere Tage auf der Reede getrieben, mehrmals festgekommen, mit Hilfe von Helgoländern mit ihren Schaluppen wieder freigekommen.

1784 21.11.	Strand	DE JUNGE JAN		Johann Nic. Haas	Amsterdam Bremen	Stückgüter

13* 174/13 Auf Reede festgekommen, leckgeschlagen, an Strand gesetzt, repariert

1785 28.10.	Sanddüne	HOHP		Joseph Loodmann	Danzig London	

13* 174/13 Gestrandet und zerschlagen, Besatzung unter Lebensgefahr von Helgoländern gerettet

1785 08.12.	Norderklippen	DE 2 BRÜDERS	Norderney	Harmes Jacobs	Nordhovet Amsterdam	

13* 174/13 Auf den Klippen zerschlagen, Besatzung ankerte 8 Stunden nachts in ihrem Boot, wurden dann von Helgoländern gerettet

1786 12.09.	Sanddüne	HANNA MARGARETA	Hamburg	Johann Albers		

13* 174/13 Gestrandet und übergeben

1786 27.12.		DIE FRAU ANNA	Amrum	Friedrick Gerrets		

13* 174/13 Gestrandet und übergeben

Jahr Datum	Strandungsort	Schiffsname Schiffsart	Nationalität Heimathafen	Kapitän	Abgangshafen Bestimmungshafen	Ladung
1788 08.10.	Klippen	Henrietta		Peter Barco	Stettin Bordeaux	Balken

13* 174/13 Gestrandet und übergeben

1788 03.12.	Strand			Jürgen Hinrich Barsdau		

13* 174/13 Gestrandet und übergeben

1789 Januar		Die Jungfrau Amalie Galiote		Cords		

13* 174/14 Gestrandet

1789 11.01.		Die Post Galiote	Bremen	Berend Spille	Bordeaux Bremen	

Gebaut 1781 Burg (Bremen) von Bosse; 21,7 x 6,4 x 2,7 m; Bremer Eigner
13* 174/14 Gestrandet
24* Seite 360; durch Eisgang gestrandet, gelöscht, dann repariert, wieder in Fahrt gegangen am 24. 02. 1789

1790 Dezember		Jungfrau Margarethe		H. Halenbaker	Gothenburg Hamburg	Heringe, Stückgut

13* 174/14 Gestrandet

1790 Dezember		Die Freund- schaft		Hinr. König	Kronstadt	Hanf

13* 174/14 Gestrandet

1791 20.03.		Frau Anna Christina	Husum	Adam Lück	Langnäs Amsterdam	

13* 174/14 Gestrandet

1792 16.03.		Die Zufrie- denheit		Johann Jacob Prehn		

13* 174/14 Gestrandet und übergeben

1792 18.05.	Strand	Hendrik et Catharina		Hans Johannsen	Riga Amsterdam	Holzwaren

13* 174/14 Gestrandet

1792 16.10.	Strand	Die zwei Gebrüder Schmacke		Sören Hansen		

13* 174/14 Gestrandet und übergeben

1792 11.12.	Sanddüne	Blaacheiren	norwegisch Stavanger	Lars Wagle	Bergen Amsterdam	Tran, Stockfisch

13* 174/14 Gestrandet, nur der Kapitän gerettet

Jahr Datum	Strandungsort	Schiffsname Schiffsart	Nationalität Heimathafen	Kapitän	Abgangshafen Bestimmungshafen	Ladung
1792 13.12.	Klippen	De Zaanstrom		Paulus Kelder	Amsterdam Curaçao	Stückgüter

13* 174/14 Auf den Klippen gestrandet, mit Hilfe von Helgoländern an den Strand gesetzt, die Ladung wurde mit Schniggen nach Holland gebracht

1792 13.12.				Pointier Vieloen		

13* 174/14 Gestrandet und übergeben

1794 29.04.	Klippen	De twee Gezisters Schmacke		Hauke Hinrich Tifoches	Elbing Norden	Korn

13* 174/14 Auf den Klippen gestrandet und verloren gegangen

1794 29.08.	Norder-klippen	Elisabeth Galiot		Emanuel Schulz	Stettin Amsterdam	Piepstäben, Hafer

13* 174/14 Auf der Norderklippe gestrandet und übergeben

1794 27.11.	Klippen	The Mornigstar Fregattschiff		William Campbell	Philadelphia Hamburg	Kaffee

13* 174/14 Auf die Klippen gelaufen und verloren, Ladung geborgen

17.11. 1795	Norderriff	John D. Happan	englisch	Robert Huntley	Shields Yarmouth	Steinkohlen

13* 174/14 Nachts gestrandet, von neun Besatzungsmitgliedern nur vier gerettet. Unter den Ertrunkenen auch der Kapitän

1796 14.02.	Norder-klippen	Der Negociant Brigantine	Flensburg	Jens Petersen	Bremen Amsterdam	Wacholderbeeren, Rosinen

13* 174/14 Gestrandet, Besatzung von Helgoländern gerettet, Schiff verloren, Ladung teilweise geborgen

1796 07.12.	Düne	Dorothea Catharina		Oluf Jacob Rodeft	Baltimore Bremen	

13* 174/14 Gestrandet, Schiff verloren, Ladung teilweise geborgen

1797 09.09.		Maria Brigg	englisch			Steinkohlen

13* 174/14 Von französischem Kaperer auf die Reede gebracht, gestrandet und total verloren.

1797 09.09.		The Norfolk Fregattschiff		James Song	Memel Sunderland	Bauholz

13* 174/14 Von französischem Kaperer auf die Reede gebracht, gestrandet und total verloren.

1797 03.11.	Auf See	Fortuna Brigg		Magnus Hansen Riemke	Gothenburg Hamburg	Eisen, Tee

13* 174/14 Nahe der Insel gesunken, Mannschaft in das Boot gegangen und von Helgoländern gerettet

Jahr Datum	Strandungsort	Schiffsname Schiffsart	Nationalität Heimathafen	Kapitän	Abgangshafen Bestimmungshafen	Ladung
1797 07.12.	Sanddüne	Constantia Christina Schmacke		Alfret Geelts	Amsterdam Hamburg	Stückgüter

13* 174/14

Jahr Datum	Strandungsort	Schiffsname Schiffsart	Nationalität Heimathafen	Kapitän	Abgangshafen Bestimmungshafen	Ladung
1797 13.12.		Frau Anna Schaluppe		Jacob Hanerken		

13* 174/14 Gestrandet

Jahr Datum	Strandungsort	Schiffsname Schiffsart	Nationalität Heimathafen	Kapitän	Abgangshafen Bestimmungshafen	Ladung
1797 30.12.	Sanddüne	Santa Anna Galeas	schwedisch Stockholm	Oluf Landgreen	Brake Hamburg	Butter und Käse

13* 174/14 Gestrandet

Jahr Datum	Strandungsort	Schiffsname Schiffsart	Nationalität Heimathafen	Kapitän	Abgangshafen Bestimmungshafen	Ladung
1797				Andreas H. Maas		

13* 174/14 Gestrandet

Jahr Datum	Strandungsort	Schiffsname Schiffsart	Nationalität Heimathafen	Kapitän	Abgangshafen Bestimmungshafen	Ladung
1798		The two Sisters Brigg		William Waliken		

13* 174/14

Jahr Datum	Strandungsort	Schiffsname Schiffsart	Nationalität Heimathafen	Kapitän	Abgangshafen Bestimmungshafen	Ladung
1798		 Schmacke	 Husum	Meyen		Ballast

13* 174/14 Gestrandet

Jahr Datum	Strandungsort	Schiffsname Schiffsart	Nationalität Heimathafen	Kapitän	Abgangshafen Bestimmungshafen	Ladung
1798		Amalia	 Altona	Hans Peter Book		

13* 174/14 Gestrandet

Jahr Datum	Strandungsort	Schiffsname Schiffsart	Nationalität Heimathafen	Kapitän	Abgangshafen Bestimmungshafen	Ladung
1798 11.01.		The Sterling of London	englisch			

13* 174/14 Von französischem Kaperer auf die Reede gebracht, gestrandet und total verloren.

Jahr Datum	Strandungsort	Schiffsname Schiffsart	Nationalität Heimathafen	Kapitän	Abgangshafen Bestimmungshafen	Ladung
1798 01.12.	Klippen	Elfriede Galeasse		Martin Wollen	Liverpool Hamburg	Salz

13* 174/14 Gestrandet und von Helgoländern wieder abgebracht.

Jahr Datum	Strandungsort	Schiffsname Schiffsart	Nationalität Heimathafen	Kapitän	Abgangshafen Bestimmungshafen	Ladung
1799 29.01.	Sanddüne	De goode Hoop dreimastiges Barkschiff	englisch	Jan Pieter	New York Hamburg	Tabak, Zucker, Reis

Gebaut 1792 Hamburg; 300 tons; Eigner J. F. Moory
13* 174/14 Gestrandet, Schiff verloren

Jahr Datum	Strandungsort	Schiffsname Schiffsart	Nationalität Heimathafen	Kapitän	Abgangshafen Bestimmungshafen	Ladung
1799 26.02.	Selle- brunnen	Math det gode Haab Fregatte		Niels Brecke	Buenos Aires Hamburg	Häute, Elefantenzähne

13* 174/14 Gestrandet, Schiff verloren, Ladung teilweise geborgen

Jahr Datum	Strandungsort	Schiffsname Schiffsart	Nationalität Heimathafen	Kapitän	Abgangshafen Bestimmungshafen	Ladung
1799 21.03.		FRAU MARTHA	preußisch	Jan Joosten	Bordeaux Hamburg	271 Oxhöft Wein, 10 Ballen Kork, 8 Ballen Schwämme

13* 174/15 ... das Schiff schwer auf den Grund, und zwar solange gestoßen, bis es fest und beinahe trocken zu liegen bekommen. Nachdem sie eine kurze Zeit festgeseßen, wäre die Luft wieder hell und sie das Land ansichtig geworden, hätten jedoch vor Eintritt der Fluth nichts unternehmen können, als die Flagge am Tage beizusetzen, um Hilfe von Helgoland zu erhalten, von welchem auch um 5 Uhr eine Schalupe mit 10 Mann abgekommen, mit dem der Requirent einen Accord von 10 000 (Währung im Originalbericht nicht erkennbar) eingehen müßen um Schiff und Ladung bergen zu helfen. Mit Eintritt der Flut hätten sie zuvörderst ihren Flutanker mit dem Kabeltau ausgebracht um das Schiff zu halten, und um 10 Uhr hätte das Schiff wiederum angefangen, sehr schwer zu stoßen wonach es so leck geworden, daß sie über alle Maßen pumpen mußten, wobei sie auch eine Menge Wein mit ausgepumpt, als sie aber um 11 Uhr vollend flott geworden, hätten sie, nun vollends unter Segel um von dem gefährlichen Ort abzukommen, das Kabeltau kappen müßen. Hierauf wären sie in dem Helgoländer Hafen zu Anker gegangen, und hätten ihr Schiff so leck befunden, daß sie es mit beyden Pumpen kaum lange zu halten im Stande gewesen, welches daher dem Requirenten in die Notwendigkeit versetzt hätte, die Schalupe noch bei sich zu behalten, um das Schiff noch auf die Elbe zu bringen.

1800 18.01.	Norder-klippen	DE TWENDE BRÖDRE		Christian Krog	Gibraltar Bremen	Branntwein, Wein, Früchte

13* 174/15 Gestrandet, geleichtert und wieder abgebracht

1800 17.06.		CATHARINA MARGARETHA Galeate		Hans Peter Zirk (Zenk)	Liverpool Hamburg	Kaffeebohnen, Tabak, Zucker

Gebaut 1790 Rostock; 100 tons; Eigner Capt.
13* 174/15 Gestrandet und verloren (der Landvogt vermutet, dass das Schiff absichtlich auf den Felsen gesetzt wurde)

1802 14.05.	Strand	SPEEDWELL Schooner	englisch	Duncan Grant jun.	Glasgow Hamburg	Zucker, Holz

Gebaut 1792 Kirkland; 49 tons; Eigner Grant sen.
13* 174/15 Gestrandet und verloren

1803 15.03.		MARGARETHA SOPHIA		Gerhard Meijerdirks		

13* 174/15 Gestrandet und übergeben

1803 19.03.		HARLEKIN		M. Connor		

13* 174/15 Gestrandet und übergeben

1805 01.03.	Klippen	FLORA Brigg	preußisch Stettin	Jahnholz	Liverpool Tondern	Stückgüter

Gebaut 1806 Stettin; 195 tons; Eigner Stettin
13* 174/15
10* S 2 In dem harten Winter lagen hier mehrere Schiffe im Hafen. Unter ihnen auch die preußische Brigg. Der Kapitän nahm, solange er hier lag, jede Nacht einen Lotsen mit an Bord. Einmal brach das Schiff los und schlug auf die Klippen. Es sah sich nicht anders an, als wenn Alles mit Mann und Maus verloren gehen sollte. Im Nu waren drei Ruderboote vom Strand abgelöst, und dann nach den Klippen hin. Das Schiff saß mitten in der Bran-

dung. Das erste von den drei Booten wagte sich hindurch, und kam so nahe zum Hinterteil des Schiffes daß der Lotse von da frei hinab in das Ruderboot sprang. In dem Augenblick aber jagte eine so schwere Sturzwelle an, daß das Boot bis unter die Ruderbänke voll Wasser schlug. Dadurch war es gezwungen an seine eigene Rettung zu denken. Nun setzte das zweite Boot durch die Brandung. Es kam dem Schiff so nahe, daß es eine Leine überwerfen konnte, und ruderte dann aus der Brandung weg. Auf diese Art dachten sie die Schiffsmannschaft zu retten. Der Kapitän machte zuerst die Leine um seinen Leib, und sprang über Bord. Er wurde ungefähr dreißig Faden oder Klafter weit durch das Wasser geholt, und so halb tot in das Boot geholt. Dann kam der Steuermann und noch zwei andere. Dann barst das Schiff auseinander. Die vier Mann, die noch an Bord waren, liefen nach dem Hinterteil zu und drei gingen in das kleine Boot, das am Spiegel aufgehängt war. Den Koch, er war der vierte, traf der Gieckbaum in Genick und er fiel über Bord. Das dritte Boot , das auf Reserve postiert war, nahm das kleine Boot wahr, setzte im Nu danach hin, nahm die drei über und ruderte, was es konnte, um wieder aus der Brandung zu kommen. So wurden mit großer Gefahr, sieben Mann und auch der Hund gerettet.

Jahr **Datum**	**Strandungsort**	**Schiffsname** **Schiffsart**	**Nationalität** **Heimathafen**	**Kapitän**	**Abgangshafen** **Bestimmungshafen**	**Ladung**

1807 18.01.	Sandinsel	INDUSTRIA Brigg		Teede Christiansen	Sellenelle Porsgrund	

Gebaut 1803 Estrice; 180 tons; Eigner Anderson

13* 174/15 Das Schiff auf See seeuntüchtig geworden, die Mannschaft zwang den Kapitän, den nächsten Hafen anzulaufen, dann auf der Düne gestrandet und verloren gegangen.

1807 06.11.		DER MORGEN- STERN		Oltman Jansen Bruns		

13* 174/15

1807 20.11.		DE VROUW ANNA		Boerma		

14* 1807 den 02.03.1808: Das Schiff DE VROUW ANNA, Capt. Boerma, ist den 20. November v. J. bey Helgoland von seinen Ankern getrieben und seitdem nichts mehr von selbigen gehört worden.

1807 21.11.		ELEPHANT Heringsbuser	dänisch			

13* 174/15 Gestrandet und übergeben

1807 17.12.	Sellebrunnen	HMS EXP Fregatte Bombship-10	englisch			

21* S 6 siebzig bis achtzig Helgoländer mussten an Bord und pumpen. Als dies aber keinen Erfolg hatte, brachte man das Schiff mit Mühe bis zur Düne und rettet Masten, Stangen, Segel, Taue und Kanonen, wobei die Helgoländer viel arbeiten mussten.

12* Wrecked on a reef near Sandy Island off Helgoland. C/O Edward Elliot.

1808	Nordhafen	 Galiot	 Bremen		Bordeaux Bremen	

10* S 7 Ein Bremer Schiff, eine Galiot, von Bordeaux nach Bremen bestimmt, mit einer Ladung von mehreren hundert Oxhoften Wein, lag im Nordhafen der Insel vor Anker, ohne Lotsen an Bord, weil der Kapitän keine haben wollte. Die Nacht kam heran, es fing ein Sturm an zu wehen. Auf einmal hieß es, daß ein Notfeuer im Nordhafen brenne. Das Bremer Schiff hatte ein Notfeuer hängen. Die Lotsen fuhren sogleich mit einem Ruderboot aus. Unter der Zeit, oder während dem das die Lotsen sich rüsteten, ging das Signalfeuer aus. Dennoch fuhren die Lotsen nach der Stelle hin wo die Signale verschwunden waren. Wie sie dahin kamen, lag das Schiff umgeschlagen auf der Seite. Das Volk war auf die andere Seite geklettert, und hielten sich darauf fest, mit dem halben Leibe über Wasser, und machten

Geschrei, um Rettung herbeizurufen. Diese kam auch durch das Lotsenboot, aber den Kapitän fanden sie nicht. Er war in die Kajüte hinab gegangen, eben zuvor als das Schiff umschlug, und da er nicht wieder herauf kam, so mußte er in der Kajüte ertrinken. Von Schiff und Ladung wurde nichts geborgen als ein Ankertau.

Jahr Datum	Strandungsort	Schiffsname Schiffsart	Nationalität Heimathafen	Kapitän	Abgangshafen Bestimmungshafen	Ladung

1808	Strand	DE VERANDERING		Tjarks		

14* 1808 Das Schiff wurde gänzlich zertrümmert

1808	Strand	NORDSTERN		Tyells		

14* 1808 Die Ladung wurde geborgen

1808			englisch		London	Stückgut

10* S 6 Bei Heikens heißt es: In der Zeit, in der unsere Insel schon von den Engländern besetzt war, segelte ein englisches Schiff, von London kommend mit Stückgütern beladen, auf die Klippen. Das Schiff stieß so schwer auf, daß es in kurzer Zeit leck wurde, so daß es sank. Glücklicherweise blieben die Toppen von den Masten über dem Wasser stehen. Die Schiffsmannschaft kletterte auf die Toppen hinauf, und hielt oder banden sich an denselben fest, bis ein Helgoländer Ruderboot kam und sie rettete. Es wehete schrecklich. Der Vorsteher ließ ausrufen, um Freiwillige zu ersuchen, Menschenleben zu retten, und versprach gute Belohnung. Kaum war das Ausrufen geschehen, da kamen achtzehn fixe junge Kerls, und rissen ein Ruderboot ab vom Strande, setzten durch die turmhohe Brandung hin, und retteten die ganze Schiffsmannschaft. Die Landeskasse mußte alles bezahlen, indem nichts von der Ladung geborgen wurde. Jeder Mann bekam fünfundzwanzig Reichsthaler ausbezahlt.

1808 08.01.	Sellebrunnen	CRAWFORD	amerikanisch New York	A.D.Bonnefors (J. Starry)		

Gebaut 1806 Saltc'ts; 196 tons; Eigner Watson & Co, Amerika
13* 174/15
21 S 13 Am 8. Januar strandete ein amerikanisches Schiff am Sellebrunnen, ebenso ein solches am folgenden Tag bei einem Sturm aus NNW- wobei ein Mensch ertrank

1808 11.01.		Brigg	englisch		England Helgoland	Proviant

21 S 13 Mit Proviant für die Einwohner, die diese für achttausend Mark kaufen mussten.

1808 14.01.				Dirk Scheepes		

13* 174/15 Gestrandet und übergeben

1808 01.12.		ROBERT				

13* 174/15 Gestrandet und übergeben

1808 10.12.		FRAU ANNA Schoner		Classen		

Gebaut ?; 58 tons; Eigner Capt.
13* 174/15 Gestrandet und übergeben

1809		DIE NEUE VERNOTH		Pieper		

13* 174/15

Jahr Datum	Strandungsort	Schiffsname Schiffsart	Nationalität Heimathafen	Kapitän	Abgangshafen Bestimmungshafen	Ladung
1809 31.05.	Sathurn- brunnen	Margareta Brigg	englisch Cardegan	David James		

Gebaut 1802 Wales; 107 tons; Eigner Capt. & Co.
13* 174/15 Gestoßen auf Saturnbrunnen, leckgeschlagen, an den Strand gesetzt

1809 01.06.	Strand	Palafox Schooner	englisch	Will. Edwards	Liverpool Helgoland	Kaffee

Gebaut 1807 Frankreich; 81 tons; Eigner T. Bream
13* 174/16 Auf der Reede kollidiert, leck an den Strand gesetzt

1809 16.06.	Südliche Klippen	British Volunteer Brigg	englisch	Postgate	London Helgoland	

Gebaut 1809 Newcastle; 143 tons; Eigner Tucker & Co.
13* 174/16 Auf Sathurnbrunnen gestrandet, nach Löschung von Ladung abgeborgen

1809 21.06.	Strand	De Vrouw Gesine		Frerk Juils		

13* 174/16 Auf der Reede bei schlechtem Wetter kollidiert, Schiff sinkend abgetrieben

1809 20.07.	Strand	Sarah Schooner	englisch	William Webb		

13* 174/16 Von der Reede auf die Düne getrieben, leckgeschlagen, an Strand gesetzt

1809 19.09.	Sanddüne	Prospect	englisch	Catley	 Helgoland	Stückgüter

Gebaut 1803 Norwegen; 83 tons; Eigner Helwidge
13* 174/16 Vom Ankerplatz vertrieben und auf die Düne geraten, Besatzung konnte sich retten

1809 27.09.	Klippen	The Lovely Peggy Sloop	englisch Hull	Thomas Anbom	Hull Helgoland	

13* 174/16 Vom Ankerplatz vertrieben und auf die Klippen geraten, Besatzung konnte sich retten

1809 September		Jürgen Claasen			London Helgoland	Kaffee und Zucker

14* 1809 Das Schiff ist in Folge auf Helgoland gänzlich verunglückt und mit der Ladung völlig verloren, doch ist die Mannschaft gerettet.

1809 23.11.	Strand	5 Gebrüder		Jan Gerdes, Mene Gerdes		

13* 174/16 am Strand aufgeschlagen

1809 11.12.	Sanddüne	Three Friends Brigg	englisch Budlington	Witly	London Helgoland	

Gebaut 1808 Woodbridge; 117 tons; Eigner Milward
13* 174/16 Vom Anker losgerissen, auf die Düne getrieben, Besatzung in das Boot gegangen und gerettet

Jahr Datum	Strandungsort	Schiffsname Schiffsart	Nationalität Heimathafen	Kapitän	Abgangshafen Bestimmungshafen	Ladung
1809 12.12.	Norder-klippen	GEORGE OF LYNN BRIGG	englisch	John Armes	Bristol Helgoland	Zucker, Kaffee

13* **174/16** Vom Anker losgerissen, auf die Klippen getrieben, Besatzung in das Boot gegangen und nach acht Stunden gerettet

1809 12.12.	Reede	DOCHTER MARGARETHA		Jan H. Kiepker		

13* **174/16** Auf der Reede gesunken

1809 12.12.	Sanddüne	EINIGKEIT		Hermann H. Wolters	Portsmouth Tönning	

13* **174/16** Gestrandet und aufgegeben

1809 29.12.	Strand	HAMBURGER BÖRSENHALLE		Cornelius Norberg	Leith Helgoland	

13* **174/16** Gestrandet

1809 Dezember		ESTHER Bark	englisch	Milligars		

13* **174/16** Gestrandet und aufgegeben

1810 23.04.	Norder-klippen	HECTOR Brigg	englisch Aberdeen	James Reid	London Helgoland	

Gebaut 1803 Aberdeen; 90 tons; Eigner Hector & Co.
13* **174/16** Gestrandet, gelöscht und mit Hilfe von Helgoländern abgebracht

1810 09.12.	Sanddüne	SOPHIA Sloop	englisch Great Yarmouth	Edward Collis	Helgoland	Weizen

13* **174/16** Bei dem Verlegen des Ankerplatzes auf die Südreede wegen NW-Sturmes mit einem anderen Fahrzeug kollidert, leckgeschlagen, auf die Düne getrieben und zerschlagen

1810 28.12.	Nordstrand	DIE LERCHE		Meinke Meyer	Helgoland	

13* **174/16** Bei dem Verlegen des Ankerplatzes auf die Südreede wegen NW-Sturmes mit einem anderen Fahrzeug kollidert, leckgeschlagen, auf die Düne getrieben und zerschlagen

1811 19.08.	Düne	SEAFROWD		Johann Sonnichsen	Langeneß Altona	Bohnen, Rapssaat

13* **174/16** Von englischer Brigg aufgebracht, bei Ostwind auf der Ostseite der Düne gestrandet

1811 14.10.	Sanddüne	JANE Brigg	englisch	David Davidson	London Helgoland	Kohle, Proviant

Gebaut 1810 Sunderland; 161 tons; Eigner Baker & Co., Sunderland
13* **174/16** Bei WNW-Wind auf der Düne gestrandet

1811 14.10.	Sanddüne	ANT	englisch	Robert Creaser		

13* **174/16** Vertrieben, auf der Düne gestrandet, Schiff verloren, Ladung teilweise geborgen

Jahr Datum	Strandungsort	Schiffsname Schiffsart	Nationalität Heimathafen	Kapitän	Abgangshafen Bestimmungshafen	Ladung
1811 14.10.	Sanddüne	FORTUNA	russisch	Cassen Loets	Helgoland Ostsee	Stückgüter

13* 174/16 Vertrieben, auf der Düne gestrandet, Schiff verloren, Ladung teilweise geborgen

1812 Februar		BARBARA CATHARINA Brigg	norwegisch	Isaak Abrahamson	Longsund Portsmouth	Bretter

13* 174/16 Gestrandet

1812 04.04.	Strand	AUGUST Galiot	Rostock	Diederich Petersen	London	

Gebaut 1808 Rostock, 100 tons; Eigner Capt. & Co., Rostock
13* 174/16 Schiff leck und in Seenot, geborgen und repariert

1812 21.11.	Strand	MARIA		Joachim Diederich Schnoor	Hamburg London	Gerste

13* 174/16 Gestrandet und übergeben

1813 21.04.	Sanddüne	SUCCESS Sloop	englisch	William Tomseth	London Helgoland	

Gebaut 1799; 99 tons; Eigner Stapleton
13* 174/16 Auf Reede gerammt, auf die Dühne gesetzt, Schiff verloren, Ladung teilweise geborgen

1814 06.01.	Südstrand	TWE GEBRÖDERS	Emden	J. Remkens		

13* 174/16 Gestrandet und übergeben

1814 10.11.	Sandinsel	DE VROUW FRAUKE Tjalk		Albert Christopher de Buer	Norwegen Leer	Holz

13* 174/16 Gestrandet und Totalverlust
14* 1814 Hamburg, den 16. November. Es ist bei Helgoland ein mit Holz beladenes und nach der Jahde bestimmtes Schiff gestrandet, worüber die näheren Angaben aber noch nicht eingegangen sind.

1814 11.11.	Norder-klippen	LOUISE Brigg	englisch	Richard Lewis	London Hamburg	Kaffee, Zucker etc.

14* 1814 Hamburg, den 16. November. Von Helgoland wird unterm 13. dieses gemeldet, daß die englische Brigg LOUISE, Capt. Richard Lewis mit einer Ladung Caffee, Zucker etc von London nach Hamburg bestimmt, in der Nacht vom 11. zum 12. dieses auf den Norderklippen der Sanddüne gänzlich verunglückt und gesunken, die Mannschaft aber von den Helgoländern gerettet worden sey.

1814 16.11.		MERCURIUS Galiote	Bremen	Friedr. Schmel	Bordeaux Bremen	

Gebaut 1806 Elsfleth
14* 1814 Aus Helgoland wird gemeldet, in der Nacht vom 16. zum 17. dieses ist die Bremer Galiote MERCURIUS, Capt. Friedr. Schmel, beladen mit Wein, und von Bordeaux nach Bremen bestimmt, auf hiesiger Rehde voll Wasser gelaufen, der Capitain dabei ums Leben gekommen, die übrige Mannschaft aber gerettet worden. Von der Ladung sind ca 30 Fässer an die Sandinsel gespült worden, die übrige Ladung aber, sowie das Wrack sind total verloren.

Jahr Datum	Strandungsort	Schiffsname Schiffsart	Nationalität Heimathafen	Kapitän	Abgangshafen Bestimmungshafen	Ladung
1814 16.11.	Sandinsel	GOEDE HOFFNUNG Schmacke		Hey H. Doyen	Newcastle Leer	Steinkohlen, Fayence, Sandsteine, Tran

14* 1814 Die MERCURIUS ist gegen die Schmacke GOEDE HOFFNUNG, Capt. Hey H. Doyen, größtentheils mit Steinkohlen, Fayence, Sandsteinen und Thran beladen, und von Newcastle nach Leer bestimmt, getrieben, und hat selbige an der Sandinsel auf den Strand gedrückt, wo deren Ladung geborgen ist.

1814 17.11.	Sandinsel	STADT RENDSBURG Galiote		M. Lobbe	London Hamburg	Kaffee

14* 1814 In der Nacht vom 17. ist die Galiote STADT RENDSBURG, Capt. M. Lobbe, beladen mit Caffee, und von London nach Hamburg bestimmt, mit vier Fuß Wasser im Raum, an der Sandinsel gestrandet. Die Ladung ist größtentheils geborgen.

1815 26.10.	Sandinsel	ANNA MARGARETHA Schmacke	preußisch	H. Lucas		Ocker, Wein, Feuersteine

13* 174/16 Gestrandet und übergeben.

14* 1816 Hamburg, den 5. Januar 1816. In einem Schreiben aus Helgoland, vom 27. Dezember v. J., an den Großbrit. General-Consul Herrn J. C. Mellish zu Hamburg, wird gemeldet, dass das Schmackschiff Vrouw ANNA MARGARETHA, unter preußische Flagge, bestimmt von Nantes nach Hamburg, Tags zuvor am Morgen beim Aussegeln aus dem Hafen auf das Reef der Sandinsel gestrandet ist. Der Capitain hatte keine Lootsen an Bord gehabt, da er mit ihnen nicht einig hatte werden können. Die aus Wein, Ocker und Flintsteine bestehende Ladung ist noch am nämlichen Tage bei niedrigem Wasserstand geborgen, und bis sich der Sturm gelegt, vorläufig auf die Sandinsel gebracht worden. Der Ocker ist größtenteils beschädigt, so wie auch einige Fässer Wein.

12. Jan. 1816. In einem Schreiben aus Helgoland an den Königl. Großbritann. General-Consul Hrn. Mellish zu Hamburg, wird über das Schicksal des verunglückten Schiffes und dessen Ladung, genannt ANNA MARGARETHA, geführt von Capt. Lucas, noch weitere Auskunft gegeben: die Ladung ist bis auf 18 Fässer Ocker und Feuersteine so gut wie möglich geborgen und in Sicherheit gebracht worden. Der Ocker ist von Salzwasser durchnäßt; von dem Weine sind einige leck gewordenen Fässer in andere dazu angeschaffte gestürzt, zwei gänzlich beschädigte Reste aber mit einem dem gänzlichem Verderben ausgesetzten Kleinigkeit Früchte, gestern in öffentlicher Auction verkauft worden. Das Schiff ist durch die Brandung zertrümmert und über dessen Reste, nebst geborgenen Anker, Tauen, Segeln etc. ist gleichfalls Auction gehalten worden.

1816 17.02.	Südstrand	DE DRIE GEBRÜDER		O. G. Orthgiese	Harwich	

13* 174/16

14* 1816 Hamburg, den 24. Februar 1816. Von Helgoland wird unterm 20. dieses gemeldet, daß Capt. O. G. Orthgiese, führend das Schiff DRIE GEBRÜDER, beladen mit Theer, Pech, Eisen und Planken, von Schweden und zuletzt von Harwich kommend, bestimmt nach Emden, am 17. dieses des Nachmittags 3 Uhr sich genöthigt gesehen habe, sein Schiff, nachdem es den Besanmast und das Bugspriet verloren und 4 Fuß Wasser im Raum bekommen hatte, mit Hülfe der Lootsen südwärts auf den Strand zu setzen. Da glücklicherweise hohe Fluth gewesen, so sey noch denselben Abend die ganze Ladung geborgen worden, das Schiff aber sey verloren und müsse wohl als Wrack verkauft werden.

1817 05.01.	Sandinsel	FREUNDSCHAFT Schmacke		Peter Peter Kupers	Norden London	

13* 174/16

Jahr Datum	Strandungsort	Schiffsname Schiffsart	Nationalität Heimathafen	Kapitän	Abgangshafen Bestimmungshafen	Ladung
1820 10.09.	Sellebrunnen	NEW MINERVA Brigg	englisch	Richard Shaldon	Pernambuco Hamburg	Zucker, Baum- wolle, Kaffee, Walrosszähne

Gebaut 1804 Liverpool; 124 tons; Eigner Singlehrst.

13* 174/22 Der Kapitän hatte zunächst den Lotsen als zu teuer abgelehnt, nach der Strandung erneut, musste einen Tag später wegen schlechten Wetters der Bergung zustimmen. Dann drehte der Wind plötzlich N, das Schiff kam frei. Die Helgoländer wollten mit dem Bergen fortsetzen. Darauf erschoss sich der Kapitän. Der Reeder führte einen Prozess den die Helgoländer, da sie nach geltendem Recht gehandelt hatten, gewannen. Die Insel erhielt für die Bergung eine Summe von 32 227 Mark.

14* 1820

1821 Brigg	Sanddüne	MARY & DOROTHEA			Sunderland Hamburg	Steinkohlen

14* 1821 Die Brigg ist hinter den Sanddünen bei Helgoland gestrandet und entmastet; ihre Mannschaft hat sich an Land geflüchtet.

21* S 29

1821 03.10.	Sanddüne	DIDO Schmacke	holländisch	P. J. Smidt	Amsterdam Königsberg	Stückgüter

Gebaut 1820; 80 tons

13* 174/22

14* 1821 Der Rathmann Herr J. G. Bufe zu Helgoland meldet unterm 3ten d., das Tags zuvor, des Morgens um 4 Uhr, das Schiff DIDO, Capt. P. J. Smidt, mit Stückgütern von Amsterdam nach Königsberg bestimmt, auf der Sanddüne gestrandet und nachher zertrümmert worden, auch der größte und kostbarste Theil der Ladung verloren, und nur ein Theil Eisenwaren noch im Wrack zurückgeblieben sey, den man bergen, doch um totalen Verderb vorzubeugen, sofort in Auction zu geben genöthigt sein würde. Die Mannschaft hatte sich mit großer Lebensgefahr auf die Sandinsel gerettet.

21* S 29

1821 28.10.	Sanddüne	CONCORDIA Schmacke	holländisch	J. F. Pepers	Brewig Weener/Ostfriesl.	Holz

Gebaut 1819 ?

13* 174/22 Von der Ladung wurde wenig geborgen

14* 1821

21* S 29

1821 02.11.	Strand	DE HOOP Tjalk	holländisch	Simon F. Taay	Delfziel Drobak	Holz

13* 174/22 Gestrandet und übergeben

21* S 29

1821 26.11.	Sanddüne	HAZARD Vollschiff	norwegisch	Jacob Lüeck	Danzig Brest	Balken.

Gebaut 1809; 335 tons; Eigner J. Saak & Co.

14* 1821 Gestrandet, übergeben. Von der Ladung wurde wenig geborgen.

21* S 29

Jahr Datum	Strandungsort	Schiffsname Schiffsart	Nationalität Heimathafen	Kapitän	Abgangshafen Bestimmungshafen	Ladung
1821 28.11.	Sanddüne	Die Hoffnung Kuff	holländisch	J. Johannsen	Tönning London	Hafer

13* 174/22 Von der Ladung wurde nichts geborgen
14* 1821
21* S 29

1821 02.12.	Aade	Faseta Vollschiff	 Hamburg	Hendrek de Haan	Bahia Hamburg	Zucker

Gebaut 1809; 326 tons; Eigner Capt. und Co.
13* 174/22
14* 1821 Der von Leith hier in Hamburg angekommende Capt. Hosie, führend das Schiff Rhine, hat Anker und Tau verloren. Seiner Aussage nach ist in dem heftigen Sturm am 1. de, als er auf der Helgoländer Rhede vor Anker gelegen, um 2 Uhr Nachmittags ein ca 400 Tonnen großes Schiff, wahrscheinlich ein Amerikanisches, an der südlichen Spitze der Sandinsel gestrandet und binnen fünf Minuten gänzlich zertrümmert worden; dessen Mannschaft ertrunken. Neueste Meldung: von der Mannschaft wurden nur der Obersteuermann und zwei Matrosen gerettet. Das in unserem gestrigen Blatte erwähnte Schiff, welches Capt. Hosie unweit Helgoland hat verunglücken sehen, heißt, neueren Nachrichten zufolge, Faseta, Capt. Hendrek de Haan, und war mit einer Ladung Zucker von Bahia nach Hamburg bestimmt. Von seiner Mannschaft sind nur der Obersteuermann und zwei Matrosen gerettet worden. Das Schiff Faseta, Capt. de Haan, welches am 2ten d. bei fürchterlichem Sturm auf den Sanddünen von Helgoland strandete, brach binnen kaum 15 Minuten mitten auseinander, daher auch von seiner 18 Mann starken Besatzung nur drei gerettet wurden.
21* S 29 15 Mann fanden den Tod, 3 gerettet. Es herrschte ein heftiger Orkan, das Schiff war in einer Stunde zerschlagen.

1821 04.12.	Sanddüne	Vrouw Ettina Schmacke	holländisch	A. J. Seemann	Osterrisöer Harlingen	Holz

Kpt. u. Eigner A. J. Seeman
13* 174/22
14* 1821 Laut Nachricht aus Helgoland hat Capt. A. J. Seemann sein Schiff samt der Ladung an die Landschaft zur Bergung übergeben, weil es voll Wasser auf seiner Last trieb.

1823 03.11.	Strand	Die Jungfer Anna	 Tönning	Peter Franzen	Tönning London	Hafer

13* 174/31 Auf See in Seenot geraten, Helgoland angelaufen, Schiff wurde mit Mühe an den Strand gebracht, Ladung teilweise geborgen, Schiff nach provisorischer Reparatur zum Festland gesegelt

1824 12.11.	Klippen	Johanna Elisabeth	dänisch	J. Holst	Randers London	

Jahresbericht Hamb. Assecuranz Am 19. 11. trieb ein Matrose des dänischen Schiffes Johanna Elisabeth auf der Insel Föhr an. Das Schiff war am 12. 11. in der Brandung auf Helgoland gestrandet und zertrümmert worden. Der Seemann hatte fünf Tage auf dem schwimmenden Wrackteil überlebt. Die übrigen Mannschaftsmitglieder konnten sich nicht retten.

1824 14.11.	Reede	De Vrow Catharina Schmacke	holländisch Veendam	A. E. Pot	Ostrichoen Harlingen	Nordische Hölzer

13* 174/31 Auf der Reede in Orkan leckgeworden und verloren gegangen, Besatzung gerettet

Jahr Datum	Strandungsort	Schiffsname Schiffsart	Nationalität Heimathafen	Kapitän	Abgangshafen Bestimmungshafen	Ladung
1824 02.12.	Wittkliff	De gode Hope Schmacke		D. H. Rüster	Antwerpen Hamburg	Stückgüter

13* 174/31 Gestrandet und für ⅓ Bergelohn übergeben

1824 31.12.	Sanddüne	John & Elisabeth Fishing Schmacke	englisch Harwich	Thomas Gane	Harwich Cuxhaven	Post

13* 174/31 Bei der Verlegung des Ankerplatzes bei schwerem Sturm, auf der Düne festgekommen, Besatzung konnte sich in letzter Minute retten mitsamt aller Post (except a box for His Royal Highness the Duke of Cambridge)

1825 03.11.	Strand	Freundschaft Kuff	 Varel	Hinrich Mencke	Newcastle Bremen	Schmiedekohlen, Pottenzeug

13* 174/31 Auf See leck geworden, an den Strand gesetzt und übergeben

1825 10.11.	Norder- strand	De goede Hoop Schmacke	holländisch Veendam	Geert Hans Munneke	London Amsterdam	Differente Güter

Gebaut 1815; 68 tons; Kpt. u. Eigner Munneke, Groningen
13* 174/31 Das Schiff wurde durch diverse Grundstöße so leck, dass es aufgegeben werden musste
Das Schiff muss doch abgebracht worden sein, da es im holländischen Register noch 1828 verzeichnet ist.

1826 06.11.	Strand	Inger Magaretha Gatjas		Niels Haahtes	Sanct Tubes Flekkefjord	Salz

13* 174/32 Beschädigt als Nothafen eingelaufen, dann gestrandet, bei Flut an den Strand gesetzt und für ⅓ Bergelohn übergeben.

1827 09.04.	See	Elisabeth		T. Spiesen		

13* 174/32 Treibend ½ sm von der Insel total zerschlagen und ohne Personen von Helgoländern an den Strand geschleppt

1827 05.12.	Norder- klippen	Constance Bark	 Bremen	J. J. Miltenberg	Bahia Hamburg	Zucker, Taback, Kaffee und Baumwolle

Gebaut 1807; 133 CL; 25,7 x 8,1 x 3,2 m; Eigner Friedrich Rodewald, Bremen
13* 174/32 Das Schiff verunglückt bei der Insel. Die Mannschaft wird gerettet unter der Führung des Lotsenoffiziers Jacob Peter Reimers. Da die Ladung nicht geborgen werden kann und die Helgoländer keine Entschädigung erhielten, bitten sie den Bremer Senat um eine Belohnung. Am 19.03.1828 stiftete der Bremer Senat 50 Reichstaler für die Rettung.

1828 05.02.	Norder- klippen	Salacia Brigg	englisch	William Paith	Sunderland Hamburg	Kohlen

Gebaut 1808 Lynn; 135 tons; Eigner Dobson & Co.
13* 174/32 Strandete im Nebel, die Mannschaft rettete sich in ihrem Boot, die Ladung wurde geborgen
21* S 44

Jahr Datum	Strandungsort	Schiffsname Schiffsart	Nationalität Heimathafen	Kapitän	Abgangshafen Bestimmungshafen	Ladung
1828 10.02.	See	VROUW ALIDA Tjalk		Carsten Steenken	Lübeck Hamburg	Weizen

13* 174/31 Schiff durch Sturm leck geworden, die Mannschaft in der Nähe von Helgoland in das Boot gegangen, von Helgoländern aufgenommen, das Schiff sank

1828 12.02.	Südstrand	DIE GUTE MUTTER Schoner	russisch	J.G. Johannsen	Windau Bremen	Leinsamen

13* 174/32 Das Schiff repariert und versteigert
14* 1828 Durch Eis leckgeschlagen, an den Strand gesetzt mit 500 Tonnen Leinsamen, die Mannschaft ist jedoch gerettet und auch die Ladung, obwohl zum Theil beschädigt, geborgen worden.
21* S 44

1828 12.02.		HENRY & ANN Schoner	englisch	G. Douglass	Hamburg Newcastle	

14* 1828 Bei diesem Unglück sind drei oder vier Mann sofort ertrunken und der Capitain nebst dem Jungen, die von einer Helgoländer Schaluppe gerettet wurden, sind einige Tage nachher an den Folgen der erlittenen Kälte gestorben.

1828 19.02.		ANRUS Tjalk	holländisch	Schifferin Hillichion J. Kruise zeichnend E.R. De Jonge	Holland Hamburg	Taback, Kartoffeln

13* 174/32 Durch Eis leckgeschlagen, auf den Strand gesetzt, die Ladung gelöscht, das Schiff konnte repariert werden
21* S 44

1828 17.08.	Strand	DE JONGE GRIETJE Schmacke		J.A. Muntendam	Brewig Groningerland	Holz

Gebaut 1804; 62 RT; Kpt. und Eigner J. A. Muntendam
13* 174/22 Schwer leck eingelaufen, auf den Strand gesetzt und übergeben, Schiff wrack, Ladung Holz geborgen.
21* S 44

1829 03.09.	Strand	FORTUNA		Stoffer J. Heyen	Lübeck Hull	Leimkuchen

13* 174/33 Auf dem Sellebrunnen gestrandet, wieder freigekommen, mit Lotsen in Richtung Elbe gesegelt, aber derart leck gewesen, dass sie das Schiff wieder zurück nach Helgoland gebracht und auf den Strand gesetzt hätten, gegen ⅓ Bergelohn übergeben.

1829 19.11.	Strand	FRIEDERICH WILHELM		Gerhard Zittlosen	Bremen Leith	Rapskuchen

13* 174/33 Wegen eines starken Lecks auf den Strand gesetzt, übergeben

1830 19.01.	Strand	ANNA CATHARINA Ewer		Friedrichs Niklasen	Newcastle Hamburg	Kohlen

13* 174/33 Auf der Reede geankert, durch starken Eisgang leckgeschlagen, auf den Strand gesetzt.
21* S 45

Jahr Datum	Strandungsort	Schiffsname Schiffsart	Nationalität Heimathafen	Kapitän	Abgangshafen Bestimmungshafen	Ladung
1830 April	See	Bongina Kuff		R. J. de Jonge		

13* 174/33 Auf See von Helgoländern aus großer Gefahr gerettet worden

1830 07.06.	Strand	Belle Francaise de la Hague				Cognac

13* 174/33 Von einem Blankeneser Lotsenschoner treibend angetroffen verlassenes Schiff, nach Helgoland gebracht und an den Strand gesetzt

1830 22.08.	See	Ilsabe Maria Galiot	 Stralsund	Michael Erdmann Sonntag	Memel Emden	Holz

117 tons; Eigner Israel & Co., Stralsund
13* 174/33 Gestrandet und übergeben

1831 18.10.		De Frou Antina		Lucas Boumann	Wismar Amsterdam	Rapssamen

13* 174/33 Auf See leckgeschlagen, bei Sturm Schutz auf der Reede gesucht, aber da das Schiff zu viel Wasser machte, an den Strand gesetzt.
21* S 46

1832 09.10.	Sanddüne	Anna Maria		Jens Albert Jansen	Wollersum Amsterdam	Rapssaat

13* 174/15 Auf See leckgeschlagen, auf die Düne gesetzt, Schiff verloren, Besatzung gerettet

1833 16.08.	Sanddüne	Gesine		H. H. Früsmos	Hornersiel Bredwig	Ballast

13* 174/15 Gestrandet und übergeben
21* S 51

1833 November		 Tjalk	holländisch			

14* 1833 Auf der Sandinsel bei Helgoland liegt ein umgestürztes holländisches Tjalkschiff, welches mit nordischem Holz beladen ist

1833 15.11.	Strand	Anne Maria		J. Mau	Caen Kristiansand	Ballast

13* 174/15 Das Schiff wurde auf See schwer beschädigt, 4 Mann der Besatzung verließen gegen den Willen des Kapitäns das Schiff. Das Schiff trieb in die Nähe von Helgoland, fing Feuer, wurde von Helgoländern geborgen.

1834 26.01.	Sandinsel	Little Mary Brigg		Samuel George	Hamburg London	Matten

Gebaut 1816 Yarmouth; 85 tons; Eigner G. Palmer
13* 174/15 Zu den landläufigen Bedingungen übergeben.
21* S52

Jahr Datum	Strandungsort	Schiffsname Schiffsart	Nationalität Heimathafen	Kapitän	Abgangshafen Bestimmungshafen	Ladung
1835 25.02.	Sandinsel	SOPHIE ELISE		Öhlrich Treiber	Horumersiel Goole	Bohnen

13* 174/15 Der beschädigte Theil der Ladung der ELISE, Capt. Treiber, von Horumersiel nach Goole bestimmt, aber am 25. Februar sehr leck und beschädigt hier eingebracht, ist verkauft worden; das Schiff ist auseinander gegangen.

14* 1835

Jahr Datum	Strandungsort	Schiffsname Schiffsart	Nationalität Heimathafen	Kapitän	Abgangshafen Bestimmungshafen	Ladung
1835 21.04.		ROBERT SCOTT				

14* 1835 Ein Boot, ROBERT SCOTT bezeichnet, ist hier an der Insel heute aufgefischt worden.

Jahr Datum	Strandungsort	Schiffsname Schiffsart	Nationalität Heimathafen	Kapitän	Abgangshafen Bestimmungshafen	Ladung
1835 29.04.		FAMILIEN Galleasse	dänisch	F. H. Knutsen	Tönning Hull	Rapssamen

13* 174/15

14* 1835 Es erhielt die in Cuxhaven neuverzimmerte Dänische Galleasse, Capt. Knudsen, mit Rappsaamen von Tönning nach Hull bestimmt, unweit Helgoland ein starkes Leck; die Mannschaft musste auf die Insel flüchten und Schiff und Ladung den dortigen Einwohnern gegen ein Drittheil Berglohn überlassen.

21* S 53

Jahr Datum	Strandungsort	Schiffsname Schiffsart	Nationalität Heimathafen	Kapitän	Abgangshafen Bestimmungshafen	Ladung
1835 01.12.		Fischer-schaluppe	englisch Helgoland	Jansen		

14* 1835 Lloyds Agent, Hr. N. F. Nommensen, in Wyk auf Föhr meldet uns unterm 1.d., dahs auf der Insel Süderoog eine Helgänder Schaluppe, mit den Namen M. Jansen und J. K. Jansen bezeichnet, angetrieben und geborgen sey. Man fand einzelne Schellfische in derselben und vermutlich dürfte es die am 19. v.M. bei Helgoland verunglückte Fischer-Schaluppe seyn.

Jahr Datum	Strandungsort	Schiffsname Schiffsart	Nationalität Heimathafen	Kapitän	Abgangshafen Bestimmungshafen	Ladung
1836		DIE HOFFNUNG		A. H. Schesma	Rotterdam Hamburg	Stückgut

21* S 54 Übergeben

Jahr Datum	Strandungsort	Schiffsname Schiffsart	Nationalität Heimathafen	Kapitän	Abgangshafen Bestimmungshafen	Ladung
1838 15.03.	Norder-klippen	ARETHUSA Vollschiff		G. D. Benöhr	Rio de Janeiro Hamburg	Kaffee

Gebaut 1828 Greenock; 322 tons: Eigner Eccles & Co., Glasgow

13* 174/15 Übergeben und geborgen

14* 1838 Die ARETHUSA, Capt. Benöhr, von Rio Janeiro nach Hamburg ist bei Helgoland verunglückt, die Mannschaft ist gerettet.

21*59 22.03. Die Bergung wurde freigegeben, da die Kosten der Bergung für die Landschaft den Wert des zustehenden 3. Teiles der Ladung überstiegen haben würde. Es durfte jeder von dem Geborgenen ⅓ behalten.

Jahr Datum	Strandungsort	Schiffsname Schiffsart	Nationalität Heimathafen	Kapitän	Abgangshafen Bestimmungshafen	Ladung
1838 27.03.		FLORA Galeasse	Altona	J. F. Wolff		

38 CL; Eigner H. Köster

14* 1838 28.03. Laut Aussage des Helgolander Schiffer Lührs saß gestern morgen eine Galleasse auf den Klippen jener Insel fest, deren Namen dem Schiffer indes nicht bekannt war.

31.03. Die Altonaer Gallasse FLORA, Capt. Wolff, nach Gibraltar bestimmt, gerieth am 26.03. morgens während eines Nebels auf die Klippen der Sandinsel fest, ward aber mit Hülfe von Lotsen gegen eine Vergütung von 500 M Cour. wieder abgebracht; das Schiff ist etwas leck, hat aber demungeacht seine Reise fortgesetzt. Die Ankerketten der gestrandeten ARETHUSA haben noch geborgen werden können.

Jahr Datum	Strandungsort	Schiffsname Schiffsart	Nationalität Heimathafen	Kapitän	Abgangshafen Bestimmungshafen	Ladung
1838 03.04.		ANDES Brigg	englisch	Simon Campbell	Newcastle Kiel	Kohl, Teer, Kapora, Schleifsteine

13* 174/15 Übergeben.

14* 1838 Helgoland; die Englische Brigg ANDES, Capitain Campbell, mit Steinkohlen u.s.w. nach Kiel bestimmt, ist am 4. April von der erschöpften Mannschaft im sinkenden Zustande verlassen und durch Hilfe vieler Böte hier an den Strand gebracht; das Volk ist krank und hier angekommen, und ist man beschäftigt, von der Ladung so viel als möglich zu retten.

21* S 59

1838 29.08.		Kuff oder Schmack				

14* 1838 Ein Kuff- oder Schmackschiff ist gestern Nachmittag bei den äußersten Klippen der Sandinsel durch eine schwere Sturzsee umgeschlagen und samt der Mannschaft verunglückt. Hülfe oder Rettung war nicht möglich zu leisten.

10* S 57 Ein kleines zweimastiges Schiff kreuzte bei Norden der Insel mit dem heftigen Sturme und den furchtbar tobenden Wellen, um die hiesige Rhede oder Hafen zu gewinnen. Aber ach! als es dem Lande näher kam, gewahrten sie die ungeheure hohe Brandung auf den Klippen an der Nordseite der Insel. Da wendete es alle Kraft an, die ihm bei dem brausenden Sturm in der hohen See nur durch kleine Segel zu Gebote stand, diese gefährlichen Klippen zu umschiffen. Aber umsonst war alles Mühen und Anstrengungen. Die schrecklich hohe Brandung von der ersten Reihe Klippen, durch welche das Schiff hindurch mußte, warf dasselbe zu mehreren Malen auf die Seite, daß wir glaubten, es stände nicht wieder auf. Allein es wiederstand doch jedesmal dem Wurf der schrecklichen Wellen. Schon hofften wir das Schiff sicher in den Hafen einlaufen zu sehen, noch durch eine Reihe von Klippen hatte es durchhinzusetzen, auf denen die Wellen mit einer Kraft brandeten, der nicht zu widerstehn war. Das Schiff kämpfte fort mit kleinen Segeln, dem Anschein nach mit seiner letzten Kraft. Aber das Schicksal des tapfern Volkes war entschieden. Eine furchtbare Sturzsee rollte heran. Sie warf das Schiff mit solcher Kraft das Unterste zu Oben, daß es vor den Augen aller der vielen Zuschauer, welche am oberen Rand des Felsen standen, verschwand und nicht wieder zum Vorschein kam.

1838 18.10.	Sandinsel	EIDORA		Claus Hansen	Liverpool Friedrichstadt	Salz

13* 174/15

14* 1838 Das Schiff ist am 18.d. auf der Sandinsel gestrandet; Mannschaft gerettet, das Schiff ist wrack und gestern in Auction für 1585 M 15 ß Cour. verkauft. Die Ladung ist verloren, ein großer Theil vom Inventar aber geborgen.

21* S 60 Übergeben. Die Ladung verloren.

1838 19.10.	Norder- klippen	SOPHIA		Heinrich Albrecht	Dundalk Danzig	Ballast

13* 174/15

14* 1838 Das Schiff war so gestrandet, daß der Capitain es gegen ein Drittheil Berglohn der hiesigen Behörde überlassen mußte. Die Besatzung von acht Personen wurde unter dramatischen Umständen von zwei Helgoländer Booten mit je 17 Mann gerettet.

1838 25.10.	Auf See treibend	ALIDA Kuff				

13* 174/15 In der Nähe der Insel treibend ohne Besatzung aufgefundenes Schiff, an die Insel gebracht

Jahr Datum	Strandungsort	Schiffsname Schiffsart	Nationalität Heimathafen	Kapitän	Abgangshafen Bestimmungshafen	Ladung
1838 30.10.	Sanddüne	Jonge Henderk Kuff	holländisch	Hitmann	Amsterdam Hamburg	

Gebaut 1828 Hoogezand; 70 tons; Kpt. u. Eigner W. T. Hitman, Schiermonnikoog

14* 1838 Die Kuff trieb auf die Sand-Düne, ist jedoch mit Hülfe von 16 Mann, und nach Verlust von zwei Ankern, wieder abgebracht und heute morgen nach Hamburg gesegelt.

1839 25.10.	Auf See treibend	Catharina		Olaf Olson	Koslov Bremen	Roggen

13* 174/15 In der Nähe der Insel in Seenot, zwei Helgoländer Boote mit je 10 Mann versuchten das Schiff zu bergen, aber wegen des Sturmes war es nur möglich, die 13 Mann starke Besatzung zu retten.

1839 02.11.	Sanddüne	Frau Christina		Lorenz Quedens	Altona Glasgow	Butter, Weizenmehl, Hartbrot

13* 174/15 Bei Sturm auf der Reede gelegen, dann nach Ankerbruch auf die Düne getrieben. Mannschaft gerettet

1840 27.01.	Strand	Neeske Maria		B. E. Fulfs	Carolinensiel Hull	Bohnen

13* 174/15 Leck eingelaufen, bei Sturm vom Anker gerissen und an den Strand gesetzt

21* S 66

1840 20.09.	Hog Bru	Helen Brigg		Alexander Torrance	Newcastle Hamburg	Kohlen

Gebaut 1820 Aberdeen; 120 tons; Eigner J. Warden, Leith

13* 174/15 Aufgelaufen, mit Hilfe von Helgoländer zunächst freigekommen, dann wieder gestrandet und verloren gegangen. Übergeben

21* S 66

1840 26.10.	Norder- strand	Frau Gesina		S. H. Brockema	Harlingen Hamburg	Klinker

13* 174/35 »Gestrandet, Totalverlust«

1841 18.04.	Hog Bru	Alida		H. Stuirmann	Ghent Rostock	Zucker

13* 174/35 »Festgekommen und nach Leichtern von Ladung mit Hilfe von Helgoländern freigekommen«

1841 22.04.	im Westen	William Brigantine	russisch Libau	R. J. Politz	Libau Schiedam	Roggen, Hanf

Gebaut 1837 Libau; 143 tons; Eigner C. Camber, Libau

13* 174/35

10* S 9 Heikens schreibt dazu: Das Schiff hatte seinen Hintermast wegen schweren Sturm und eines starken Lecks schon in der Nordsee kappen müssen, und kam mit Notsignalen hier in Gesicht. Das Lotsenboot eilte demselben sogleich entgegen. Da dasselbe wegen des hohen Wogenganges nicht zu der Stelle, an welcher sich das Schiff befand, hinkommen konnte, so setzte es eine Flagge an die Mastspitze, um dem Schiff dadurch anzuzeigen, daß es zu ihm hinsteuern möchte. Allein, da das Schiff sich schon im sinkenden Zustand befand, so steuerte oder trieb es vielmehr gerade auf die Insel zu, mitten in die ungeheure Brandung hinein, und blieb zu Westen der Insel an der äußeren Klippenreihe festsitzen wo die wildschäumenden Wellen unaufhörlich über das Schiff schlugen. Als man dieses von der Insel gewahrte, eilten zwei Ruderböte, jedes mit sechszehn Mann besetzt, zur Rettung der Mannschaft des Schiffes durch die furchtbar brausenden Wellen. Sie fanden nur noch drei Mann im Schiffe, indem sich die übrigen sechs Mann schon mit dem Schiffsboot an die Westseite der Insel dem schroffen Strande zu, geflüchtet hatten. Da man nun aller Anstrengungen ungeachtet das Ruderboot wegen der höher steigenden Fluth und den dadurch vermehrten Wellenschlag nicht an die Seite des Schiffes kommen konnte, so rief man der Mannschaft im Schiffe zu, sich nach dem Vordertheil des Schiffes, nahe dem Bugspriet zu begeben, um sich alsdann in den Zwischenpausen der wüthenden Wellen ins Boot zu ziehen. Der Steuermann kletterte an den, am Vorsteven des hangenden großen Anker, und hielt sich an dessen Stock fest, so das Ruderboot erwartend. Als dasselbe nun den Augenblick wahrnahm, durch die Wellen an den Vorsteven heranzurudern, sprang der Schiffsjunge, welcher sich hinter dem Steuermann an Tauen festhielt, über den Kopf des Steuermanns mit einem kühnen Sprunge ohne Schaden zu leiden in das Boot, und war so der erste, der sich durch seine kühne und rasche That gerettet sah. Doch nach wiederholten Ansätzen des Ruderbootes wurden auch die beiden anderen gerettet.

21* S 62

Jahr **Datum**	**Strandungsort**	**Schiffsname** **Schiffsart**	**Nationalität** **Heimathafen**	**Kapitän**	**Abgangshafen** **Bestimmungshafen**	**Ladung**
1842 16.02.	Aade- brunnen	ALBERDINA Schmacke	holländisch	Gerrit Venema	Elbing Antwerpen	Rapssaat

Kpt. und Eigner G. Venema

13* 174/35 Schiff gestrandet, Totalverlust, Besatzung von Helgoländern gerettet

1843 26.09.	Sanddüne	COURIER (CUREREN)		Fredrick C. Junil (Juul)	Drammen Warde	Holz

13* 174/35 Schiff beschädigt auf die Sandinsel gesetzt, Totalverlust.

14* 1843 Helgoland, den 26. Sept. Gestern wehte es sehr stark aus NW. In der verwichenen Nacht ist ein kleines einmastiges Fahrzeug an der Sandinsel gestrandet, nämlich das Schiff CUREREN, Capt. Juul, von Drammen nach Warde mit Holz bestimmt. Die Mannschaft ist gerettet.

Den 27. Sept. Das Schiff ist wrack, Ladung Holz und Inventar geborgen.

1843 22.11.	Sanddüne	SOPHIE Galeas-Ewer	 Blankenese	Hinrich Stehr	Hull Altona	Eisen und Zement

13* 174/35 Schiff gestrandet, Totalverlust

14* 1843 Helgoland, den 25. Nov. (von Lloyds Agent Hrn. Jasper Bufe) Der dän. Galeas-Ewer SOPHIE, Capt. Stehr, mit Eisenbahnschienen und Cement von Hull nach Altona bestimmt, gerieth am 22. d. beim Anlaufen der Rhede zwischen die Klippen der Sandinsel und befand sich in einer Rinne vor Anker liegend, bei dem sehr heftigen Wind aus WNW, in so gefährlicher Lage, daß die Besatzung mittelst einer unserer Rettungsböte an Land flüchtete. Das Schiff wurde in der folgenden Nacht von seinem Anker gerissen, jedoch durch hiesige Fischerböte im NO der Sandinsel treibend angetroffen und nach der Rhede gebracht, darauf aber, des starken Leckes halber, auf den Strand gesetzt. Die Ladung wird geborgen und unter meiner Aufsicht in gerichtliche Obhut genommen.

1843 01.12.	Klippen	ALBRECHT ELISE Brigg	 Stettin	A. Sauer		Holz

Gebaut 1837 Stettin; 258 tons; Eigner A. Sauer & Co., Stettin

13* 174/35 Kieloben auf die Klippen getrieben.

14* 1843 Helgoland, den 2. Dec. (von Hrn. J. Groth) Gestern ist hier ein Schiff, den Kiel nach oben gekehrt, durch hiesige Fahrzeuge eingebracht worden, dasselbe liegt an der S-W-Seite der Insel, und wenn die Witterung gut bleibt, wird hoffentlich die ganze Ladung, welche aus Stabholz besteht, geborgen. Das Schiff scheint von Ostseeicher Bauart und hat ca. 100 bis 120 Lasten groß zu sein. Der aus Eichenholz gebaute Rumpf scheint der einer Brigg und ziemlich neu zu seyn., misst 88 Fuß 5 Zoll am Kiel.

1844 17.02.	Sanddünen	MENTOR Kuff	holländisch	L. J. Boon	Trinidad de Cuba Bremen	Rum, Zucker

Gebaut 1840 Ijlst; 196 tons; Kpt. L. J. Boon, Eign. Bonke & Co., Rotterdam

13* 174/35 Abbergungsmaßnahmen waren nicht erfolgreich, das Schiff ist verloren.

14* 1844 Laut Bericht aus Helgoland von 18 d war daselbst die holländische Kuff MENTOR, Capt. Boon, von Trinidad de Cuba mit Zucker und Rum nach Bremen bestimmt, nachdem selbe dort am 15. Schutz suchend eingelaufen, in der Nacht auf den 17. desselben bei NW-Sturm vor zwei Ankern treibend, an der Sanddühne gestrandet. Die Mannschaft war gerettet und die Ladung, theils stark beschädigt geborgen, das Schiff aber dürfte für verloren gehalten werden.

Es sind Maßnahmen ergriffen worden, das Schiff MENTOR, Capt. Boon, wieder abzubringen.

Jahr **Datum**	**Strandungsort**	**Schiffsname** **Schiffsart**	**Nationalität** **Heimathafen**	**Kapitän**	**Abgangshafen** **Bestimmungshafen**	**Ladung**
1844 15.04.	Norder- klippen	ZEPHYR Schoner	 Altona	C. P. Langreen	Messina Hamburg	Früchte

43 CL; Eigner H. Köster, Altona

13* 174/15

14* 1844 Helgoland, den 15. April (von Lloyd's Agent Hrn. Bufe). Der Altonaer Schooner ZEPHYR, Capt. C.P. Langreen, von Messina nach Hamburg, ist gestern Abend im dicken Nebel und frischer NNW Brise und hohem Wasser auf die Norderklippen gerathen, und da es trotz angenommener Assistenz nicht möglich gewesen, das Schiff mit der Fluth wieder flott zu machen, so hat der Capitain, in Ermangelung anderer Mittel, sich gedrungen gesehen, von der Ladung soviel als zur Erleichterung des Schiffes nöthig seyn wird, zur Löschung für ein Drittel Bergelohn in Natura an die Behörde der Insel zu übergeben. Man ist eifrig beschäftigt, um von der Ladung zu landen und mit der nächsten Fluth soll Alles angewandt werden, um das Schiff womöglich abzubringen, was übrigens wohl zu bezweifeln seyn darf, da das Schiff augenscheinlich sehr bedeutend leck ist. Für den Empfänger der Ladung ist es rathsam, die geeigneten Verfügungen ohne Zeitverlust zu treffen. Capt. Langreen wird in seiner unglücklichen Lage bestens von mir assistiert.

Den 17. April. Es ist nicht möglich gewesen, den ZEPHYR wieder abzubringen. Selbiger ist wrack geworden, und der Rumpf bereits in öffentlicher Auktion verkauft. Das Inventar ist geborgen, desgleichen die Ladung, bis auf ca. 100 Kisten Früchte. Von denselben sind aber Kisten unter Wasser gewesen, wovon heute bereits 214 Kisten verkauft wurden. Unter den Apfelsinen scheint viel Fäulnis zu seyn, auch sind manche Kisten ramponiert, daher es sehr notwendig ist, dass von Seiten der Ladungs-Interessenten die schnellsten Verfügungen darüber getroffen werden.

21* S 69

1844 16.06.	Klippen der Sandinsel	CADIZ Polacka	spanisch	A. de Villeranda	Cadiz Hamburg	Wein, Öl, Salz

14* 1844 Helgoland, den 16. Juni. (von LLoyd's Agent Hrn. J. Bufe) Die spanische Polacka CADIZ, Capt. J. A. Villeranda, mit Salz und Wein von Cadiz nach Hamburg ist diesen Morgen bei stürmischen NW-Winde und dicker Luft auf die Klippen der Sandinsel gerathen und bald danach gänzlich zertrümmert. Die Mannschaft ist, aber mit Verlust aller ihrer Effecten, gerettet; ein Matrose, der an Bord zurückgeblieben, konnte nur mittelst einer unserer Ruderschaluppen und durch die wahrhaft lebensgefährlichen Anstrengungen ihrer Mannschaft, welches Anerkennung verdient, gerettet werden. Vom Schiff und von der Ladung ist nichts geborgen.

21* S 69

1844 24.10.	Aade- klippen	ANNA MARGARETHA Kuff		H. R. Schoon	Wismar Aberdeen	Knochen

13* 174/35 Auf die Klippen geraten und innerhalb kurzer Zeit gesunken, Schiff und Ladung verloren, Mannschaft gerettet.

14* 1844

21* S 69

1844 02.11.		EMMY HENRIETTE Kuff	 Hamburg	N. H. Speil	Bremen Hamburg	Tabak, Rosinen

14* 1844 (Von Herrn J. Bufe) Das Hamburger Kuffschiff EMMY HENRIETTE, Capt. N. H. Speil, von Bremen nach Hamburg bestimmt, ist am 2. des Abends in einem furchtbaren Sturm aus O und OzS bei dieser Insel gestrandet. Die Mannschaft, Ladung und das Schiff sind gerettet, dasselbe ist diesen Abend glücklich wieder abgebracht. Von der Ladung ist einiges beschädigt. Wind SO starke Kühle.

Cuxhaven, den 14. Nov. Das hiesige Kuffschiff EMMY HENRIETTE, Capt. Speil, welches bei Helgoland gestrandet war und dort löschte, ist hier gestern unter Assistenz mehrerer Helgoländer angekommen. Es ist leck, hat Anker, Tau und Ketten etc. verloren und verschiedene andere Schäden, weshalb es bereits heute zur Reparatur auf die Werft geholt ist.

Jahr Datum	Strandungsort	Schiffsname Schiffsart	Nationalität Heimathafen	Kapitän	Abgangshafen Bestimmungshafen	Ladung
1845 07.01.	Norder-klippen	REBECCA Ewer	hannoversch Dornbusch	Eylermann	Friedrichstadt London	Ölkuchen

13* 174/36 Im Nebel auf die Klippen geraten, sofort leckgeschlagen und vollgelaufen, Mannschaft von Helgoländern gerettet.

14* 1845 Cuxhaven, den 9. Jan. Der hannov. Ewer REBECCA, aus Dornbusch, von Friedrichstadt nach London bestimmt, ist eingegangener Nachrichten von Helgoland zufolge, am 7. Jan., Nachmittags zwischen den Norder Klippen gestrandet. Die Mannschaft rettete sich auf die Insel; das Schiff ist jedoch, da es voll Wasser gelaufen, wohl als total verloren zu betrachten. Von dem Inventar hoffte man, sobald das Wetter sich besserte, noch etwas zu retten.

Jahr Datum	Strandungsort	Schiffsname Schiffsart	Nationalität Heimathafen	Kapitän	Abgangshafen Bestimmungshafen	Ladung
1845 03.04.	Strand	ALKANNA HENDRIKA Kufftjalk	holländisch Veendam	Jacob Westerbrink	Middlesbo Altona	Steinkohlen

Gebaut 1839; 56 RT; Kpt. und Eigner E. J. L. Westerbrink, Veendam.

13* 174/36

14* 1845 (Von Lloyds Agent, Herrn J. Bufe) Die Kuff ALKANNA HENDRIKA, Capitain Westerbrink, von Middlesbo mit Kohlen nach Altona, mußte, schweren Leckes wegen, am 2. d. hier auf den Strand gesetzt werden, und war der Capitain genöthigt, die Bergung von Schiff und Ladung der Behörde dieser Insel gegen einen Berglohn von einem Drittheil zu übergeben. Ladung und Inventar sind geborgen. Das Schiff ist wrack geworden und bereits samt Zubehör verkauft.

21* S 72

Jahr Datum	Strandungsort	Schiffsname Schiffsart	Nationalität Heimathafen	Kapitän	Abgangshafen Bestimmungshafen	Ladung
1845 26.06.	Klippen der Sandinsel	TRITON Schoner	englisch Harrington	B. Edkin	Liverpool Wyk auf Föhr	Salz

Gebaut 1812 Plymouth; 145 tons; Eigner B. Edkin, Harrington

13* 174/36

14* 1845 (Von Lloyds Agent Herrn J. Bufe) Der engl. Schooner TRITON, Capt. B. Edkin, aus Harrington, mit Salz von Liverpool nach Wyk auf Föhr bestimmt, ist diesen Morgen bei starker westlicher Bries auf die Klippen der Sandinsel gerathen und gescheitert. Die Mannschaft ist gerettet und von dem Schiffs-Inventar hofft man einiges zu bergen. Schiff und Ladung sind aber als total verloren zu betrachten.

21* S 72

Jahr Datum	Strandungsort	Schiffsname Schiffsart	Nationalität Heimathafen	Kapitän	Abgangshafen Bestimmungshafen	Ladung
1845 20.08.	Sathurn-brunnen	AQUATIC Schoner	englisch Hull	Simon Corlyon	Hamburg Hull	Hafer

Gebaut 1819 Gainsborough; 82 tons; Eigner Ostick & Co., Hull

13* 174/36 Gestrandet, Totalverlust

10* S 186 Nachtrag von Stahr: Mitten in der Nacht war ein schöner englischer Schooner, AQUATIC, von Hull auf die Klippen geworfen worden. Er war mit Getreide beladen und leck. Eine fürchterliche See ging über sein Deck, die Mannschaft hing in den Wanten, und niemand konnte helfen, obgleich er nicht tausend Schritt vom Ufer lag. Plötzlich wurde das Schiff durch ungeheure Wellen von den Klippen abgerissen, und nun taumelte es, wie betrunken, der Insel näher, nach allen Seiten sich neigend und immer tiefer sinkend, bis es zuletzt ein paar hundert Schritte vom Ufer plötzlich nach vorn herunterschoß und verschwand. Die Mannschaft hatte im entscheidenden Augenblicke Zeit gefunden, die Taue des Bootes zu kappen und das Schiff zu verlassen. Sie wurde glücklich gerettet.

Jahr Datum	Strandungsort	Schiffsname Schiffsart	Nationalität Heimathafen	Kapitän	Abgangshafen Bestimmungshafen	Ladung
1845 26.08.	Strand	ANNECHINA HENDRIKA Tjalk	holländisch Delfzijl	J. van Dijk	Groningen London	Hafer

Gebaut 1840; 56 RT; Kpt. und Eigner J. T. van Dijk, Delfzijl

13* 174/36 In schwerer Seenot von einem Helgoländer Kutter eingeschleppt, wegen großer Schäden an den Strand gesetzt und gegen Bergelohn übergeben.

Jahr Datum	Strandungsort	Schiffsname Schiffsart	Nationalität Heimathafen	Kapitän	Abgangshafen Bestimmungshafen	Ladung
1845 18.10.	Nordklippen der Sandinsel	HELENA Schmacke	 Papenburg	J. J. Schipmann	Bravig/Norwegen Papenburg	Holz

13* 174/36 Auf den Klippen gestrandet, die Mannschaft wurde unter schwierigen Wetterumständen von Helgoländern gerettet. Schiff Totalverlust

1845 19.10.	Strand	TALKEA Kuff		J. O. Hinrichs	Kragerø Accum	Holz

13* 174/36 Bei schlechtem Wetter leck auf den Strand gesetzt, übergeben

1845 21.10.	Sandinsel	VROU GESINA Schmacke		H. J. Biskup	Brevig Leer	Holz

13* 174/36 Bei schlechtem Wetter leck auf den Strand gesetzt, übergeben

1845 03.11.	See	BERNHARDUS Galiot		H. H. Rüter	Altona Perth	

13* 174/36 Das Schiff wurde ohne Besatzung treibend auf See, ca. 4 sm nördlich von Helgoland, gesichtet und eingeschleppt.

1846 12.02.	Strand	FREUND- SCHAFT Galeas-Ewer	 Blankenese	Joachim Haack	Stubbe-Köbing London	Wicken

Gebaut 1826 Finkenwerder; 22½ CL, 45 NRT; Kpt. und Eign.: Jochim Haack, Blankenese
13* 174/36 Auf See leckgeschlagen, auf den Strand gesetzt, Totalverlust, übergeben für ⅓ Bergelohn

1846 19.04.	Südwest- klippen	HAABET	dänisch	M. Petersen	Thisted Altona	Graupen

13* 174/36 Auf die Klippen gelaufen, Ladung gelöscht, auf den Strand gesetzt und gegen ⅓ Bergelohn übergeben

1846 08.10.	Sathurn- brunnen	NEPTUNUS Ewer	 Blankenese	J. Bremer	Newcastle Hamburg	Kohle

Gebaut 1827 in Holstein; 31½ CL bzw. 71 RT; Eigner Kapitän
13* 174/36 Gestrandet, übergeben
21* S 72

1847 16.09.	Klippen der Sandinsel	CORNELIA Kuff	holländisch Groningen	J. Mudder	Hartlepool Hamburg	Steinkohlen

Gebaut 1847 Hoogezand; Eigner J. Beekman, Groningen
13* 174/37 Auf den Klippen gestrandet, die Besatzung wurde in schwerem Sturm von Helgoländern gerettet.

1847 21.12.	Sellebrunnen	Goede Hope		Kelley	Cardiff Bremen	Eisenbahn- schwellen

13* 174/37

1848 05.01. (13.)	Sellebrunnen	ANNA ELISABETH Kuff		G. Behme	Windau Bremen	Leinsaat

Gebaut 1831 Motzen von D. Oltmann; 26 CL; 20,6 x 5,3 x 2,2 m
13* 174/37 Durch Vereisen leck geworden, bei Sturm auf die Klippen getrieben, gegen ⅓ Bergelohn übergeben

Jahr Datum	Strandungsort	Schiffsname Schiffsart	Nationalität Heimathafen	Kapitän	Abgangshafen Bestimmungshafen	Ladung
1848 08.01. (13)	Strand	HERMANN		E. Werkmeister	Nerva Bremen	Holz

13* 174/37 Im Orkan auf den Strand getrieben, Schiff und Ladung gegen ⅓ Bergelohn übergeben

1848 28.10.	Sandinsel	ZWEI GEBRÜDER		M. A. Giesper	Hamburg Harwich	Leinenkuchen

13* 174/37 Auf See leck geworden, auf die Sanddüne gesegelt, Besatzung von Helgoländern gerettet worden
21* S 73

1848 07.11.	Sandinsel	FRAU MARGARETHA		D. Deters	Rhauderfehn Carolinensiel	Torf

13* 174/37 Bei schwerem Sturm auf der Sandinsel gestrandet

1849 16.01.	Sathurn- brunnen	THEODOR Brigg	dänisch	C. A. Prealle	Porto Plato (Santo Domingo) Hamburg	Tabak Mahagoniholz

13* 174/37
14* 1849 Cuxhaven, den 18. Jan., Vormittags. Laut Bericht von Helgoland ist die dän. Brigg THEODOR, Capt. Prealle, von St. Domingo nach Hamburg bestimmt, auf die Klippen bei Helgoland gerathen; dieselbe hat bereits das Steuer verloren und soll schwer leck sein; man hofft das Schiff zu bergen. Das Dampfschiff Elbe, Capt. Gravert, ist diesen Morgen frühzeitig nach Helgoland abgegangen, um womöglich der gestrandeten dän. Brigg THEODOR Hülfe zu leisten.
21* S 75

1849 22.01.	Westklippen	ARGONAUT Bark	 Bremen	H. Wulft	New York Bremen	Reis, Baumwolle, Tabak

Gebaut 1841 Bremerhaven von F. W. Wencke; 27 x 8 x 4 m; Eigner Ahrens & Bähr
13* 174/37 Im Nebel aufgelaufen, Ladung teilweise geborgen, Schiff Totalverlust
14* 1849 Cuxhaven, den 26. Jan. Diesen Nachmittag hier einkommende Lotsen berichten, dass die Bark ARGONAUT, Capt. Wulft, von Newyork mit Ladung Taback, Baumwolle und Reis, so wie die Bremer Galiot DOROTHEA, Capt. Schwerdtmann, mit Ladung Steinkohlen, auf den Helgoländer Klippen gestrandet sind; der ARGONAUT ist voll Wasser, die Ladungen beider Schiffe sind wohl als gänzlich verloren zu betrachten, die Mannschaft aber gerettet.

1849 24.01.	Sandinsel	DOROTHEA Galiot	 Bremen	A. H. Schwertmann	Sunderland Bremen	Steinkohlen

Gebaut 1838 in Motzen von Olmann; 38 CL / 87 RT
13* 174/37 Bei schwerem Sturm auf der Sandinsel gestrandet, gegen ⅓ Bergelohn übergeben

1849 21.02.	Sandinsel	JUNO Kuff	hannoversch	C. H. Kramer	Hartlepool Hamburg	Steinkohlen

13* 174/37
14* 1849 Helgoland, den 22. Febr. (von Hrn. J. Bufe, Lloyd's Agenten) Die auf unserer Rhede schutzsuchend eingelaufen gewesene hannov. Kuff JUNO, Kramer, von Hartlepool mit Kohlen nach Hamburg bestimmt, ist gestern wegen eines NW-Sturmes auf der Südspitze der Sandinsel gestrandet und als verloren zu betrachten; Mannschaft geborgen, sowie auch ein Theil des Inventars und hofft man noch den Rest desselben, nebst der Ladung zu bergen. Der Capitain hat Schiff und Ladung zur Bergung an die hiesige Behörde für ⅓ Bergelohn übergeben. Wind heute WNW und W, starke Bries.
21* S 75

Jahr Datum	Strandungsort	Schiffsname Schiffsart	Nationalität Heimathafen	Kapitän	Abgangshafen Bestimmungshafen	Ladung
1849 03.03.	Sandinsel	NAUTILUS Brigg	englisch	J. Coats Craft	Newcastle Hamburg	Kohlen

Gebaut 1796 Shields; 204 tons; Eigner Hart & Co., South Shields

13* 174/37

14* 1849 Cuxhaven, den 4. März, Vormittags. Laut Bericht von Helgoland ist die engl. Brigg NAUTILUS, Capt. Craft, mit Kohlen von Newcastle nach Hamburg bestimmt, am 2. März in der Nähe der Sandinsel total verloren; die Mannschaft gerettet.

Helgoland, den 5. März (von Hrn. J. Bufe Lloyd's Agent) Die bei der Sandinsel gestrandete engl. Brigg NAUTILUS, Craft, ist wrack; von der Ladung sind ca. 25 Last Kohlen geborgen und hofft man noch mehr zu retten; das Inventar ist ebenfalls geborgen.

1849 13.09.	Klippen der Sandinsel	SEIA		John Reed	Middlesborough Hamburg	Steinkohlen

13* 174/15 Auf den Klippen festgekommen, gegen ⅓ Bergelohn übergeben

1849 15.09.	Norder-klippen	CHARLOTTE		M. Junke	Gothenburg Cuxhaven	

13* 174/37 Auf den Klippen festgekommen, von Helgoländern freibekommen, Bergelohn 1.750 Courant

1849 12.10.	Sandinsel	INGEBORG Yacht	dänisch	M. L. Schwensen	Altona Riga, Fanø	Stückgut

13* 174/37 Bei starkem Sturm auf die Sandinsel getrieben, übergeben

1849 12.11.	Sandinsel	ANN Schoner	englisch Stockton	John Spence	Stockton Hamburg	Brigs, Zinder

13* 174/37

14* 1849 (Von Herrn J. Bufe, Lloyds Agent) Der engl. Schooner ANN, Capt. J. Spence, aus und von Stockton mit Cinders und Steinen nach Hamburg bestimmt, ist diesen Morgen bei starker Bries und Nebel auf den Klippen der Sandinsel gescheitert. Die Mannschaft ist gerettet, auch bis diesen Abend das Inventar und ein kleiner Theil der Steine geborgen; das Schiff ist wrack.

21* S 75 Übergeben.

1850		THEMIS		Dahms		Weizen

13* 174/37 Gestrandet und übergeben

1850 20.08.	Sandinsel	NOORDOG Kuff	hannoversch	Behrend Claasen (Behrens)	Newcastle Brake	Kohlen

13* 174/38

14* 1850 (von Hrn. J. Bufe, Lloyds Agent) Seit gestern weht hier ein Sturm aus WNW, wobei diesen Morgen eine Kuff, angeblich unter hannoverscher oder Oldenburger Flagge, über die Klippen der Sandinsel hingestoßen und gesunken, und die hannov. Kuff NOORDOG, Capt. Behrens, auf der Südspitze der Sandinsel gestrandet ist. Von ersterem Fahrzeug sind 4 Mann in ihrem Boot geflüchtet, und nordöstlich fortgetrieben; von der Kuff NOORDOG ist der Koch verunglückt, die Ladung fortgespült und nur ein Theil des Schiffsmaterials geborgen.

21* S 76 Übergeben.

1850 20.08.	Klippen der Sandinsel	Kuff	han. oldbg.?			

Siehe vorige Mitteilung

14* 1850

Jahr Datum	Strandungsort	Schiffsname Schiffsart	Nationalität Heimathafen	Kapitän	Abgangshafen Bestimmungshafen	Ladung
1850 26.08.	Sandinsel	DUKE OF CLARENCE Brigg	englisch South Shields	Barnes	Newcastle Hamburg	Steinkohlen

Gebaut 1828 Sunderland; 229 tons; Eigner J. Hall, South Shields

14* 1850 Helgoland, den 26. August morgens 7 Uhr. (von Hrn. J. Bufe, Lloyds Agent) Eine Brigg sitzt seit zwei Stunden auf den äußersten Klippen der Sandinsel in der größten Gefahr und wird vermuthlich verloren gehen; ein großes Rettungsboot ist augenblicklich an Bord. Starker Wind aus WNW, Regen und dicke Luft.

Den 27. August. Die Mannschaft ist gerettet, das Schiff aber über die Klippen hingeschlagen und gesunken.

1850 06.11.		EMIL Sloop	norwegisch	Christian Tygesen	Lybster Hamburg	Heringe

14* 1850 Den 8. November (von Hrn. J. Bufe, Lloyds Agent). Die norw. Sloop EMIL, Capt. Tygesen, mit einer Ladung Heringe von Lybster nach Hamburg bestimmt, ist hier gestrandet; die Mannschaft gerettet. Die Ladung ist bis auf sechs ramponierte Barrels Hering, ebenso das Schiffs-Inventar, geborgen; das Schiff ist wrack.

21* S 76 Übergeben.

1850 27.11.		JONGE JACOB Schmacke	niederländisch	F. Buining	Brevig Termunterzyl	Holz

14* 1850 Den 27. November (von Hrn. J. Bufe, Lloyds Agent). Heftiger Sturm aus SW. Die niederl. Smack JONGE JACOB, Capt. Buining, mit Ladung Holz von Brevig nach Termunterzyl bestimmt, hat diesen Abend hier in sinkendem Zustand an den Strand gesetzt werden müssen.

21* S 76 Übergeben.

1851 04.06.	Süder-klippenriff	FAMILIEN Galeas	dänisch	A. J. Clementsen	Harwich Altona	Zementsteine

13* 174/38

14* 1851 Den 4. Juni (von Hrn. J. Bufe, Lloyds Agent). Die dänische Galeas FAMILIEN, Capt. Clementsen, mit Zementsteinen von Harwich nach Altona bestimmt, ist diesen Morgen bei Nebel auf das Süderklippenriff gerathen, voll Wasser gelaufen, und mittelst Bergern so nahe wie thunlichst an den Strand geholt. Die Mannschaft ist gerettet, das Inventar geborgen, die Erhaltung des Schiffes und der Ladung ist aber sehr zweifelhaft.

21* S 77 Übergeben

1851 20.11.	Aade	HOPPET Schoner	schwedisch	A. Strömbeck	Hamburg Göteburg	Stückgut

13* 174/38 Gestrandet und übergeben.

14* 1851 Den 20. November (von Hrn. J. Bufe, Lloyds Agent). Der schwed. Schooner HOPPET, Capt. Strömbeck, mit Stückgut von Hamburg nach Gothenburg bestimmt, ist vorige Nacht an der Ostseite der Sandinsel gestrandet und voll Wasser gelaufen; Mannschaft und Passagier gerettet. Zur Bergung des Fleths und der Ladung, letztere total naß, ist Hoffnung vorhanden, das Schiff aber ist als verloren zu betrachten. Den 28. November. Die Gustav-Adolph-Statue ist in gutem Zustand auf der Sandinsel geborgen worden.

1851 30.10.	See	Brigg	englisch			Kohlen

14* 1851 Das Schiff trieb in Seenot, 10 Helgoländer fuhren hinaus, 6 gingen an Bord, ein plötzlich losbrechender NO trieb das Schiff aber ab und es versank nahe Spiekeroog. Carsten Carsten Boymann 36 Jahre, Jasper Peter Nickels 59 J., Hinrich Paul Schaut 53 J., Paul Rickmer Denker 38 J., Peter Erich Thaten 23 J., Jasper Dreyer Lührs 24 J. versanken mit dem Schiff.

21* S 77

Jahr Datum	Strandungsort	Schiffsname Schiffsart	Nationalität Heimathafen	Kapitän	Abgangshafen Bestimmungshafen	Ladung
1852 28.03.	Klippen an der Sandinsel	TRIUMPH Brigg	englisch Hartlepool	Thomas Cookson	Hartlepool Hamburg	Kohle

Gebaut 1840 Sunderland; 264 tons; Eigner T. Cookson, Hartlepool
13* **174/38** Übergeben
21* S 77

1852 02.10.	Sandinsel	JANE Brigg	englisch Sunderland	Michel Gardener	 Sunderland	Ballast

13* **174/38** Gesunken
14* **1821** Den 3. Oct. (von Hrn. J. Bufe, Lloyds Agent). Während des gestern Nachmittag herrschenden orkanartigen Sturmes aus NW und WNW verunglückten hier die beiden engl. Briggs JANE, Capt. Gardener, in Ballast nach Sunderland, und RANGER, Capt. Steward, mit Kohlen nach Altona bestimmt, erstere an der Sandinsel, letztere an deren Klippen. Beide Besatzungen sind gerettet und ein Theil des Inventars der JANE geborgen. JANE ist total wrack und RANGER gänzlich
21* S 80

1852 02.10.	Klippen an der Sandinsel	RANGER Brigg	englisch	Steward	 Altona	Kohlen

14* **1852** Siehe JANE

1852 07.10.	Sandinsel	DIE JUNGE ROSE Kuff		Lucas Kakieke	Norwegen Halte	

13* **174/38** Im schweren NW Sturm auf die Sandinsel getrieben, Mannschaft gerettet
14* **1821**
21* S 80

1852 07.10.	Sandinsel	TWEE GEBROEDERS Kuff	holländisch	K. J. Orre	Danzig Amsterdam	Weizen

Gebaut 1839 Hoogezand; 70 tons; Kpt. u. Eign. K. J. Orre, Schiermonnikoog
13* **174/38** Im schweren NW-Sturm auf die Sandinsel getrieben, Mannschaft gerettet
14* **1821**
21* S 80

1852 07.10.	Sandinsel	ELISABETH Tjalk		H. J. Ernst	Brevik Vegesack	Holz

13* **174/38** Im schweren NW-Sturm auf die Sandinsel getrieben, Mannschaft gerettet
14* **1821**
21* S 80

1853 15.01.		FRIEDE Schoner-Kuff	hannoversch Papenburg	Jongebloed	Newcastle Palma und Galaz	Kohlen

13* **174/48**
14* **1853** Den 15. Jan. (von Hrn. J. Bufe, Lloyds Agent). Hannov. Scho.Kf. FRIEDE, Capt. Jongebloed, aus Papenburg, von Newcastle nach Palma (Mallorca) bestimmt, ist heute in sinkenden Zustande hier gestrandet und Schiff und Ladung zur Bergung an die Behörde dieser Insel für ein Drittheil Berglohn übergeben. Der Capitain ist am 13. an Bord gestorben und der Steuermann und ein Matrose, Namens Will. Fettler, gegen Ende vorigen Monats über Bord geschlagen und ertrunken; die übrigen drei Mann der Besatzung nebst zwei von der engl. Fischer-Smack ALARM OF HULL auf der Doggerbank zur Assistenz an Bord genommenen Leuten sind gerettet. Das noch

vorhandene Inventar und die Ladung werden hoffentlich geborgen, das Schiff aber ist wohl als verloren zu betrachten.

Den 20.01. das gestrandete Schiff FRIEDE ist jetzt total wrack und konnte nur der größere Theil des Inventars und der Ladung geborgen werden.

21* S 81

Jahr Datum	Strandungsort	Schiffsname Schiffsart	Nationalität Heimathafen	Kapitän	Abgangshafen Bestimmungshafen	Ladung
1853 24.01.	Strand	VROUW ALIDA Tjalk	holländisch	T. F. Rogars	Kiel Firth of Forth	Ölkuchen

Gebaut 1830; 55 tons; Kpt. u. Eigner T. F. Rogars, Groningen

13* 174/48 Leckgeschlagen und an den Strand gesetzt und übergeben.

14* 1853 Den 25. Jan. (von Hrn. J. Bufe, Lloyds Agent) Holl. Tjalk VR. ALIDA, Capt. Rogars, von Kiel mit Rapskuchen nach Firth of Forth bestimmt, hat gestern Abend, starken Leckes halber, bei starker östlicher Bries, hier auf den Strand gesetzt werden müssen. Mannschaft ist gerettet, Ladung und Inventar wird geborgen werden, das Schiff ist aber wohl als verloren zu betrachten.

21* S 81

1853 06.11.	Klippen der Sandinsel	DRIE ZUSTERS Tjalk	holländisch	G. B. Lukkjen	Memel London	Piepstäbchen (Stabholz)

Gebaut 1851; 63 tons; Eigner. W. W. Tholen, Sappemeer

13* 174/48

14* 1853 Den 6. Nov. (von Hrn. J. Bufe, Lloyds Agent). Die holländ. Tjalk 3 ZÜSTERS, Capt. G.B. Lukkjen, mit Stabholz von Memel nach London bestimmt, ist vorige Nacht, in Folge einer auf den Außenklippen der Sandinsel erhaltenen Beschädigung in sinkendem Zustande hier gestrandet. Schiff und Ladung sind zur Bergung an die Behörden für ein Drittheil Berglohn von letzter in Natura, übergeben. Mannschaft nebst Tochter des Capitains geborgen, so wie bis diesen Abend der größte Theil des Schiffsinventars und der Ladung, letztere hoffentlich ganz, geborgen wird. Das Schiff ist als verloren zu betrachten.

21* S 81

1854 20.10.	Düne	HERMINA Tjalk	hannoversch	E. H. Cramer	Altona Amsterdam	Gerste

13* 174/48

14* 1854 Den 20. Oct. (von Hrn. J. Bufe, Lloyds Agent). Hann. Tjalk HERMINA, Capt. Cramer, mit Gerste von Altona nach Amsterdam bestimmt, ist diesen Nachmittag bei einem schwerem WSW-Sturm in sinkendem Zustand hier gestrandet. Der Capt. hat Schiff und Ladung an die hiesigen Behörden übergeben müssen. Man hofft, die Ladung und das Schiffsinventar zu bergen, das Schiff wird aber wohl verloren gehen. Mannschaft gerettet.

21* S 84

1854 06.12.	Norderriff	OLIVER Schoner	Vegesack	Hinrich Quense	North Shields Vegesack	Anker, Ketten, Kohlen

Gebaut 1834 Vegesack von Lange; 28 x 6 x 2,4 m; als Dampfer gebaut; 1838 zum Schoner umgebaut; Eigner Hinrich Quense, Vegesack

13* 174/48 Gestrandet und übergeben.

14* 1854 Den 8. Dec. (von Hrn. J. Bufe, Lloyds Agent), der Bremer Schooner OLIVER, Capt. Quense, von Newcastle mit Kohlen etc. nach Vegesack bestimmt, gerieth diesen Vormittag bei starkem SW-Sturm hier auf das Norderriff, schlug bei steigendem Wasser darüber hin und ist ostwärts fortgetrieben. Mannschaft ist hier gerettet.

Den 12. Dec. Der OLIVER ist ca 1½ Meile östlich von hier gesunken, Schiff und Ladung total verloren.

1855 01.01.	Südspitze der Sandinsel	LOUISE Schooner	dänisch Tönning	C. H. Kock	Friedrichstadt Leith	Bohnen

42½ CL, Eigner: I. I. Kock, Tönning

13* 174/48

14* 1855 Den 2. Januar (von Hrn. J. Bufe, Lloyds Agent). Der hier am 29. December schutzsuchend eingelaufene dän. Schooner Luise, aus Tönning, Capt. Kock, mit Bohnen von Friedrichstadt nach Leith bestimmt, ist gestern Abend, nachdem vorher die Besatzung und der an Bord gewesene Helgoländer Lootse durch ein hiesiges Rettungsboot davongekommen, in einem furchtbaren NW-Sturm vor beiden Ankern auf die Südspitze der Sand-Insel getrieben und ohne allen Zweifel sofort total zertrümmert, da diesen Morgen keine Spur davon zu sehen war.

Jahr Datum	Strandungsort	Schiffsname Schiffsart	Nationalität Heimathafen	Kapitän	Abgangshafen Bestimmungshafen	Ladung
1855 31.03.	Nordklippen	Anna Galiote		N. W. Hansen	Bahia Bremerhaven	

13* 174/48 Seit 15. Januar in der Nordsee gegen den Wind gekreuzt, wegen Proviant und Wassermangel Helgoland angelaufen, dabei gestrandet, von Helgoländern freigeschleppt

1855 02.10.	Sandinsel	Adelheid		G. Doyen	Varel England	Ballast

13* 174/48 In sinkendem Zustand an den Strand gesetzt und übergeben

1855 04.10.	Sandinsel	Sir John Franklin Brigg	englisch Newcastle	James Brodie	Newcastle Hamburg	Kohlen

Gebaut 1833; 244 tons; Eigner Smith & S, London
13* 174/48 In sinkendem Zustand an den Strand gesetzt und übergeben

1855 10.10.	Sandinsel	Annechina Tjalk	holländisch	Bekkering	Amsterdam Tönning	

14* 1855 Den 11. October (von Hrn. J. Bufe, Lloyds Agent). Gestern sind bei einem schweren NW-Sturm an der Sandinsel gestrandet: holl. Tjalk Annechina, Bekkering, von Amsterdam nach Tönning; engl. Brigg Vine, von Hamburg nach England; und die 3 Torf-Tjalks Frau Geertje, de Buhr; Venna, Diekmann; und 4 Gebrüder, Kahlohr. Mannschaften gerettet.

Den 18. Oct. Die Annechina ist total zertrümmert und von der Ladung nur die Mühlsteine und ein paar Ballen Tabak im Sande gewühlt liegen geblieben.

1855 10.10.	Sandinsel	Aurora Tjalk	oldenburgisch	J. Peckeler	Brora Bremen	Heringe

13* 174/48
14* 1855 Den 11. October (von Hrn. J. Bufe, Lloyds Agent). Oldenb. Tjalk Aurora, Capt. Peckeler, mit Heringen von Brora nach Bremen bestimmt, strandete heute auf der Sandinsel. Mannschaft gerettet, sowie ein Theil der Ladung, die hoffentlich ganz geborgen wird. Das Schiff ist als verloren zu betrachten.
21* S 84

1855 10.10.	Sandinsel	Vine Brigg	englisch Dundee	Thomas Atkison	Hamburg Sunderland	Ballast

Gebaut 1848 N. Scot; Eigner D. Steward, Dundee
13* 174/48
14* 1855 Den 18. Oct. Von der Brigg Vine ist das noch vorhanden gewesene Inventar geborgen und sitzt das Schiff noch entmastet

1855 10.10.	Sandinsel	4 Gebrüder Torft-Tjalk		Kahlohr		

Siehe Annechina

Jahr Datum	Strandungsort	Schiffsname Schiffsart	Nationalität Heimathafen	Kapitän	Abgangshafen Bestimmungshafen	Ladung
1855 10.10.	Sandinsel	Frau Geertje Torft-Tjalk		de Buhr		

Siehe Annechina

1855 10.10.	Sandinsel	Venna Torft-Tjalk		Diekmann		

Siehe Annechina

1855 29.10.	Sandinsel	Elsiena Engelina Kuff	holländisch	H. H. Lever	Königsberg Rotterdam	Hanf, Leinkuchen, Leinsamen

Gebaut 1851 Wilderwang

13* 174/48

14* 1855 Den 30. Oct. (von Hrn. J. Bufe, Lloyds Agent). Holl. Kf. Elsiena Engelina, Capt. Lever, mit Leinsamen, Hanf etc. von Königsberg nach Rotterdam bestimmt, ist gestern Abend bei stürmischem Ost-Winde in sinkendem Zustande an der Ostseite der Insel gestrandet; Mannschaft gerettet, so wie bis jetzt ein Theil des Inventars und der Ladung; letztere darf als total durchnässt und das Schiff als verloren betrachtet werden.

21* S 84

1856 28.09.	Nördliche Klippen	Jane Neville Schoner	englisch	Josef Hazell	Hamburg Sunderland	Ballast

Gebaut 1849 Sunderland; 137 tons

14* 1856 Den 28. September (von Hrn. J. Bufe, Lloyds Agent). Der in der Nacht auf den nördlichen Klippen der Insel an Grund gewesene engl. Schooner Jane Neville, Capt. Hazell, in Ballast von der Elbe nach England gehend, wurde heute entmastet und leck vom Hamb. Dampfb. Helgoland, Capt. Otten, aus See, wohin er getrieben, hier eingebracht. Mannschaft gerettet.

Den 29. Sept. Die Jane Neville ist leider noch gestern Abend 10½ Uhr auf unserer Norder-Rhede gesunken und da das Schiff gänzlich unter Wasser sitzt, so sind wenig Aussichten vorhanden, das selbst von dem Inventar noch einiges geborgen wird.

1857 08.04.	Westklippen	Lady Vaugham Brigg	englisch Portmadoc	J. Roberts	Portmadoc Hamburg	

Gebaut 1826 Barnmouth; 125 tons; Eigner Humphries, Portmadoc

13* 174/48 Auf den Westklippen gestrandet, von Helgoländern abgeborgen. Im Gerichtsprotokoll heißt es: da die Lootsen in Übereinstimmung der beiderseitigen Partheien, mit besonderer Kraft und Tätigkeit gearbeitet, durch Aussetzung von Anker und Warp sowie durch Überbordwerfen eines Theils der Ladung, von den Klippen glücklich wieder herunter und so weit als möglich auf hiesiger Rhede in Sicherheit gebracht, mithin Schiff und Ladung von einem totalen Untergang gerettet haben.

1858 14.11.	Sandinsel	Gesina Tjalk	hannoversch	K. J. Egberts	Stralsund Amsterdam	Weizen

14* 1855 Den 15. Nov. (von Hrn. J. Bufe, Lloyds Agent). Hannov. Tjalk Gesina K. J. Egberts, mit Weizen von Stralsund nach Amsterdam, strandete gestern in sinkendem Zustande auf der Ostseite der Sandinsel; Mannschaft gerettet, so wie bis heute Abend die ganze Ladung, jedoch zur größten Hälfte total durchnässt, geborgen. Die Bergung des Inventars ist bei günstig bleibender Witterung nicht zu bezweifeln, das Schiff jedoch ist wrack.

Jahr Datum	Strandungsort	Schiffsname Schiffsart	Nationalität Heimathafen	Kapitän	Abgangshafen Bestimmungshafen	Ladung
1860 18.01.	Nathurn-brunnen	BARNSLEY Dampfboot	englisch Grimbsby	George Rayner	Grimsby Hamburg	Stückgut

Gebaut 1856 Hull; 500 tons; Eigner Ang. Finch, Grimsby

13* 174/48 Im Nebel aufgelaufen, Inventar und Ladung zum großen Teil geborgen, Schiff gesunken.

14* 1860 Laut telegr. Privat-Depesche aus Helgoland von gestern Morgen ist das Schrauben-Dampfschiff BARNSLEY, von Grimsby kommend, mit Baumwolle und Twist, ½ Stunde von dort an Grund gerathen, und hat die Schraube gebrochen. Es war Hülfe von hier beordert. Laut heute hier erhaltenen späteren Berichten ist das Schiff verloren und abandonniert. Man versucht so viel wie möglich von der Ladung zu bergen.

Den 27. Jan. (pr. Telegramm). Die Ladung des Dampfschiffes BARNSLEY ist beinahe geborgen, die ausgepackten Ballen sind beschädigt befunden. Der Berglohn ist auf ein Drittel natura bestimmt. Der Rest wird nach Hamburg verladen werden.

Jahr Datum	Strandungsort	Schiffsname Schiffsart	Nationalität Heimathafen	Kapitän	Abgangshafen Bestimmungshafen	Ladung
1860 30.01.	Strand	MERCUR		J. H. Palmster, (Fahnster)	Eider Brüssel	Weizen

13* 174/48 Gestrandet und übergeben

14* 1860 Helgoland 23. Jan. Aus dem heute unweit hier gestrandeten Schiffe MERCUR, Fahnster, von der Eider nach Brüssel, ist ein Theil der Ladung in gutem Zustand geborgen, und wird der Rest, wie man meint, morgen geborgen. Das Schiff scheint dagegen so sehr gelitten zu haben, dass es wahrscheinlich condemnirt werden wird.

Jahr Datum	Strandungsort	Schiffsname Schiffsart	Nationalität Heimathafen	Kapitän	Abgangshafen Bestimmungshafen	Ladung
1860 04.10.	Sandinsel	JOHN & MARY Brigg	englisch	J. Robert Hunter	Hamburg Sunderland	Ballast

13* 174/38 Gestrandet und übergeben

14* 1860 4. Oct. Abends. (von Hrn. J. Bufe, Lloyds Agent). Die am 30. Sept. von Cuxhaven nach See gegangene engl. Brigg JOHN & MARY, Capt. Hunter, von Hamburg in Ballast nach Sunderland bestimmt gewesen, strandete heute auf hiesiger Sandinsel. Die Mannschaft ist gerettet, das Schiff als total verloren zu betrachten.

Jahr Datum	Strandungsort	Schiffsname Schiffsart	Nationalität Heimathafen	Kapitän	Abgangshafen Bestimmungshafen	Ladung
1860 06.10.	See	HOFFNUNG Kuff	hannoversch	G. G. Schütte	Larvig Leer	Holz

13* 174/48 Auf See Masten und Segel durch Sturm verloren, Notsignal gesetzt und durch ein Helgoländer Fischerboot nach Helgoland geschleppt, als Wrack übergeben.

14* 1860 Den 6. Oct. Mittags (von Hrn. J. Bufe, Lloyds Agent). Hannov. Kuff HOFFNUNG, Capt. Schütte, mit Holz von Laurig nach Leer bestimmt, ist entmastet und voll Wasser hier angebracht; Mannschaft wohlbehalten, Schiff wrack.

Den 8. Oct., Vormittags (von Hrn. J. Bufe, Lloyds Agent). Die Ladung Holz der am 6. ds. hier entmastet eingebrachten hannov. Kuff HOFFNUNG, Capt. Schütte, ist geborgen. Ein zweites, ebenfalls mit Balken beladenes Fahrzeug, von holländischer Bauart, ist hier in den Dünen angebracht.

Jahr Datum	Strandungsort	Schiffsname Schiffsart	Nationalität Heimathafen	Kapitän	Abgangshafen Bestimmungshafen	Ladung
1860 15.10.	Strand	SOPHIE Schoner	norwegisch	A. Hansen	Riga Boston	Sleeper

13* 174/48 Gestrandet und übergeben.

14* 1860 Den 12. Oct. Abends (von Hrn. J. Bufe, Lloyds Agent). Norweg. Schooner SOPHIE, von Mandal, Capt. Hansen, mit Ladung Holz, ist entmastet und von der Mannschaft verlassen, durch Hambg. Dampfboot HELGOLAND hier angebracht; ebenso gestern eine zu Norden Helgolands gelegene Sloop mit Thran und Seehundsfellen, wovon die Thranfässer mit »Dreieck W.B. und A.O.« gemarkt sind.

Jahr Datum	Strandungsort	Schiffsname Schiffsart	Nationalität Heimathafen	Kapitän	Abgangshafen Bestimmungshafen	Ladung
1860 08.12.	Norder-klippen	GLORIA Galeasse	dänisch	Claus Stehr	Newcastle Altona	Steinkohlen

13* 174/48 Im Nebel auf die Norderklippen geraten und voll Wasser gelaufen. Teil der Ladung und des Inventars gerettet.

14* 1860 Den 8. December Vormittags (pr. Telegr.). Die dänische Galeas GLORIA, Stehr, von Newcastle nach Altona, ist hier gestrandet. Schiff und Ladung sind als verloren zu betrachten, während Aussicht zur Bergung des Inventars vorhanden ist. Mannschaft wohlauf.

Jahr Datum	Strandungsort	Schiffsname Schiffsart	Nationalität Heimathafen	Kapitän	Abgangshafen Bestimmungshafen	Ladung
1861 19.03.	Wittkliff	MARGARET PRYD Brigg	englisch Whitby	William Pearson	Newcastle Hamburg	Kohlen

13* 174/48 Bei schlechter Sicht gestrandet, abgeborgen und an den Strand gesetzt, übergeben.

14* 1861 Den 19. März, Nachm. (von Hrn. J. Bufe, Lloyds Agent). Die englische Brigg MARGARETH PRYDE, Capt. Pearson, von Newcastle mit Kohlen nach Hamburg bestimmt, ist hier gestrandet; Mannschaft geborgen, Schiff und Ladung als verloren zu betrachten.

1861 01.05.	Sandinsel	PALIBUM Schoner	norwegisch	Haraldsen	Middlesbro St. Petersburgh	Eisen und Kohlen

13* 174/48 Gestrandet und übergeben.

14* 1861 Den 1. Mai (von Hrn. J. Bufe, Lloyds Agent). Norw. Schooner PALIBUM, Haraldsen, mit Eisen und Cokes von Middlesbro nach St. Petersburg bestimmt, ist auf der Sandinsel gestrandet; Ladung und Inventar hofft man zu bergen, Mannschaft wohlbehalten.

1861 24.05.	Wittkliff	INDUS Brigg	englisch Scarborough	J. M. Bulmer	West Hartlepool Hamburg	Kohlen und Koks

13* 174/48 Bei schlechter Sicht gestrandet, abgeborgen und an den Strand gesetzt, übergeben.

14* 1861 Den 24. Mai, Mittags 12 Uhr 35 Minuten (pr. Tel.). Die englische Brigg INDUS, Capt. Bulmer, von Hartlepool nach Hamburg mit Kohlen, ist hier gestrandet. Schiff verloren. Das Inventar hofft man zu bergen.

1861 14.11.	Sandinsel	IDA Kuff	hannoversch.	W. Alberts	Middlesbro Weser	Kohlen

13* 174/48 Auf der Sandinsel gestrandet und übergeben. Aus der Verklarung: ... sie vor der Brandung der Dühnen auf den Strand geworfen worden wären. Auf eine schauderhafte Weise seien die Wellen jetzt über das Schiff hergestürmt und es formlich begraben und dasselbe sofort mit Wasser gefüllt, so daß sie sich in größter Lebensgefahr befunden und sich kaum noch auf dem Wrack hätten halten können. Ein mit 16 Mann besetztes zu ihrer Rettung herbeigeeiltes Boot hätte den Versuch aufgeben müssen, jedoch dank der Vorsehung und der Thatkraft der Helgoländer, die ihren Bergungsversuch erneuerten, seien sie endlich ihrem nahen Grabe entrissen und so glücklich gegen 5 Uhr gänzlich ermattet und von Nässe und Kälte verkommen und unter Zurücklassung fast sämtlicher Habe auf der Düne gelandet worden.

14* 1861 Den 15. Nov. Abends, die hannoverschen Kuffs TEUTONIA, Capt. Fulfs, und IDA, Capt. Alberts, beide mit Kohlen nach der Weser bestimmt, sind hier auf der Sandinsel gestrandet. Mannschaften geborgen, Schiffe wrack. Von Ladung und Inventar hofft man, da der Sturm im abnehmen, einiges zu bergen. Wind NW.

1861 14.11.	Sandinsel	TEUTONIA Kuff	hannoversch	Fulfs	Middlesbro Weser	Kohlen

13* 174/48 Auf der Sandinsel gestrandet und übergeben. Aus der Verklarung: ... seien sie von der Brandung auf die nördliche Spitze der Sandinsel geworfen worden. Mit so furchtbarer Vehemenz sei das Wasser über das Schiff gegangen das sie förmlich davon begraben worden und sie sich kaum unter Aufbietung aller ihrer Kräfte hätten halten können dabei nur die Hoffnung habend, daß das Schiff mit dem fallenden Wasser bis zur Ebbzeit zusammen bleiben möchte. In Folge ihres schon vorher gesetzten Nothsignal sei ein großes, mit 16 Mann besetztes Rettungsboot herbeigeeilt, allein des furchtbaren Seeganges wegen hatte es unverrichteter Sache wieder Kehrt gemacht sie dem sicheren Tod preisgebend, da das Schiff längst voll Wasser sich auf die Seite gelegt habe. Bald darauf sei unvermutet das Boot zurückgekehrt, habe glücklich die furchtbare Brandung durchfahren, sei bis ans Schiff gelangt, habe sie aufgenommen und wohlbehalten jedoch gänzlich ermattet und verkommen an der Sandinsel gelandet.

14* 1861 Siehe IDA.

Jahr Datum	Strandungsort	Schiffsname Schiffsart	Nationalität Heimathafen	Kapitän	Abgangshafen Bestimmungshafen	Ladung
1861 11.12.	Westseite	LEIF Schoner	norwegisch	G. F. Vedeler	Rio Grande Hamburg	Felle

14* 1861 Den 10. Dec. Mittags (von Hrn. J. Bufe, Lloyds Agent). Norweg. Schooner-Brigg LEIF, Capt. Vedeler, mit Häuten von Rio Grande nach Hamburg bestimmt, ist hier gestrandet. Mannschaft wohlbehalten. Bei anhaltend günstiger Witterung dürfte die Ladung zu bergen sein, von welcher bis jetzt ca. 1.200 Häute gelandet sind. Die Erhaltung des Schiffes ist zweifelhaft.

1862 07.03.	Wittkliff	ESTHER Brigg	englisch	H. Weatley	Newcastle Hamburg	Kohlen

13* 174/48 Gestrandet und übergeben.
14* 1862 Laut heutiger telegr. Nachricht aus Helgoland ist die engl. Brigg ESTHER, Weatley, mit Kohlen von Newcastle nach Hamburg, dort gestrandet; Mannschaft geborgen. Schiff und Ladung sind dagegen als verloren anzusehen.

1862 22.03.	Südstrand	AMOR Kuff	hannoversch Westrhauder- fehn	G.P. Schansker	Ems Hever	Dachziegel

Gebaut 1850; 20½ Lasten, a 2 t, Flaggennr. 438, Eigner G.P. Schansker, Westrhauderfehn
13* 174/48 Gestrandet und übergeben.
14* 1862 Helgoland, 22. März, Morgens (pr. Tel). Hann. Kuff AMOR, Schansker, von der Ems nach Hoyer, mit Dachziegeln, ist hier gestrandet und als verloren anzusehen. Mannschaft geborgen.

1862 26.03.	Nordspitze der Düne	EMILIE Schoner	 Altona	J. Heldt	Altona England	Ballast

35 CL; Eigner J. Heldt, Altona
13* 174/48 Im Nebel gestrandet und übergeben.
14* 1862 Helgoland, 26. März, Vorm. (von Hrn. J. Bufe, Lloyds Agent). Altonaer Schooner EMILIE, Heldt, in Ballast nach England bestimmt, strandete an hiesiger Sandinsel. Schiff ist wrack und abandonirt. Mannschaft nebst Familie des Capitain gerettet.

1862 29.06.	Sanddüne	HENRIETTE Galiot	 Spiekeroog	E. J. Damm	Bremen Gothenburg	Salz

Gebaut 1856 Hengstforde; 50 RT; Eigner E. J. Damm
13* 174/48 Voll Wasser an Strand gesetzt und übergeben.
14* 1862 Helgoland, 29. Juni, Mitttags, Hannov. Galiot HENRIETTE, Damm, von Bremen mit Ladung Salz (652 Säcke) nach Gothenburg bestimmt, ist hier gestrandet; Mannschaft gerettet, Schiff wrack; von der Ladung hofft man einen Theil zu bergen.

1862 20.10.	Südspitze der Düne	RHEINE Brigg	englisch Middlesbro	John Harrison	Hamburg England	Ballast

13* 174/48 Gestrandet und übergeben

1862 28.12.	Sandinsel	ALIDA Kuff	holländisch Sappemeer	A. G. Lukje	Gothenburg London	Hafer, Holz und Eisen

Gebaut 1860 Martenshoek; 67 RT; Kpt. und Eigner F. G. Lukje, Sappemeer
13* 174/48 Gestrandet und übergeben.
14* 1862 Helgoland 28. Dec. Die ALIDA, Lukje, von Gothenburg nach London mit Hafer, ist auf der Sandinsel verunglückt. Mannschaft gerettet, Schiff wrack, dagegen ist zur Bergung der Ladung einige Aussicht.

Jahr Datum	Strandungsort	Schiffsname Schiffsart	Nationalität Heimathafen	Kapitän	Abgangshafen Bestimmungshafen	Ladung

1863 05.02.	Sandinsel	NIJVERHEID Galiot, Kuff	holländisch Wildervank	F. A. Koops	Amsterdam Nantes	Knochen

Gebaut 1860 Hoogezand; 78 RT; Kpt. und Eigner: F. Y. Koops, Wildervank
13* 174/48 Gestrandet und übergeben

1863 23.02.		SARPEN Schoner	norwegisch	Berg	Norwegen Hamburg	Getreide

14* 1863 23. Febr. (pr. Telegr.). Der norweg. Schoner SARPEN, Capt. Berg, von Norwegen nach Hamburg mit Getreide, ist hier gestrandet. Es ist möglich, die Ladung zu bergen, jedoch in beschädigtem Zustande. Mannschaft wohlbehalten.
Den 25. Febr. Das Schiff ist condemnirt und wird nebst dem beschädigten Theil der Ladung (8–10 Tons) verkauft werden.

1863 21.04.	Aade-brunnen	MARY Schoner	englisch Hartlepool	Harrison	Hartlepool Meldorf	Kohlen

13* 174/48 Gestrandet und übergeben.
14* 1863 Den 21. April, Nachmittags (pr. Telegr.). Die englische Kuff MARY, Capt. Harrison, aus und von Hartlepool nach Meldorf mit Kohlen, ist hier gestrandet. Mannschaft geborgen nebst Inventar. Schiff und Ladung als verloren zu betrachten.

1863 21.09.	Norder-klippen	TOM & ANN Brigg	norwegisch Mandal	E. H. Christensen	Helmsdale Hamburg	Heringe

13* 174/48 Gestrandet und übergeben.
14* 1863 Den 21. Sept. (pr. Telegr.). Die norw. Brigg TOM & ANN, Christensen, mit Heringen von Helmsdale nach Hamburg ist hier gestrandet. Das Schiff ist als verloren anzusehen, während man von der Ladung einen Theil zu bergen hofft. Mannschaft gerettet.

1863 01.11.	Sandinsel	DREY GEBRÜDER Tjalk	hannoversch	Johannes Lupkes	Makkum Hamburg	Dachziegel

13* 174/48 Gestrandet und übergeben.
14* 1863 Den 1. Novbr. 1863 (von Hrn. J. Bufe, Lloyds Agent). Die hannov. Tjalk 3 GEBRÜDER, Lupkes, mit Dachziegeln von Makkum nach Hamburg, ist in sinkendem Zustande hier gestrandet. Die Erhaltung des Schiffes ist fraglich, die Ladung hofft man zu bergen. Mannschaft wohlbehalten.

1863 02.11.	Sandinsel	ZVALUV	holländisch Harlingen	N. Schaap	Teeport Harburg	Steinkohlen

Gebaut 1855 Sappemeer; 74 RT Eigner J. F. van Oppen, Harlingen
13* 174/48 Gestrandet und übergeben.
14* 1863 Die Ladung Steinkohlen, der am 2. ds. hier gestrandeten ZVALUV, Schaap, von Schottland nach Harburg sowie das Wrack sind verkauft.

1863 08.11.	See	VEREINIGUNG	hannoversch Nr. 636	H. J. Polk (Pick, Steuermann)	Kragerø Carolinensiel	Balken

28 Lasten à 4.000 Zentner
13* 174/48 In der Nähe der Insel wrack geborgen und übergeben worden.
14* 1863 Den 9. Novbr. (von Hrn. J. Bufe, Lloyds Agent). Gestern strandete in gänzlich wrackem Zustande und entmastet das hannov. Fahrzeug VEREINIGUNG, Frühling, mit Balken von Kragerø nach Carolinensiel bestimmt. Capitain und Koch sind leider dabei verunglückt; Steuermann Pick und Matrose Julius dagegen glücklich gerettet. Man ist mit Bergung der Ladung beschäftigt, und wird das Schiff ehestens verkauft werden.

Jahr Datum	Strandungsort	Schiffsname Schiffsart	Nationalität Heimathafen	Kapitän	Abgangshafen Bestimmungshafen	Ladung
1863 07.12.	Sellebrunnen	GRETINA	hannoversch	D. Werts	Antsoon Bremerhaven	Bretter

13* **174/48** Gestrandet und übergeben.

* **1863** Den 7. Dec. (von Hrn. J. Bufe, Lloyds Agent). Das hannov. Fahrzeug GRETINA, Werts, von Norwegen mit Brettern nach Bremerhaven, ist auf den Klippen der Sandinsel gestrandet. Mannschaft ist gerettet.

Den 8. Dec. Die GRETINA ist während der Nacht verschwunden und muthmasslich zertrümmert.

1864 22.01.	Westseite	STAR OF THE EAST Schoner- Brigg	englisch	David Gilchrist	St. Jago de Cuba Bremerhaven	Tabak

Gebaut 1853

13* **174/48** Festgekommen, mit Hilfe von Helgoländern flott geworden und mit Schlepperhilfe nach Bremerhaven bugsiert.

14* **1864** Bremen, den 25. Januar. Die englische Schoner-Brigg STAR OF THE EAST, welche bei Helgoland an Grund zu sitzen kam, indes bald wieder flott wurde, ist heute Morgen, durch Dampfer SIMSON bugsirt, auf der Rhede von Bremerhaven angekommen. Das Schiff hat das Ruder beschädigt und macht Wasser.

1864 11.04.	Sellebrunnen	JOHN BROWES	englisch	Edward Wood	Newcastle Hamburg	Kohlen

13* **174/48** Festgekommen, mit Hilfe von Helgoländern flott geworden und mit Schlepperhilfe nach Hamburg bugsiert

1864 05.12.	Norder- klippen	HULL Dampfer	englisch	L. A. Morsing	Gothenburg Bremen	Eisen

13* **174/48** Festgekommen, Hilfe angefordert, dann freigekommen.

1865 02.04.	Norder- klippen	BILL POINT Brigg	englisch Newcastle	Thomas Denison	Newcastle Hamburg	Kohlen

Gebaut 1822 Norwegen; 203 tons; 89 x 24 x 14 Fuß; Eigner G. Henderson, Newcastle

13* **174/48**

14* **1865** Helgoland, 3. April. Die heute Morgen unweit hier an Grund gerathenen Briggs BILL POINT und MARGARETHA LOUISE sind, nachdem von der Ladung über Bord geworfen, wieder flott geworden, und werden, sobald ihre Angelegenheiten regulirt sind, unverzüglich die Reise fortsetzen.

1865 03.04.	Wittkliff	MARGARETHA LOUISE Brigg	 Hamburg	Peter Schmidt	Hartlepool Hamburg	Kohlen

90 CL; Eigner H. Valentin, Hamburg

13* **174/48** Festgekommen, Hilfe angefordert, dann freigekommen.

14* **1865** Siehe BILL POINT

1865 04.04.	Wittkliff	TYNESIDE Brigg	englisch Shields	M. Pratt	Newcastle Hamburg	

Gebaut 1832 Sunderland; 213 tons; 80 x 25 x 15 Fuß; Eigner J. Gibbon, Shields

13* **174/48** Festgekommen, Hilfe angefordert, dann freigekommen.

14* **1865** Helgoland, 3. April. Die Brigg TYNESIDE sitzt zwischen den Klippen an Grund und ist es zweifelhaft, ob das Schiff zu retten sein wird.

Helgoland, 5. April, die Brigg TYNESIDE ist jetzt gleichfalls von den Klippen wieder abgekommen und ankert auf der Rhede.

Jahr Datum	Strandungsort	Schiffsname Schiffsart	Nationalität Heimathafen	Kapitän	Abgangshafen Bestimmungshafen	Ladung
1865 25.10.	Sellebrunnen	NEPTUN Bark	Altona	H. V. Pein	Aberdour Altona	Kohlen

Gebaut 1841; 145 CL; Eigner G. N. Knauer, Altona

13* 174/48 Festgekommen, Hilfe angefordert, an Strand gesetzt und wrack geworden.

14* 1865 Helgoland, den 26. Oct. (pr. Tel.). Der NEPTUN, Pein, von Aberdour nach Altona mit Kohlen, ist in sinkendem Zustande hier gestrandet. Mannschaft gerettet; dagegen ist das Schiff wohl verloren, während die Ladung hoffentlich wohl geborgen wird.

1865 30.10.	Sellebrunnen	JOHN WESLEY Schoner	englisch Pwllhli	E. Griffith	Portmadoc Hamburg	Schiefer

Gebaut 1839; 129 tons, 75 x 21 x 12 Fuß; Eigner Griffith

13* 174/48 Aufgelaufen und gesunken.

14* 1865 Helgoland vom 30. Der hier an Grund gerathene englische Schoner JOHN WESLEY, von Portmadoc nach Hamburg mit Schiefer, hat Assistenz an Bord, doch ist die Erhaltung des Schiffs zweifelhaft.

1866 10.01.	Düne	MARIA EDINA		J. H. Hegemann	Emden	Hafer

17* Bergungslohn 1927,18

1866 21.02.	Klippen	ASIA	englisch	Charles Dyble	Shields Cuxhaven	Kohlen

17* Bergungslohn £ 838,13; Totalverlust

1866 05.12.	Westklippen	JAMES GARSTANG Dampfboot	englisch Swansea	Dollbell	Malaga Hamburg	Früchte

Gebaut 1866 Newcastle von C. Mitchel; 548 BRT; 373 NRT; 162 x 27 x16 Fuß; Eigner A. Brogd..., Swansea

14* 1866 Helgoland, 6. Decbr. Morgens pr. Tel. (von Hrn. J. Bufe, Lloyds Agent). Das engl. Dampfschiff JAMES GARSTANG, Dollbell, mit Früchten etc. von Malaga nach Hamburg bestimmt, ist gestern Abend während eines dichten Nebels hier gestrandet. Während der Nacht sind bereits gegen 70 bis 80 tons Waaren theilweise beschädigt, aus demselben geborgen. Das Schiff ist verloren, jedoch die Mannschaft gerettet.

17* Bergungslohn 15.816,90, in schwerem Wetter und schlechter Sicht festgekommen, die Ladung wurde teilweise geborgen, das Schiff wurde zum Totalverlust.

1867 März		FLORENCE Dampfboot	englisch Sunderland	Thompson		

Gebaut 1866 nordwestl. von B'nbrdg; 797 tons; 206 x 28 x 18 Fuß; Eigner E. Gourley, Sunderland

17* Bergungslohn 8.509,15

1867 03.10.	Sandinsel	CATHARINA Kuff	holländisch Appingedam	C. Frerksen	Burntisland Wijk	Steine

Gebaut 1837 Sappemeer; 99 RT; Eigner: T. Martens, Appingedam

»1867 gestrand en wrack«

13* 174/49 Gestrandet und übergeben. ... um 2 Uhr gänzlich auf die Sandinsel geworfen wurden. Die See sei nun mit furchtbarer Gewalt über das Schiff hergestürmt, so daß sie dessen gänzliche Zertrümmerung und ihren eigenen Untergang jeden Augenblick hätten erwarten müssen und sie vermögens ihrer äußersten Anstrengungen sich nur an den Wanten und Masten hätten halten können, bis endlich gegen fünf Uhr Nachmittags sie von englischen Fischerleuten nach wiederholten Versuchen aus ihrer peinlichen Lage wären erlöst worden und mit denen an der Sandinsel gelandet seien.

14* 1867 Cuxhaven, vom 5. Vorm., Kuff CATHARINA, Frerksen, ist vor einigen Tagen auf der Sandinsel bei Helgoland gestrandet und zertrümmert; Mannschaft geborgen.

Jahr Datum	Strandungsort	Schiffsname Schiffsart	Nationalität Heimathafen	Kapitän	Abgangshafen Bestimmungshafen	Ladung
1867 7.11.	Sandinsel	ANJA (ex POLLUX) Kuff	holländisch	P.P. Meyer	Riga Geestemünde	Holz

Gebaut 1845 Hoogezand; 100 tons; Eigner P. P. Meyer, Veendam
13* 174/49 Gestrandet und übergeben
14* 1867 Helgoland, 7. Nov. (pr. Tel.). Die holländ. Kuff ANJA, Meyer, mit Brettern von Riga nach Geestemünde, ist an der Sandinsel gestrandet, Schiff wrack. Man hofft, die Ladung zu bergen.

1868 14.05.	Norder- klippen	LEOPARD Dampfboot	english Hull	Hedgkork		

Gebaut 1858 Hull; 734 tons; 223 x 28 x 16 Fuß; Eigner Brownlow, Hull
13* 174/49 Festgekommen und mit Hilfe von Helgoländern wieder frei gekommen. Hilfslohn £ 85,–

1868 07.06.	Strand	ROELFINA JOHANNA Kuff, Schmacke	holländisch Groningen	Drewes	Amsterdam Stettin	Pfeifenton

Gebaut 1862 Martenshoek; 59 RT; Kpt. u. Eign.: H. G. B. Drewes, Groningen
13* 174/49 Gestrandet und übergeben

1868 22.07.		H.M.S. ECLIPSE Kriegsschiff	englisch	Lewis J. Moore		

The Times, Ausgabe 29.08.1868 Totalverlust

1868 28.08.	Sandinsel	ANNA CATHARINA Galleas	dänisch	Terkelsen	St. Davids Hamburg	Kohlen

13* 174/49 Gestrandet und übergeben.
14* 1868 Cuxhaven, 30. Aug. Vorm. Laut Bericht vom Dampfboot HELGOLAND ist dän. Gls. ANNA CATHARINA, Terkelsen, von St. Davids mit Kohlen nach Hamburg bestimmt, gestern bei der Helgolander Düne gestrandet und zertrümmert. Mannschaft gerettet.

1868 25.10.	Sandinsel	CONSTANTIA Schoner	englisch Berwick	Andrew Anders	Eyemouth Harburg	Heringe

Gebaut 1862 Perth von Ptblado; 100 tons; 77 x 19 x 10 Fuß; Eigner Thompson, Berwick
13* 174/49
14* 1868 Den 26. Oct. (pr. Telegr. von Cuxhaven). Bei orkanartigem Sturm aus NW strandeten gestern an der Sandinsel: engl. Schooner CONSTANTIA, aus Berwick, mit Heringen nach Harburg bestimmt, Hamb. Fischer-Sloop NR 11 und 2 ostfriesische Torfschiffe; die Mannschaften dieser Schiffe sind sämtlich, bis auf einen Matrosen von der CONSTANTIA, gerettet, welches letztere Schiff anscheinend wrack ist. Die Ladung und das Schiffsinventar der CONSTANTIA werden wohl geborgen werden.

1868 25.10.	Sandinsel	ODER Fischersloop	 Hamburg	Peter Imbeck		

13* 174/48 Gestrandet und übergeben

Jahr Datum	Strandungsort	Schiffsname Schiffsart	Nationalität Heimathafen	Kapitän	Abgangshafen Bestimmungshafen	Ladung
1868 21.11.	Sandinsel	De Hoop Kuff		A. J. Pott	Riga Antwerpen	Leinsamen

13* 174/49 Gestrandet und übergeben.

14* 1868 Cuxhaven, den 26. Nov. Vorm. Zufolge Berichtes des Herrn Konsul Bufe, Helgoland, strandete am Sonnabend auf dortiger Sandinsel die nordd. De Hoop, Pott, von Riga mit Leinsaat nach Antwerpen bestimmt, Mannschaft gerettet, Schiff wrack, Inventar geborgen, sowie von der Ladung 400 To trocken und 200 Tonnen in nassem Zustand.

1868 31.12.	Sandinsel	Balthasar Brigg	französisch	Lachaud	Hamburg Lagos	Spirituosen

13* 174/49 Auf die Düne vertrieben, übergeben.

1869 08.02.	Sandinsel	Orlando Schoner	englisch Jersey	Philip Marquard	Hamburg Ipswich	Hafer

Gebaut 1860 Jersey von Valpy; 126 tons; 98 x 21 x 11 Fuß; Eigner M. Valpy, Jersey
13* 174/49 Gestrandet und übergeben

1869 29.03.	Sandinsel	Mentor Brigg	 Hamburg	K. J. Jons	Newcastle Hamburg	Steinkohlen

Gebaut 1792 Wemyss; 110 CL; Eigner H. H. C. Heinemann
13* 174/49 Gestrandet und übergeben

1869 28.06.	Sandinsel	M Racer Schoner	englisch West Hartlepool	Edward Smith	Antwerpen Kronstadt	Eisen

Gebaut 1863 P. E. Isl. von Baker; 215 tons; 103 x 24 x 13 Fuß; Eigner Dennis & C. West, Hartlepool
13* 174/49 Gestrandet und übergeben

1869 15.09	Wittkliff	Orington				

13* 174/49 Gestrandet und übergeben

1869 15.09.	Ostseite Sandinsel	Priscilla				

13* 174/49 Gestrandet und übergeben

1869 15.09.	Ostseite Sandinsel	Comet				

13* 174/49 Gestrandet und übergeben

1869 21.09.	Wittkliff	Sirius Schoner	holländisch	Doewes		

Gebaut 1860 Satte Meer, 159 tons, Eigner D. Romkes, Hoogesand
13* 174/49 Gestrandet, von der Besatzung verlassen, am nächsten Tag freigekommen und mit der Besatzung besetzt, unter Begleitung Hamburger Lotsenkutter zur Elbe

1869 16.10.	Sandinsel	Sydney Jones Schoner	englisch	Griffith Evans	Portmadoc Brake	

Gebaut 1856 Portmadoc; 79 tons; 66 x 20 x 10 Fuß; Eigner Jones & Co., Portmadoc
13* 174/49 Gestrandet und übergeben

Jahr Datum	Strandungsort	Schiffsname Schiffsart	Nationalität Heimathafen	Kapitän	Abgangshafen Bestimmungshafen	Ladung
1869 02.11.	Sandinsel	SEURA Brigg	russisch	N. C. Nordmann	Newcastle Björneborg	Kohlen

14* 1869 Cuxhaven (pr. Bundestelegraph). Russische Brigg SEURA, Nordmann, mit Kohlen von Newcastle nach Björneborg bestimmt, ist auf der Sandinsel bei Helgoland gestrandet; Mannschaft gerettet und hier angekommen. Ein Theil des Inventars und der zur Ladung gehörenden Metall- und Eisenstangen sind geborgen.

1869 13.11.	Südspitze Sandinsel	ALONZO Barkentine	kanadisch Halifax	Duncan	Altona Cardiff	Ballast

Gebaut 1863 N.Scot. von Kitchen; 591 tons; 151 x 33 x 17 Fuß
14* 1869

1869 13.11	Hog Bru	IVANHOE Schrauben- dampfer	englisch Shields	Thomas Maggeson	Shields Hamburg	Kohlen

13* 174/49 Gestrandet und Totalverlust

1869 16.12.	Auf See	LADY FLORA Dampfschiff	englisch Hull	John Burstall	Pillau Schiedam	Hafer

Gebaut 1865 Newcastle von Palmer; 726 tons; 201 x 28 x 18 Fuß; Eigner Bailey & Co., Hull
13* 174/49 Gesunken

1870 09.02.	Sandinsel	PHÖNIX Schoner	 Elsfleth	Herm. Fried. Grube	Ljusne Bremen	Holz

Gebaut 1849 in Elsfleth von Oltmann Diedrich Ahlers, 56 CL, 120 RT; 23,7 x 6,5 x 3,0 m, Eigner: D. W. Stege & Gen., Elsfleth.
13* 174/49 Als Wrack angetrieben
25* S 63/64 Schiff war von Ljusne, Schweden, mit Holz zur Weser unterwegs, hatte vor der Wesermündung auch einen Lotsen aufnehmen können, verunglückte dann aber unter ungeklärten Umständen, wobei die gesamte Besatzung und der Lotse ums Leben kamen. Das Wrack des Schiffes trieb später kieloben auf Helgoland an.

1870 13.07.	Saturn- brunnen	SWIFT Schoner	englisch Ipswich	Israel Rand	Newcastle Brake	Alkali, Zement etc.

13* 174/49 Gestrandet und Totalverlust.
14* 1870 Cuxhaven, 6. Juli Vorm. Engl. Scho. SWIFT, Rand, aus Ipswich, mit Stückgut von Newcastle nach Brake bestimmt, ist am 3. ds. bei Helgoland gestrandet; Schiff ist wrack, Mannschaft gerettet und hier gelandet.

1870 01.08.		JANE BLYTHE Bark	englisch Liverpool	W. Martin		

Gebaut 1861 Liverpool von Jones; 487 tons; 199 x 28 x 18 Fuß, Eigner Blythe, Brs. Liverpool
13* 174/49 Gestrandet, Ladung gelöscht, das Schiff wurde abgebracht, die Ladung wieder an Bord geladen und das Schiff setzte die Reise fort

1870 05.09.	Düne	NICOLAUS Schoner	deutsch Blankenese	C. Nibbe	Rio Grande de Sul Hamburg	Knochenasche

Gebaut 1855 in Blankenese von Jochim Finck, 78 RT, 2,73 m Tfg., Eign. U. Kpt. Carsten Nibbe, Blankenese.
13* 174/49 Von Franzosen gekapert, auf Helgoland gestrandet, Totalverlust
14* 1870
15* S 241

Jahr Datum	Strandungsort	Schiffsname Schiffsart	Nationalität Heimathafen	Kapitän	Abgangshafen Bestimmungshafen	Ladung
1870 07.09.	Südspitze Düne	ELLEN Schoner	englisch	David Owens	Fraserborough Hamburg	Heringe

13* 174/49 Gestrandet, das Ruder verloren, auf den Strand gesetzt zur Reparatur.

14* 1870 Helgoland, 7. Sept. Engl. Schooner ELLEN, Owens, mit Häringen von Schottland nach Hamburg, war während der Nacht hier an Grund, hatte Hülfe vom hiesigen Dampfer VICTORIA und ankert jetzt auf der Norder-Rhede. Schiff dicht.

1870 14.09.	Strand	JOHANNES RBFP Brigg	 Hamburg	Klöfkorn	Shields Hamburg	

Gebaut 1863 Shoreham. Bg. 92 CL; 90.10 x 23.5 x 16.2 Fuß; Eign. Joh. Heinr. Chr. Siegler, Hamburg

Auf Reise Shields – Hamburg 1870 von franz. Kriegsschiff ausgeraubt, dann verlassen und von Helgoländern geborgen. Verkauft auf öffentl. Auktion auf Helgoland

14* 1870 Helgoland, den 7. Sept. Die JOHANNES, Klöfkorn, ist gestern seewärts gegangen.

Cuxhaven, 13. Sept. Nachm. von Helgoland. Die aufgebrachte Hamb. Brigg JOHANNES, behufs Sicherung an den Strand geholt, ist sämtlichen Inventars beraubt und sonst stark demolirt; Schiff wahrscheinlich wrack.

1870 13.11.	Sandinsel	SKULDA Brigg	norwegisch	C. Tjeröland	Malaga Hamburg	Südfrüchte

13* 174/49 Gestrandet und übergeben.

14* 1870 Cuxhaven, 19. Nov. Vorm. Norw. Brigg SKULDA, Tjeröland, von Malaga nach Hamburg, norw. Sloop NORDSTJERNEN, Langefelt, von Peterhead nach Hamburg, und holl. Kuff HEIDEWIEKA REGINA, Pekelder, von Holland nach Wismar bestimmt, sind am 13. d. bei Helgoland gestrandet und total verloren. Mannschaften gerettet.

1870 13.11.	Sandinsel	NORD- STJERNEN Sloop	schwedisch	S. Petersen	Peterhead Hamburg	Heringe

13* 174/49 Gestrandet und übergeben. Schiff durfte aus Kriegsgründen nicht in die Elbe einlaufen

14* 1870

1870 14.11.	Strand	HEIDEWIEKA REGINA Kuff	hollandisch	J. L. Pekelder	Franker Wismar	Dachpfannen

Gebaut 1856 Wildermark, 69 tons, Eigner J. L. Pekeler

13* 174/49 Gestrandet und übergeben, auf See schwer beschädigt worden, daher Helgoland angelaufen und das Schiff an den Strand gesetzt.

14* 1870

1870 21.11.	Strand					

13* 174/49 Gestrandetes Wrack wurde besichtigt, Schiffsnamen oder Nationalität waren nicht festzustellen.

1870 09.12.	Strand	GEORG AVERY Bark	englisch North Shield	B. Holland	Akyab Hamburg	Reis

Gebaut 1862 Sunderland von Thompson; 467 tons; 132 x 28 x 18 Fuß; Eigner J. Avery

13* 174/49 Im Nebel aufgelaufen, gestrandet und übergeben, Totalverlust.

14* 1870 Cuxhaven, den 11. Sept. Vorm. Engl. Bark. G. AVERY, Holland, mit Ladung Reis von Akyab nach Hamburg bestimmt, zuletzt von Falmouth kommend, strandete am 8. d. auf den nördlichen Klippen bei Helgoland, wurde durch Dampfboot VICTORIA ab- und an den Strand geschleppt; Schiff wird vermuthlich wrack. Die Ladung wird, grösstentheils in nassem Zustande, geborgen. Mannschaft gerettet.

Jahr Datum	Strandungsort	Schiffsname Schiffsart	Nationalität Heimathafen	Kapitän	Abgangshafen Bestimmungshafen	Ladung

1870 24.12.	Wittkliff	ISABELLA Bark	deutsch Bremen	F. Maurer	Philadelphia Bremen	Petroleum

Gebaut 1862 Bremerhaven von Rickmers; 355 CL/798 RT; 42 x 8 x 6 m; Eigner H. Meier & Co., Bremen

13* 174/49 Im Schneetreiben und Sturm auf den Klippen gestrandet, Besatzung von Helgoländern gerettet, Schiff Totalverlust.

14* 1870 Helgoland, 25. Decbr. Von Herrn John G. Bufe, Lloyds Agent (pr. Telegr. von Cuxhaven). Die Bremer Bark ISABELLA, Maurer, von Philadelphia mit Petroleum nach Bremen, ist hier gestrandet und verloren, jedoch die Mannschaft gerettet. Man hofft einen Theil der Ladung und des Inventars zu bergen.

Vom 26. Die Entlöschung der ISABELLA wird energisch betrieben und ist das Wetter sehr günstig und zur besten Hoffnung berechtigt.

1871 17.01.	Südstrand	SCUDESNÄS	norwegisch	P. A. Brekke	London Hamburg	Palmnüsse

17* Bergungslohn £ 5.899,90.

1871 14.02.		INSULANEREN		J. Nielsen	Porto Plata Hamburg	Tabak

13* 174/49 Im Nebel auf den Nordklippen aufgelaufen, mit Hilfe von Helgoländern freigekommen und nach Besichtigung Reise fortgesetzt

1872 29.02.	Nordklippen	ROBIN Brigantine		F. H. Aheie	Porto River Altona	Kaffee

13* 174/49 Im Nebel aufgelaufen, mit Hilfe von Helgoländern gelöscht, durch Schlepper VICTORIA freigekommen, repariert, beladen und Reise fortgesetzt

17* £ 27.134

1872 17.05.	Hog Bru	GENIUS HDTR Schoner	deutsch	H. C. Jongebloed	Smyrna Hamburg	Rosinen

Gebaut 1853; 227 tons; Eigner B. Freencks, Papenburg

13* 174/49 Ladung teilweise geborgen, Schiff Totalverlust

17* Bergelohn £ 7.085

1872 28.08.	Sandinsel	VICTORY Schoner	englisch Newcastle	John Tate	Lagos Hamburg	Palmkerne

Gebaut 1865 Newcastle von Htchmen; 233 tons; 110 x 30 x 10 Fuß; Eigner W. Tate

13* 174/49 Aufgelaufen, mit Hilfe von Helgoländern geleichtert, flott geworden, beladen und Reise fortgesetzt

17* Bergelohn £ 1.447

1872 08.11.	Strand	LAURA Brigg		F. Anderson	Sundsvall Dordrecht	Holz

13* 174/49 Auf See leckgeschlagen, auf den Strand gesetzt, Totalverlust

17* Bergelohn £ 2.341

1873 15.03.		SOUTINEL Dampfer				

17* Bergungslohn £ 19.021,2

Jahr Datum	Strandungsort	Schiffsname Schiffsart	Nationalität Heimathafen	Kapitän	Abgangshafen Bestimmungshafen	Ladung
1874 23.05.	Strand	RAPID Fischer- schmack	englisch Hull	James Boylett		

Gebaut 1866 Jersey von Albin; 32 tons; 55 x 16 x 8 Fuß
13* 174/49 Auf dem Nordstrand gestrandet und den Behörden zur Bergung übergeben

1874 15.06.	Seehunds- klippen	FAIRY Fischer- schmack	englisch	Christopher Elliot		

Gebaut 1846 Guernsey; 32 tons; 52 x 15 x 7 Fuß; Eigner Bellingham
13* 174/49 Gestrandet und übergeben
17* Bergelohn £ 608

1874 13.11.	See	FRANKLIN Bark	französisch	Dumont	Cronstadt Marseille	Planken

5* Nachdem die Mannschaft in der Nacht hier im Boot gelandet und gemeldet, dass sie ihr Schiff in sinkendem Zustand verlassen, wurde von hier Anstalt gemacht und wurde das Schiff beim Hellwerden über Sellebrunnen treibend gefunden, bemannt und Nachmittags hier an Strand gesetzt. Später kondemniert.

14* **1874** Den 13. Nov. Nachm. (Orig.-Tel., von Hrn. J. Bufe, Lloyds Agent). Die franz. Bark FRANKLIN, Dumont, mit Holz von Cronstadt nach Marseille, ist voll Wasser und verlassen hier angeborgen und wird sofort löschen. Schiff angeblich wrack. Mannschaft gerettet und hier gelandet.

17* Bergelohn £ 8.747,2½

1875 Januar	Sellebrunnen	EDEN Bark	englisch	Brown	Iquique Hamburg	Salpeter

Gebaut 1857 Sunderland; 343 tons; 117,6 x 27,4 x 17 Fuß; Eigner Rankin & Co., Sunderland

5* Bei starkem SO strandete die Bark Nachmittags auf Sellebrunnen. Da der Wind noch zunahm, mussten die Lotsen mit der Mannschaft das Schiff verlassen und konnten erst nach 3 St. landen. Am anderen Morgen war der Wind nach West gegangen, starker Nebel. Beim an Bord gehen machte die Bark stark Wasser, es wurde von der Ladung gelöscht und Nachmittags wurde das Schiff von 2 Schleppern abgeschleppt und unter Assistenz von Helgoländern und zum Pumpen nach der Elbe geschleppt.

17* Bergelohn £ 2.807,32½

1875 23.03.	Westseite	FREIA Bark	norwegisch Kragerø	K. Olsen	Hamburg Puerto Rico	Stückgut

Gebaut 1869 Kragerø; 215 tons; Eigner Olsen & Co, Kragerø

5* Nachdem die Bark am Dienstag den 22. März hier vorbei geschleppt wurde, saß sie am anderen Morgen im starken Nebel an der Westseite der sogenannten Kante fest. Trotzdem niedrig Wasser und keine hohe See, war das Schiff schon voll Wasser. Die Ladung, Käse, Feuerwasser, Bier, Reis, Streichhölzer etc. wurde teilweise gelöscht und das Schiff kondemniert.

14* 1875 24. März (pr. Tel.). Die FREIA, Olsen, von Hamburg nach Puerto Rico, ist hier gestrandet und voll Wasser. Wird schleunigst gelöscht. Schiff verloren, Mannschaft gerettet. Es ist Hoffnung vorhanden, von der Ladung und dem Inventar zu bergen.

Den 25. Vorm. Aus der hier gestrandeten FREIA ist ein ansehnlicher Theil der Ladung bereits gelandet und alle Hoffnung vorhanden, auch den Rest zu bergen.

Den 26. per Tel. Aus der gestrandeten Bark FREIA, Olsen, sind bis jetzt 4.600 Demijohns, 650 K. Lichte, 350 K Käse und diverses anderes Gut geborgen.

17* Bergelohn £ 10.501,50

Jahr Datum	Strandungsort	Schiffsname Schiffsart	Nationalität Heimathafen	Kapitän	Abgangshafen Bestimmungshafen	Ladung
1875 24.03.	Sellebrunnen	HENRIETTA KQPV Bark	englisch St. John	A. R. Simpson	Baltimore Hamburg	Petroleum

Gebaut 1871; St. John NB; 562 tons; 135 x 32,5 x 19,2 Fuß; Eigner Vaughan Bros.

14* **1875** 26. März Morgens. (pr. Tel., Von Herrn John G. Bufe, Lloyds-Agent). Die engl. Bark HENRIETTA, Simpson, aus St. John, von Baltimore mit Petroleum nach Hamburg, ist hier an Grund gerathen und löscht, um möglichst mit Hochwasser wieder abzukommen, da die Witterung dies begünstigt.

Nachmittags 2½ Uhr. Die Bark HENRIETTA ist mit Hülfe von Lotsen für 240 £ wieder abgebracht und unter Zurücklassung von circa 600 Fass von der Ladung, nach der Elbe gesegelt. Das Schiff ist dicht.

17* Bergelohn £ 3.198,60

1875 10.05.	Norder-klippen	JULIA Schoner	französisch Fecamp	Duvinier	Rouen Danzig	Champagner, Mühlsteine, Ocker

5* Bei hellem, klaren Wetter strandete der Schooner in der Mittagsstunde auf Nordhurnbrunnen. Trotzdem es erst um 2 hoch Wasser war, lehnte jede Assistenz ab, blieb er sitzen. Nachdem er drei Tiden gesessen, kam der Capt. mit 4 Mann an Land um Akkord mit dem Dampfer zu machen. Es wurde ein Akkord von 250 £ abgeschlossen. Als der Dampfer am nächsten Morgen anfassen sollte, saß der Schoner voll Wasser, wie konnte das angehen? Der Champagner wurde gelöscht, das Schiff mit Mühlsteinen und Ocker verkauft.

1875 01.10.	Düne	LOUISE MCLS Schoner	deutsch Rostock	Frank	Stettin Cardiff	Weizen

Gebaut 1867 Ribnitz von J. H. Wilken; 110 CL, 201 RT; Eigner: KR L. Burchard & Sohn, Rostock.

13* **174/49** Das Schiff sprang in der Nordsee leck, konnte durch pumpen nicht mehr über Wasser gehalten werden und mußte deshalb auf den Strand gesetzt werden.

5* Der Schoner kam leck aus See zurück und setzte ihn auf der Düne auf Grund. Wie die Helgoländer an Bord gekommen, hatte die Mannschaft das Schiff schon verlassen und hatte hinter den hier fahrenden D. CUXHAVEN festgemacht. Von der Ladung Weizen wurde nur sehr wenig geborgen, da schweres Wetter einsetzte. Das Schiff wurde mit der Ladung verkauft.

14* **1875** 1. October., Morgens 8 Uhr (von Herrn John G. Bufe, Lloyds-Agent). Der Rostocker Schooner LOUISE, Frank, mit Weizen von Stettin nach Cardiff ist, angeblich voll Wasser, auf der Sandinsel gestrandet. Man hofft von der Ladung zu bergen, das Schiff dagegen ist muthmasslich wrack. Mannschaft gerettet.

2. October, 10.50 Uhr Morgens. Die gemachten Versuche, den auf der Sandinsel gestrandeten Rostocker Schooner LUISE wieder abzubringen sind gescheitert und das Schiff ist wrack. Von der Ladung sind 40 bis 50 Last Weizen trocken geborgen und ist weitere Bergung durch Unwetter verhindert.

16* Bergelohn 5.147.34

1875 07.10.	Düne	CATHARINA KGBH Kuff	deutsch Weener	Busmann	Frederikstad Papenburg	Balken

Gebaut 1842 Weener von R. Borg; 22½ CL, 60 RT, Eigner Egbert Kramer Wwe, geb. Antoni, Weener

13* **174/49**

5* Die Kuff kam unter Notflagge aus See bei schwerem Weststurm. Ein Boot lag so weit sie konnten mit der Flagge. Der Schiffer ist aber wohl bange gewesen für die Brandung. Da sprang der Wind in eine Böe nach NW, nun konnte die Kuff nicht mehr einsegeln und kam auf der Spitze der Düne. Der Junge ist gleich über Bord geschlagen. Von hier wurden Anstalten gemacht. Es wurde Verbindung mit dem Raketenapparat hergestellt. Aus Unkenntnis hatte der Schiffer als erster die Boje verkehrt an sich befestigt. Halbtot gelandet, war die Verbindung vorbei. Die beiden anderen waren schon aufgegeben, wurden aber wie durch ein Wunder gerettet. Schiff und Ladung war ganz verloren.

14* **1875** 7. Oct. 12 Uhr 35 M. pr. Tel. (von Herrn John G. Bufe, Lloyds-Agent). Eine deutsche Kuff strandete soeben an der Spitze der Sandinsel und ist muthmaasslich mit Mann und Maus verloren. Rettungsversuche werden gemacht werden.

7. Oct., Nachm. 3 Uhr 10 M. Das gestrandete Fahrzeug ist angeblich die CATHARINA, mit Holzladung. Das Schiff ist zertrümmert. Von der Besatzung (4 Mann) sind drei geborgen.

17* Bergelohn 15347

16* Mannschaft gerettet, Ladung ½ geborgen. Schiff zu 3.000 M in Papenburg versichert, Ladung versichert, Höhe unbekannt.

Jahr **Datum**	**Strandungsort**	**Schiffsname** **Schiffsart**	**Nationalität** **Heimathafen**	**Kapitän**	**Abgangshafen** **Bestimmungshafen**	**Ladung**

1876 18.02.	Nathurn- brunnen	HALIFAX LQBN Dampfer	englisch Grimsby	Toogood	Grimsby Hamburg	Stückgut

Gebaut 1872 Glasgow von Elder; 1.079 BRT; 231 x 30 x 16 Fuß; Eigner Manchester, Sheffield & Lincolnshire Railway Co.

13* 174/49

5* Am 18. Februar morgens um 2 strandete der D. auf den Nordhurnbrunnen Und war gleich voll Wasser. Die Ladung wurde meist in beschädigtem Zustand geborgen. Der D. sollte später wieder abgebracht werden, eines morgens war er aber bei schwerem Weststurm durchgebrochen.

14* 1876 Cuxhaven pr. Reichs. Tel. Dampfboot HALIFAX, von Grimbsby nach Hamburg bestimmt, ist bei Helgoland gestrandet und sitzt sehr gefährlich, hat 10 Fuß Wasser im Maschinen- und hinteren Laderaum; Mittel- und Vorderraum sind noch trocken. Von der Ladung sind ca. 220 Colli nach Helgoland geborgen und wird die Löschung thunlichst fortgesetzt; zunehmender Wind und hoher Seegang machen die Erhaltung des Schiffes sehr fraglich.

1876 18.02.	Wittkliff	ASTRID Schoner	norwegisch	Berg	Südamerika Rio Hamburg	Häute

13* 174/49

5* Als am Nachmittag desselben Tages wie der HALIFAX strandete, der Nebel klärte, saß auf Wittkliff ein Schoner. Beim Anbordkommen stand das Wasser schon teilweise auf der Ladung. Durch Pumpen haben sie das Schiff noch bis abends gehalten, dann musste das Schiff, da das Wetter schlechter wurde, abends verlassen werden. Am anderen Morgen sank der Schooner, blieb einige Wochen liegen, schlug dann, nachdem seine Ketten durch Trüser gelöst waren, nach Alhöwbrunnen herein und zertrümmerte. Von der Ladung wurde nur wenig geborgen.

14* 1876 18. Febr. Nachm. per Telegr. (von Herrn John G. Bute, Lloyds Agent). Der Norw. Schooner ASTRID, Berg, von Rio nach Hamburg mit Häuten, ist hier an Grund gerathen und macht Wasser. Man wird versuchen das Schiff abzubringen.

17* Bergelohn 16.632,90

1876 28.08.		TUNSDAL Dampfer	englisch	William Hall	Hamburg England	Ballast

13* 174/49 5* Bei Tagwerden trieb auf SW ein Dampfer mit dem Bug beinahe zu Wasser. Er lehnte von hier jede Assistenz ab. Mittags setzte er Notflagge und sank um 1 Uhr mittags. Die Mannschaft wurde hier gelandet. Der Capt. hat angegeben, dass er in der Elbe gegen eine Tonne gerannt ist

1876 10.10.		HUGH TAYLOR HQRP Dampfer	englisch Newcastle	Shipley	Bremerhaven Sunderland	

Gebaut 1868 Newcastle von Mitchell; 978 BR; T 224 x 29 x 18 Fuß; Eigner A. Pring, Newcastle

5*

14* 1876 10. Oktober Nachm. (von Hrn. J. Bufe, Lloyds Agent., per Tel.). Der Dampfer HUGH TAYLOR stieß in der Nähe und scheint in Folge dessen mit Beschädigung Ankergrund gesucht zu haben. Es ist Hülfe dahin abgegangen. Später: Das Schiff hat unbedeutenden Schaden an der Maschine und beabsichtigt, nach beschaffter Reparatur nach der Elbe zu retournieren.

Jahr Datum	Strandungsort	Schiffsname Schiffsart	Nationalität Heimathafen	Kapitän	Abgangshafen Bestimmungshafen	Ladung
1877 05.01.	Sellebrunnen	SAXONIA RBDQ Dampfer	deutsch Hamburg	Frobös	Westindien Hamburg	Kaffee, Tabak

Gebaut 1857 Greenock, von Caird & Co.; 575 CL, 2.684 NRT; 318 x 39 x 28.10 Fuß (97,69 x 11,94 x 10,19 m); Eigner: HAPAG, Hbg.

5* Strandete am 05.01. auf Sellebrunnen. Nachdem der Dampfer TELL vergebens versucht hatte, ihn abzuschleppen, wurden abends die paar Passagiere gelandet und mit dem Löschen angefangen. Den andern Tag nahm das Wetter zu und musste die Mannschaft das Schiff verlassen. Nachdem besseres Wetter und Ostwind eingetreten, wurde die Ladung Kaffee, Tabak, Wachs und Häute gelöscht. Dann kam der ENTERPRISE von England mit Pumpen und Taucher und schleppte den Dampfer am 24. Januar ab. Einen Tag später wäre er kurz und klein geschlagen.

14* 1877 Cuxhaven, 6. Januar, Vorm. Gestern hier eingegangener Meldung zufolge ist das Hamb. Post-Dampfb. SAXONIA bei Helgoland an Grund geraten; das Schiff war dicht und hoffte man, durch Hülfe des Dampfb. TELL und Helgoländer Fischer dasselbe wieder flott zu bekommen.

Den 7. Januar. Die Mannschaft des Dampfb. SAXONIA hat das Schiff verlassen und ist dasselbe als verloren zu betrachten. Das Wasser steigt und fällt im Maschinenraum. Geborgen sind bis jetzt Contanten, Post und 500 Sack Caffee.

17* Bergelohn 86.309,70

1878	Sandinsel	CATHARINA KBCH Tjalk	deutsch Riepe (Aurich)	V.D. Buss	Varel Schülpersiel	Klinker

Gebaut 1860 Halte von Fooke Freerks de Boer, 12½ CL, 32 NRT; Eigner: Kpt. Volkert Dirks Buss & Strm. Jan Dirks Buss, Riepe

13* 174/49 Ladung ½ geborgen, Mannschaft gerettet.

16* Schiff war zu 3.770 M in Emden und Warsingsfehn versichert.

Seeamt Emden Spruch vom 18.01.1879: Der Verlust der »C.« ist auf das stürmische Wetter in der Nacht vom 12.–13. September zurückzuführen.

1878 16.09.	Sandinsel	KOSMOPOLIET Schonerbark	holländisch Dordrecht	Moulder	Bahia Hamburg	Guano

Gebaut 1871 Dordrecht von Gips; 1.299 BRT; 184 x 38 x 21 Fuß; Eigner Blusse, Brs. Dordrecht

5* Das Schiff ankerte bei Weststurm im lecken Zustand in der Nacht vor der Düne. Die Mannschaft hatte das Schiff gleich verlassen und hier gelandet. Morgens kam der Schooner ins Treiben und strandete auf der Spitze der Düne und zertrümmerte. Es wurde nichts geborgen.

14* 1878 Helgoland, 17. Sept. 09 Uhr 35 (pr. Tel. von Hrn. John G. Bufe, Agent). Die holl. Schoonerbark KOSMOPOLIET, Moulder, mit Guano von Falmouth nach Hamburg, liegt leck und mit sonstigen Schäden in gefährlicher Nähe der Sandinsel zu Anker; dieselbe bedarf eines Schleppdampfers, um wieder freizukommen und ist bereits wegen eines solchen telegraphirt worden.

Nachm. 2½ Uhr. Der KOSMOPOLIET ist bei der Sandinsel gestrandet und samt der Ladung verloren. Mannschaft gerettet.

17* Bergelohn 580,20

1878 26.10.		INO Schoner	englisch Hartlepool	John Wales	Bremen Dünkirchen	Melasse

Gebaut 1839 Guernsey; 71 x 22 x 13 Fuß, 117 tons; Eigner J. Bruce, W. Warson, Hartlepool

13* 174/49 Auf die Felsen gelaufen, mit Hilfe von Helgoländern freigekommen, nach Cuxhaven zur Reparatur gesegelt.

Jahr Datum	Strandungsort	Schiffsname Schiffsart	Nationalität Heimathafen	Kapitän	Abgangshafen Bestimmungshafen	Ladung
1878 13.11.	Skitgat	BAYNES PRWL Schoner	schottisch	Thomas Baxter	Ystad London	Gerste

Gebaut 1860 von Ross; 86 tons; 71 x 19 x 10 Fuß; Eigner A. Robertson, Macduff

5* Der Schooner kam bei starkem SW auf Ohlhöwbrunnen an Grund, kam wieder frei, nachher auf Kalbertanz, kam wieder frei, ging durch den Wind, kam rüber ins Skittgatt, lief wieder gegen die Klippen und ging schließlich zu Anker. Nachmittags um 4 setzte er Flagge und hatte für die Nacht einen Mann verlangt. Da er angegeben, dass das Schiff schwer leck war, wurde es abgelehnt und die Mannschaft kam mit uns an Land. Am andern Morgen wurde der Schooner hier an Land gesetzt und gelöscht, nachher kondemniert.

14* 1878 14. Nov. (per Tel.). Der schottische Schoner BAYNES, Baxter, von Ystad nach London mit Gerste, ist hier gestrandet; Mannschaft gerettet, Schiff muthmaaslich wrack, Bergung von Ladung und Inventar wahrscheinlich.

17* Bergelohn 3.942,26

Jahr Datum	Strandungsort	Schiffsname Schiffsart	Nationalität Heimathafen	Kapitän	Abgangshafen Bestimmungshafen	Ladung
1878 14.11.	Strand	15 Schaluppen	Helgoland			

13* 174/49

14* 1878 Helgoland 16. Novbr. per. Tel. (von Hrn. John G. Bufe, Lloyds Agent). In einem 24-stündigen orkanartigen südlichen Sturm sind von zusammen 34 hier gelegen Fischer-Schaluppen 15 auf der Rhede verloren, ein unersetzlicher, beispielloser Verlust, wodurch 60 Familien brodlos sind.

21* S 117 Während der Nacht vom 14. zum 15. November 1878 kommt plötzlich ein wirbelförmiger Sturm auf. Von den vor dem Mörns (Ankerplatz) liegenden Schaluppen werden 15 entweder versenkt oder so beschädigt, daß sie nicht mehr zu gebrauchen waren. Ein Hilfskomitee sammelte auf dem Festland 30.713,36 Mark, auf der Insel wurden 4.735,30 M gesammelt. Dies war der Anlaß der Gründung des Helgoländer Compact. Ein Verein der Helgoländer Schaluppen- und Bootsreeder, durch regelmäßige Beiträge eine Versicherung für Havarien an ihren Fahrzeugen zu bilden.

Jahr Datum	Strandungsort	Schiffsname Schiffsart	Nationalität Heimathafen	Kapitän	Abgangshafen Bestimmungshafen	Ladung
1879 06.03.	Wittkliff	VERONA HFJK Dampfer	englisch Leith	J. Reay	Midlerbrag Hamburg	Roheisen

Gebaut 1865 Glasgow von Napier; 1.016 BRT; 253 x 32 x 16 Fuß; Eigner Leith, Hull & Hamburg Stm Packet Co., Leith

5* Strandete im Nebel auf der Düne, kam da frei und kam nach Brechen der Kette auf Wittkliff an Grund. Bei schwerer See blieb das Schiff doch dicht und kam mit Hochwasser frei.

14* 1879 Hamburg, 07.03. Das englische Dampfschiff VERONA, Reay, von Leith ist bei Helgoland auf Grund gewesen, leck geworden und kam gestern mit dem Vordertheil voll Wasser hier an.

Jahr Datum	Strandungsort	Schiffsname Schiffsart	Nationalität Heimathafen	Kapitän	Abgangshafen Bestimmungshafen	Ladung
1879 07.04.	Sellebrunnen	EREDE PBRV Bark	italienisch Spezia	Montobbio	Iquique Hamburg	Salpeter

Gebaut 1871 Lavagna von Brignole; 581 NRT; 140 x 33 x 20 Fuß; Eigner Chiarella, Brs, Spezia

5* Strandete bei leichtem SO und niedrig Wasser auf Sellebrunnen, kam aber gleich wieder frei und ging ostwärts beim Wind. Kam nachher unter Notflagge zurück und schwer leck, ankerte hinter der Düne und wurde unter Assistenz von 30 Mann zum Pumpen nach Hamburg geschleppt.

Cuxhaven, 07. April Nachm. Eine nach Hamburg bestimmte ital. Bark ist gestern früh bei Helgoland gestrandet; dieselbe wurde bald wieder flott, soll aber leck und mit drei Fuß Wasser im Raum dort ankern. Schlepper GOLIATH ging zur eventl. Assistenz diesen Mittag hinaus.

14* 1879 Helgoland 7. April (von Herrn John G. Bufe Lloyds Agent). Die ital. Bark EREDE, mit Salpeter nach Hamburg, welche gestern früh hier an Grund war, aber ohne Hülfe wieder abkam, erhielt 20 Mann von hier aus an Bord, um das Schiff nach Hamburg zu pumpen, wohin es heute früh unter Assistenz des Bremer Dampfers SOLIDE abgegangen.

Jahr Datum	Strandungsort	Schiffsname Schiffsart	Nationalität Heimathafen	Kapitän	Abgangshafen Bestimmungshafen	Ladung
1879 08.04.	Kalberdanz	DOROTHY Schoner	englisch Fowey	Bartlett	Harburg England	Kartoffeln

Gebaut 1871 Parr von Moss; 57 RT; 72 x 18 x 8 Fuß; Eigner S. Moss
13* 174/49
5*
14* 1879 04. April. (von Hrn. J. Bufe, Lloyds Agent). Englischer Schooner DOROTHY, Bartlett, mit Kartoffeln von Harburg nach England, gerieth wegen Nebels gestern Abend hier an Grund, kam mit Lootsenhülfe und Hochwasser heute früh wieder ab und ankert jetzt auf hiesiger Rehde. Das Schiff macht Wasser, hat sonstigen Schaden und wird zur Reparatur nach Cuxhaven gehen. Hiesige Hülfskosten £ 110,–.

1879 22.05.	Robben	DORCAS LHVB Dampfer	englisch Sunderland		England Hamburg	Kohlen

Gebaut 1872 Sunderland von Pile; 723 BRT; 189 x 28 x 16 Fuß; Eigner T. C. Stamp & Co., Sunderland
5* Strandete auf den Robben, lehnte zuerst jede Hülfe ab. Nachher setzte Flagge und kam abends nach Werfen der Ladung frei.
14* 1879 Cuxhaven, den 22. Mai, Nachm. Das heute Morgen an Grund sitzend gemeldete Dampfboot DORCAS war gestern früh im Nebel auf Helgoland festgerathen, und, nachdem ein Theil der Ladung geworfen, ohne fremde Hülfe wieder flott geworden.

1879 08.07.	Wittkliff	EMMA KRVL Schoner	schwedisch	Karlson	Örnsköldswik Brake	Bretter

Gebaut 1853 Rye; 145 RT; 93 x 22 x 13 Fuß; Eigner G. Blaxland, Favrshm.
13* 174/49
5* Strandete auf Wittkliff und lief gleich voll Wasser. Wurde auf der Ladung treibend hier an Land gesetzt, gelöscht und kondemniert.
14* 1879 Cuxhaven, 9. Juli, Vorm. Schwed. Scho. EMMA, mit Holz nach Brake bestimmt, ist auf Helgoland gestrandet und voll Wasser; Mannschaft ist geborgen.
17* Bergelohn £ 1.856,90

1879 30.08.	Sathurn- brunnen	REUNION Vollschiff	amerikanisch Bath	J. H. Curtis	Südamerika Hamburg	Guano

Gebaut 1865 Bath; 1.173 RT; 177,8 x 36,5 x 23,5 Fuß; Eigner Wm. & J. Drummond
13* 174/49
5* Strandete morgens bei starkem Westwind auf Sathurnklippen. Die See ging gleich übers Schiff weg, setzte die Flagge verkehrt. Da es schlecht ans Schiff heranzukommen war, musste die Mannschaft einschließlich Frau und Kinder des Capt. sowie die Gouvernante übers Heck an Leinen ins Boot geholt werden. Nachmittags, nachdem es flauer geworden, wurde sein Inventar geborgen und eine Partie Katzen. Am andern Nachmittag brach das Schiff auf.
14* 1879 Helgoland, 30. Aug. (per Tel.). Das amer. Schiff REUNION, Curtis, von der Westküste nach Hamburg mit Guano, ist hier gestrandet und samt der Ladung verloren. Mannschaft gerettet.
17* Bergelohn 829,34

1879 04.11.	Sellebrunnen	ZENOBIA Schoner	schwedisch Vardö	Lundquist	Söderhamn Brake	Bretter

5* Das Schiff wurde bei starkem Sturm in einer Regenböe im Nordhafen gesichtet. Als die Böe vorüber war, trieb der Schooner in Lee von Sellebrunnen entmastet, ließ nachher Anker fallen. Die Mannschaft kam hier an Land. Der Schooner wurde den andern Tag hier an Land bugsiert. Wie der Capt. gesagt, weiß er nicht, wie die Masten über Bord gegangen sind, der Schooner musste platt gelegen haben.
14* 1879 Helgoland, 4. Okt., 11 Uhr Vorm. (per Tel., von Herrn John G. Bufe, Lloyds Agent). Der schwedische Schooner ZENOBIA, Lundquist, von Söderhamn mit Brettern nach Brake, ist hier gestrandet; Mannschaft gerettet. Das Schiff liegt entmastet zwischen Klippen vor Anker und werden weitere Bergungsversuche beabsichtigt. Abnehmender Sturm.
17* Bergelohn £ 1.693

Jahr Datum	Strandungsort	Schiffsname Schiffsart	Nationalität Heimathafen	Kapitän	Abgangshafen Bestimmungshafen	Ladung
1879 24.12.	Kalberdanz	PRINCE Schoner	englisch Plymouth	Peter John Masters	Plymouth Hamburg-Harburg	Pfeifenton, Porzellanerde

5* Das Schiff war auf dem Kalberdanz an Grund gewesen, ein Lotse sollte ihn auf die Rhede bringen. Da der Capt. angegeben, dass das Schiff leck war, wurde es an Strand gesetzt und condemniert.

14* **1879** Helgoland, 24. Dec., 4 Uhr Nachm. (per Tel., von Herrn John G. Bufe, Lloyds Agent). Engl. Schooner PRINCE, Masters, mit Porzellanerde von Plymouth nach Harburg, ist hier gestrandet und samt der Ladung verloren. Mannschaft gerettet.

17* Bergelohn £ 454,64

1880 30.07.	Sellebrunnen	ARLAN Bark	schwedisch Nordmarking	Nielsen	Baltimore Hamburg	Mais

13* 174/49

5* Strandete auf der ersten Reise auf Sellebrunnen und lief gleich voll Wasser. Von der Ladung wurde nur wenig geborgen. Das Schiff wurde noch von der Assekuranz besichtigt, hieß aber, es hätte den Rücken gebrochen und wurde condemniert.

14* **1880** Helgoland, 30. Juli (per Tel.). Die schwedische Bark ARLAN, Nielsen, von Baltimor nach Hamburg mit Mais, ist hier gestrandet und sitzt auf 10 Fuß Wasser. Hat das Ruder verloren und macht Wasser. Wetter stürmisch. Später: Das Schiff wird löschen und ist um Schleppdampfer nach Cuxhaven telegraphiert, um mit nächster Flut die Bergung zu versuchen.

1. August. Von der Ladung des hier gestrandeten Schiffes ARLAN sind 1.800 Sack meistens trocken geborgen, ebenso der werthvollste Theil des Inventars. Der Rest der Ladung ist als verloren zu betrachten, da das Schiff so tief liegt, dass sich nur unter den größten Beschwerden bei demselben arbeiten läßt. Anscheinend ist der ganze Boden des Schiffes eingestoßen, da der Kiel desselben längs Seite treibt, auch sinkt das Schiff mit jeder Tide tiefer. Dennoch würde es vielleicht möglich sein, das Schiff zu bergen, falls schleunige Hülfe zur Stelle wäre.

1880 15.11.	Ohlhöw- brunnen	OSPREY NPVB Ketsch	englisch London	J. Holmes	Poole Vegesack	Pfeifenton

Gebaut 1874 Ipswich von Colchester; 108 RT; 95 x 22 x 7 Fuß; Eigner J. Holmes, Harwich

13* 174/49

5* Ankerte bei Weststurm hinter der Düne. In der Nacht war der Wind nach NO gegangen. Bei Ankerauf war sie verkehrt durchgeschlagen und auf Olhöw an Grund gekommen. Schiff und Ladung waren verloren.

14* **1880** Helgoland, 15. Nov. (per Tel.). Die engl. Sloop OSPREY, Holmes, von Poole nach Vegesack mit Thonerde, ist auf der Sandinsel gestrandet.

1880 21.11.	Wittkliff	MARIE NDGQ Kuff	deutsch Hooksiel	Wilters	Hammerfest Vardö Hamburg	Tran

Gebaut 1866 in Ihlowerfehn von C. Cassens; 39½ CL, 54 RT; 19,6 x 4,7 x 2,1 m; Eigner &. Kpt. Johann Borchers, Hooksiel

Schiff war versichert mit 8.000 in Ostfriesland.

13* 174/49

5* Strandete bei niedrig Wasser auf Wittkliff und lief voll Wasser, wurde hier an Strand gesetzt und gelöscht, Schiff verloren.

14* **1880** Helgoland, 21. November, 3¼ Nachmittags (per Tel., von Herrn John G. Bufe, Lloyds Agent). Die deutsche Kuff MARIE, Wilters, von Vardö mit Thran nach Hamburg, ist hier an der Insel gestrandet und wahrscheinlich wrack, doch wird die Ladung geborgen. Mannschaft gerettet.

17* Bergelohn 5.360,64

Jahr Datum	Strandungsort	Schiffsname Schiffsart	Nationalität Heimathafen	Kapitän	Abgangshafen Bestimmungshafen	Ladung

1880 22.11.	Düne	IMMANUEL KMQN Ewer	deutsch Finkenreich	H. P. Möhring	St. Annen (Eider) Neuenfelde	Hafer

Gebaut 1856 Cranz von J. Sietas; 21 NRT, Eign. & Kpt. Hans Peter Möhring, Finkenreich b. Leeswig

13* 174/49 Trieb bei starkem SO und Schneetreiben hinter der Düne. Helgoländer versuchten, den Ewer nach hier zu bringen. Da der Wind aber nach West ging und zunahm, nahmen sie die zwei Mann mit und verankerten den Ewer. Am andern Tag holte der Dampfer ENACH den Ewer, der schwer leck war, nach hier und wurde an Strand gesetzt und gelöscht, dann kondemniert.

14* 1880 Cuxhaven, 24. Nov. Nachm. Ewer IMMANUEL aus Estebrügge, mit Gerste von der Eider nach Hamburg bestimmt, ist in leckem Zustand durch Schlepper ENAK nach Helgoland gebracht. Der IMMANUEL wurde vorgestern von Helgoländer Fischern ca. 3 Meilen von Helgoland vor Anker gelegt. Die Mannschaft des IMMANUEL wurde von den Fischern nach Helgoland geborgen.

Seeamt Hamburg, Spruch vom 21.12.1880: Das schwere und stürmische Wetter ist als die Ursache des Unfalles anzusehen.

1880 23.11.	Sandinsel	CHARLOTTE KMHN Ewer	deutsch Belum	J. H. Haack	Iller Hamburg	Klinker

Gebaut 1841; 25 NRT; Eigner & Kpt. Johann Hinrich Haack, Belumerdeich

Schiff war mit 4.000 M in Uetersen versichert, Ladung unversichert.

5* Ankerte hinter der Düne und sackte im flachen Wasser weg. Die beiden Leute waren halb erfroren. Kondemniert.

14* 1880 Helgoland, 23. Novbr. 11 ¾ Vorm. (per Tel., von Herrn John G. Bufe, Lloyds Agent). Der deutsche Ewer CHARLOTTE, Haack, von Iller mit Klinkern nach Hamburg, ist an der Sandinsel gestrandet und ist wrack, doch ist die Mannschaft gerettet.

17* Bergelohn 212,33

1881 14.10.	Kalberdanz	OLGA ELKAN Schoner	englisch Portmadoc	T. Griffith	England Harburg	Schiefer

Gebaut 1877 Portmadoc von Roberts; 674 BRT; 90 x 23 x 12 Fuß; Eigner Dgriffith & Co., Portmadoc

5* Strandete bei schwerem SW auf dem Kalberdanz, setzte Notflagge und machte sein Boot fertig. Als von hier fertig gemacht wurde, kam der Schooner frei und ging zu Anker. Da stieg einer im Boot, um die Taljen auszuhaken, trieb aber mit dem Boot weg. Im selben Augenblick fielen beide Masten. In der Nacht sprang der Wind nach NW zum Orkan, doch hielten seine Ketten. Den Sonntag fuhr eine Schaluppe hinaus, 6 Mann blieben an Bord zu pumpen, und dann wurde der Schooner nach der Elbe geschleppt.

14* 1881 Helgoland, 14. Oktober, Nachm. (per Tel., von Herrn John G. Bufe, Lloyds Agent). Ein engl. Voll-Schooner war hier am Grund und ist darauf mit gekappten Masten hinter der Sand-Insel geankert, wo er ein Notsignal zeigt. Bei abnehmendem Sturm wird Hülfe hingesandt. Abends 6 Uhr 10 Min. Der erwähnte entmastete Schooner ist leck. Hülfe unmöglich. Ein Mann der Besatzung ist mit dem Schiffsboot vertrieben. Anhaltend schwerer Sturm.

15\. Mittags. Der entmastete engl. Schooner ist noch sichtbar. Es herrscht noch schwerer Sturm.

16\. Okt. Die entmastete Schoonerbrigg ist die OLGA ELKAN, von und aus Portmadoc, mit Schiefer nach Hamburg bestimmt. Der Capitain hat heute eine Anzahl Helgoländer Lootsen zum Pumpen engagirt und wartet die Ankunft eines Schleppdampfers ab, um nach Hamburg bugsirt zu werden.

1881 15.10.	Sandinsel	BERNTJEDINA Torfschiff	deutsch Westrhauder-fehn	de Buhr	Westrhauderfehn Wyk auf Föhr	Torf

13* 174/49

14* 1881 Helgoland, 15. Okt. Mittags. Das Torfschiff BERNTJEDINA, de Buhr, ist bei der Sandinsel gestrandet. Mannschaft wohlbehalten.

Seeamt Emden, Spruch vom 17.12.1881: Der Unfall ist auf die stürmische Witterung am 14. Oktober zurückzuführen.

Jahr Datum	Strandungsort	Schiffsname Schiffsart	Nationalität Heimathafen	Kapitän	Abgangshafen Bestimmungshafen	Ladung

1881 08.11.	Robben	TOPINAMBO Schoner	portugiesisch	Borda	Südamerika Hamburg	Häute

5* Strandete Ostseite der Robben, kam abends unter Assistenz wieder ab. Nur bekamen die Helgoländer kein Geld.

14* 1881 Helgoland, 8. Nov. Vormittags, (per Tel., von Herrn John G. Bufe, Lloyds Agent). Der portug. Schooner TOPINAMBO, Borda, mit Häuten, zuletzt von Falmouth nach Hamburg, war gestern unweit hier am Grund, kam aber mit Hülfe eins Dampfers und Helgoländer Mannschaft für £ 300 nachts wieder ab und ging dann weiter.

29.11. 1881	Strand	VICTORIA II MCLS Schoner	deutsch Dornbusch	B. H. Oellerich	Hamburg Caen	Düngersalz

Gebaut 1857 Wittenbergen von T. U. Ulrichs; 102 RT; 76.8 x 21.6 x 10.7 Fuß; Kpt. u. Eigner: B. H. Oellerich, Dornbusch

5* Kam aus See schwer leck unter 2 Notflaggen, wurde hier an Strand gesetzt und kondemniert. Die Ladung hatte keinen Wert.

14* 1881 Helgoland (per Tel. vom 1. December). Der Schooner VICTORIA II aus Dornbusch, von Hamburg nach Caen mit Salz, ist hier gestrandet und voll Wasser. Die Ladung ist total verloren und das Schiff wahrscheinlich wrack. Die Mannschaft ist wohlauf.

16* Bergelohn 524,29.

Seeamt Hamburg, Spruch vom 17.12.1881: Die Unfälle, von denen »V« in der Nordsee getroffen wurde, und welche den Verlust des Schiffes herbeigeführt haben, sind als Folge elementarer Ereignisse, insbesondere der mehrtägigen Stürme anzusehen, mit welchem das Schiff zu kämpfen hatte. Die absichtlich herbeigeführte Strandung war eine durch die Umstände gebotene Maßnahme.

1881 06.12.	Sellebrunnen	KING COAL KMPQ Dampfer	englisch	Turner	England Tönning	Kohlen

Gebaut 1871 N Shield von T. & W. Smith; 762 BRT; 209 x 28 x 24 Fuß; Eigner E. Eccles, N. Shield

5* Strandete auf Sellebrunnen, wurde mit Hochwasser nach Werfen der Ladung wieder frei.

14* 1881 Helgoland, 6. December (per Tel.). Der Dampfer KING COAL, Turner, mit Kohlen nach Tönning, war hier auf den Klippen am Grund, kam jedoch, nachdem von der Ladung 80 Last geworfen, für 160 £ Hülfslohn wieder ab und setzte seine Reise fort. Schiff dicht.

1882 04.01.	Wittkliff	ANNA NDKP Schoner	deutsch Elsfleth	Hinrich Biet jun	Burntisland, England Geestemünde	Kohlen

Gebaut 1863 in Oberhammelwarden von Wilh. Georg Hagens, 85 CL, 194 RT; 29,8 x 7,5 x 3,2 m, Eigner: PR Hinrich Biet & Gen., Elsfleth

13* 174/49

5* Strandete auf Wittkliff und lief gleich voll Wasser. Mannschaft wurde hier gelandet. Schiff und Ladung verloren.

14* 1882 4. Januar Vorm. (per Tel. von Cuxhaven, von Herrn J. G. Bufe Lloyds Agent). Der Schoner ANNA, Biet, aus Elsfleth, von England mit Steinkohlen nach der Weser, ist hier gestrandet und muthmasslich wrack, Ladung verloren, Besatzung wohlbehalten.

Seeamt Brake, Spruch vom 24.04.1884: Die Strandung des Schoners »A« ist einer irrtümlichen Schätzung des Abstandes von Helgoland-Leuchtfeuer seitens des Schiffers zuzuschreiben, in Folge deren das Schiff zu nahe an die Insel kam und durch den Flutstrom bei flauer werdender Brise auf die Klippen getrieben wurde. Ein Verschulden trifft den Schiffer und den Steuermann nicht.

16*

Jahr Datum	Strandungsort	Schiffsname Schiffsart	Nationalität Heimathafen	Kapitän	Abgangshafen Bestimmungshafen	Ladung
1882 20.08.		KLEINE HEINRICH LHBG Bark	deutsch Glückstadt	v. Rönne	Fredrikshald Altona	Holz

Gebaut 1813 in Baltimore; 120½ CL, 247 NRT; 84.0 x 22.9 x 15.4 Fuß; Eigner: Chr. Meyn & Gebr. Lübcke, Glückstadt

Kpt. hatte Feuer von Helgoland verwechselt mit Weser-Feuerschiff. Bark wurde abgeborgen

14* 1882 20. August, Vorm., per Telegramm (von Herrn John G. Bufe, Lloyds Agent). Die Bark KLEINE HEINRICH, v. Rönne, aus Glückstadt, von Fredrikshald nach Altona, gerieth im Nebel unweit hier an Grund und engagirte Hülfsmannschaft für 170 £. Windstille. Nachmittags: Die Bark ist wieder frei und nach Cuxhaven bugsirt.

Jahr Datum	Strandungsort	Schiffsname Schiffsart	Nationalität Heimathafen	Kapitän	Abgangshafen Bestimmungshafen	Ladung
1882 26.08.	Strand	EMILIE ANETTE Schoner	russisch Pernau	Johannsen	Russland Antwerpen	Bretter

13* 174/49

5* Lag hinter der Düne mit Flagge, voll Wasser, wurde von Helgoländern bemannt, von einem englischen Kutter hier aufgeschleppt und an Strand gesetzt. Das Schiff fiel so auseinander.

14* 1882 26. August 11 Uhr Vorm. (per Tel., von Herrn John G. Bufe, Lloyds Agent). Der Schoner EMILIE ANETTE, aus Pernau, mit Holz von Riga nach der Elbe, ist voll Wasser in hiesiger Nähe, mit Hülfsmannschaften an Bord seewärts treibend.

Den 27.08. Der Schoner EMILIE ANETTE, Johannsen, ist gestern an der Insel gestrandet und wrack geworden, doch ist die Mannschaft gerettet, auch ist Aussicht auf Bergung der Ladung vorhanden.

Jahr Datum	Strandungsort	Schiffsname Schiffsart	Nationalität Heimathafen	Kapitän	Abgangshafen Bestimmungshafen	Ladung
1883 13.01.	Seehunds-klippe	ABERFOYLE Bark	englisch Swansea	Smith	Iquique Hamburg	Salpeter

Gebaut 1876 Southampton; 805 RT; 191 x 32 x 19 Fuß, Eigner: B. R. Hennessey, Swansea

13* 174/49

5* Bei starkem OSO kam die Bark auf Norden in Sicht und wollte über Steuerbord windwärts der Düne. Da ihr das nicht glücken wollte, versuchte sie zu wenden. Da das Schiff nicht dreht, musste sie halsen, kam aber auf den östlichen Seehundsklippen an Grund. Die See schlug gleich über das Heck, und ihr Signal »HB«, habe sofortige Hülfe nötig (heute HC), setzte sie sogleich. Unsere Boote konnten, da vorne etwas Lee war, die Mannschaft dort übernehmen. In einem Boot war der 1. Offz. mit der Frau und 3 Kinder, die Coastguard hatte die 21 Mann, darunter 2 Neger. Am andern Morgen saß die Bark unter Wasser.

14* 1882 13. Januar 4 Uhr 40 Nachmittags, per Tel. (von Herrn John G. Bufe, Lloyds Agent). Die englische Bark ABERFOYLE, Smith, von der Westküste mit Salpeter nach Hamburg, ist hier gestrandet. Lage gefährlich; Wind Ost, Sturm jedoch abnehmend und daher Rettung nicht ausgeschlossen. Schiff noch dicht. Schlepper erwartet, Mannschaft gelandet.

Vom 15. Die gestrandete Bark ABERFOYLE ist voll Wasser und wrack; das Deck ist geborsten. Die Ladung ist vollständig verschwunden. Das Inventar wird geborgen.

Jahr Datum	Strandungsort	Schiffsname Schiffsart	Nationalität Heimathafen	Kapitän	Abgangshafen Bestimmungshafen	Ladung
1883 04.11.	Sellebrunnen	NORD-STJERNEN Dampfer	norwegisch Bergen	A. Juell	Norwegen Hamburg	Stückgut

Gebaut 1882 Rostock von Rostocker Act. Ges. für Schiff u. Masch.; 822 BRT; 188 x 28 x 15 Fuß; Eigner: Bergensk Dampksb.

5* Strandete mit niedrigem Wasser draußen auf Sellebrunnen und stieß über die Klippe weg, wobei seine Maschine aussetzte und unter Segel weiter segelte. Ein Tönninger Dampfer hat ihn vor der Eider im Tau genommen und auf Tönning geschleppt. Unsere Boote brachten Anchovis und Butter mit ans Land, die er in großen Tonnen geworfen hatte.

14* 1883

Jahr Datum	Strandungsort	Schiffsname Schiffsart	Nationalität Heimathafen	Kapitän	Abgangshafen Bestimmungshafen	Ladung
1883 07.11.	Skitgatt	GORZENTE Bark	italienisch Genua	Costa	Zypern Hamburg	Wein

13* 174/49

5* Kam Nachmittags im Nordhafen in Sicht und strandete um 5 auf dem Ohlhöw ganz im sogenannten Skitgatt. Er saß nun, trotzdem der Wind ziemlich steif aus West war, in Lee. Abends um 9 sprang der Wind auf einmal nach NO zum Sturm, nun wurde das Schiff gegen die Luvklippen getrieben und war verloren. Die Mannschaft von 11 Mann wurde abends um 11 gelandet. Am andern Morgen wurde von der Ladung gelöscht, dann setzte nach einigen Tagen wieder NO ein und das Schiff war hin.

14* 1883 7. November 8 Uhr 10 Vormittags (von Herrn John G. Bufe, Lloyds Agent). Die italienische Bark GONZENA, Costa, mit Wein von Zypern nach Hamburg, ist hier an der Insel gestrandet, voll Wasser und löscht die Ladung. Einem anderen Telegramm zufolge hat das Schiff auch das Ruder verloren und liegt gefährlich. Die gestrandete italienische Bark GARZENTO, von Lanarka nach Hamburg, ist wrack. Von der Ladung sind 32 F. Wein geborgen, sowie auch Theil des Inventars gelandet. Falls die Witterung günstig bleibt, sind die Aussichten befriedigend, sonst schwerlich weitere Bergung möglich. (Schiffsname in den Orig.-Tel. falsch angegeben)

1884 25.01.	Wittkliff	HENNY NDKP Schoner	deutsch Brake	H. Falkenau	Galveston Hamburg	Baumwollsaat- kuchen

1867 Oberhammelwarden von Wilh. Georg Hagens, 105 CL, 241 RT, 31,7 x 7,7 x 3,6 m, Eigner: PR D. W. Stege, Elsfleth

13* 174/49

5* Kam im Nordhafen in Sicht und strandete bei schwerem Westwind auf Wittkliff. Die Mannschaft wurde mit genauer Not gerettet. Das Schiff war den nächsten Tag auseinander.

14* 1884 Helgoland, den 25. Januar (per Tel.). Der Schoner HENNY, Falkenau, von Galveston nach Hamburg mit Ölkuchen, ist hier gestrandet und total verloren. Mannschaft gerettet.

Seeamt Brake: Spruch vom 20.02.1884 und Entscheidung des Oberseeamtes vom 26.04.1884: Gegen den Spruch des Seeamtes Brake, wonach die Strandung der Schonerbrigg »H« dadurch verursacht sei, daß der Schiffer den Abstand von Helgoland erheblich zu weit geschätzt und bei der Annäherung an die bei Helgoland liegende Sandinsel es an Aufmerksamkeit und Umsicht hat fehlen lassen, wofür demselben die Befugnis zur Ausübung seines Gewerbes als Schiffer zu entziehen sei, legte der Schiffer Beschwerde ein. Das Oberseeamt entschied, daß der Spruch des Seeamtes zu bestätigen sei.

25* S 251/252 Kapitänsbericht: Ich mußte, wie damals das Wetter war, ziemlich nahe um Helgoland herum, um die Elbe holen zu können. Morgens um 9 Uhr stieß das Schiff auf, schnelle Stöße folgten einander, und das Schiff saß fest. Wir haben sofort die Notflagge gesetzt und in ¾ Stunden war das Schiff voll Wasser. Es erschienen zwei große Böte von Helgoland, deren Mannschaft uns mit eigener Lebensgefahr rettete, denn es war wegen hoher Brandung schwer an das Schiff heranzukommen. Geborgen konnte nichts werden, und am 27. ging das Schiff in Trümmer.

1884 01.05.	Hog Bru	PUCK RGML Bark	deutsch Hamburg	P. E. Opitz	Pisagua Hamburg	Salpeter

Gebaut 1863 in Newcastle von Marshall Bros. 484 NRT; 48,16 x 8,43 x 5,47 m; Eigner F. Laeisz, Hamburg

5* Saß bei Tagwerden auf der Hochbrug. Von der Ladung wurde gelöscht und geworfen. Der Wind nahm immer mehr zu. Schlepper wurde nicht genommen. Da nun keine Aussicht war, das Schiff windwärts flott zu bekommen, wurden Segel gesetzt. Das Schiff legte sich auf die Seite und stieß über die Klippen weg, war nun frei und dicht geblieben. Die Helgoländer bekamen £ 44.

14* 1884 Helgoland, 3. Mai, Nachm. 1 Uhr 20 Min. per Tel. (von Herrn John G. Bufe, Lloyds Agent). Die Hamburger Bark PUCK, Opitz, von der Westküste mit Salpeter nach Hamburg, ist unweit hier gestrandet und löscht. Schiff dicht und wird mit Hochwasser muthmaasslich wieder flott werden.

1885 16.08.	Robben	AURORA HMSJ Brigg	italienisch Neapel	Pagliara	Little Popo Hamburg	Palmkerne

Gebaut 1858 Miramichi; 531 RGT, 147 x 30 x 18 Fuß; Eigner Luigi & Michele, Neapel

5* Kam auf NO in Sicht und segelte auf den Robbenbrunnen. Da Hochwasser, wurde gleich angefangen zu löschen. Abends nahm der Wind zu, trotzdem das Schiff in Lee saß, stieß es leck und lief voll Wasser. Da in zwei Tagen nicht beim Schiff verkehrt werden konnte, war beim wieder an Bord kommen die ganze Ladung aus dem Schiff. Hunderte von Tons wurden aufgeketscht und verdienten viele ein schweres Geld.

Jahr Datum	**Strandungsort**	**Schiffsname Schiffsart**	**Nationalität Heimathafen**	**Kapitän**	**Abgangshafen Bestimmungshafen**	**Ladung**
1885 26.09.	Nordhafen	BETSEY Schoner	englisch	W. Evans	Weser England	Ballast

Gebaut 1864 Conway von Roberts; 91 BRT; 74 x 20 x 10 Fuß; Eigner Williams & Co., Conway

5* Ankerte im Nordhaven bei Südweststurm. Abends zeigte es Notfeuer. Es war fast unmöglich nach ihm hinzukommen. Da sprang der Wind westlicher und versuchte die Coastguard mit Leinen herunter zu fieren, was auch glückte und die Mannschaft wurde gelandet. Der Schoner blieb vor den Klippen liegen, wurde am andern Tag mit Werpanker hier wieder herüber gewerpt und verankert. 3 der Coastguard Mannschaft bekamen von England Medaillen.

1887 29.01.	Düne	FLORENCE WRCD Bark	englisch Glasgow	W. Thomson	Hamburg	Salpeter

Gebaut 1869 Grangemouth von Adamson & Co.; 809 RT; 190 x 31 x 19,5 Fuß; Eigner Dickie & Co., Glasgow

5* Am 29. Januar abends hieß es das auf Sathurnbrug Raketen aufstiegen waren. Zwei Boote machten fertig, fanden aber hier nichts. Die Börte war schon wieder gelandet, die Coastguard war rings um die Insel gefahren. Da klärte der Nebel und nun stiegen Raketen von der Spitze der Düne. Die Bark hatte schon von 2 Uhr gesessen. Von der Ladung wurde geworfen und in Deckfahrzeuge gelöscht. Zwei Dampfer ASSEKURADEUR und ROSTOCK versuchten vergeblich zu schleppen. Erst am 31. gelang es, das Schiff abzuschleppen.

14* 1887 Helgoland, 30. Januar (von Herrn Consul John G. Bufe, Lloyds Agenten). Die Bark FLORENCE, Thomson, aus Glasgow, mit Salpeter nach Hamburg bestimmt, ist im Nebel hier gestrandet und hat von der Ladung geworfen. Das Schiff ist noch dicht und hofft man, dasselbe mit Hochwasser wieder flott zu machen. Hülfsmannschaft ist an Bord. Das Wetter ist gut.

Vom 31. Januar. Es ist noch nicht gelungen, das obige Schiff flott zu machen, doch wird heute der Versuch wiederholt. Inzwischen wird von der Ladung gelandet und sind bereits ca. 80 Tons direct in Leichtern nach Hamburg verschifft. Schiff dicht.

Februar, 11 U 50 M. Die hier gestrandete FLORENCE löscht weiter und hofft heute Nachmittag mit der Fluth mit Dampferhülfe wieder abzukommen. Die Lage des Schiffes ist im Allgemeinen wenig verändert.

2. Februar 10½ U Vormittags. (Per Tel.). Die hier auf der Sandinsel gestrandete FLORENCE ist wieder abgebracht und nach Hamburg unterwegs.

1887 31.01.	Nathurn- brunnen	WARWICK Vollschiff	englisch London	Hewett	Taltal Hamburg	Salpeter

Gebaut 1864 Pallion von T. R. Oswald; 1.050 BRT, 992 NRT; 197 x 34 x 21 Fuß; Eigner Temperloys, Carter & Darke, London

13* 174/49

5* Als am Morgen des 31. Januar ein Boot von FLORENCE an Land kam, zeigte sich auf Nathurnbrunnen ein Notfeuer. Von hier zwei Bööte hin. Und das Vollschiff WARWICK war gestrandet. Sie hatten sein Rettungsboot schon ausgesetzt. Es wurde auch hier von der Ladung geworfen und gelöscht. Gerade als ASSEKURANZ und TELL festmachen sollten, riß das Schiff und lief voll Wasser. Die Mannschaft wurde um 4 gelandet. Das Schiff fiel den 2. Tag ganz auseinander.

14* 1887 Helgoland, den 31. Januar (per Tel.). Das Schiff WARWICK, Hewett, von Taltal nach Hamburg mit Salpeter, ist hier gestrandet und löscht, um mit kommender Fluth flott zu werden, ist jedoch muthmaasslich verloren.

Erster Februar 11 U 50 M. Das hier gestrandete Schiff WARWICK, Hewett, von Taltal nach Hamburg mit Salpeter, ist wrack, von der Ladung sind 60 Tons trocken, der Rest ist verloren. Die Bergung des Inventars ist nicht ausgeschlossen.

Jahr Datum	Strandungsort	Schiffsname Schiffsart	Nationalität Heimathafen	Kapitän	Abgangshafen Bestimmungshafen	Ladung
1887 11.05.	Hog Bru	TOLEDO Dampfer	englisch Leith		England Hamburg	Kohlen

Gebaut 1880 Glasgow von Barclay, Corle & Co.; 1.171 BRT, 739 NRT; 248 x 33 x 17 Fuß; Eigner J. Corrie & Co.

5* Kam mittags auf Norden in Sicht und lief auf Hochbrug an Grund. Es war Flut und gutes Wetter. Trotzdem setzte er Signal HB. Als die Börte bei ihm waren, war sie wieder flott.

14* 1887 14* Helgoland, 11. Mai (per Tel.). Ein fremder Dampfer ist hier an Grund gerathen; Hülfe verlangend. Der Leither Dampfer TOLEDO, nach Hamburg mit Kohlen, war der, wie gemeldet, gestrandete Dampfer. Derselbe ist abgekommen und geht weiter.

1887 09.10.	Südhafen	META LMFH Schoner	deutsch Geestemünde	Rittberger	Helgoland	Kohlen

Gebaut 1858, Bauort unbekannt, 134 RT

13* 174/49

14* 1887 Helgoland, 9. Oktober 3½ Uhr Nachmittags (per Tel.). Das Schiff META, Rittberger, aus Geestemünde, welches hier Kohlen löschte, ist hier gestrandet und ist es fraglich, ob dasselbe geborgen werden kann.

Seeamt Bremerhaven: Spruch vom 12.11.1887: Der Verlust des Schoners »M« ist in erster Linie durch das Umspringen des Windes und durch die während des Versuchs, unter Segel zu gehen, eingetretene Böe, sodann durch die weiteren ungünstigen Witterungsverhältnisse verursacht.

1887 01.11.		PEMBURY Dampfer	englisch	Mc. Allister	Engholm England	Gerste

Gebaut 1884 Leith von S & H Morton; 409 BRT, 250 NRT; 151 x 24 x 12 Fuß; Eigner Matthews & Loff, London

5* Saß von Osten zu auf den Klippen, kam mit der Flut unter Assistenz von Helgoländern und nach Werfen von Ladung wieder frei.

14* 1887 Helgoland, 1. November (per Tel.). Der englische Dampfer PEMBURY, Mc. Allister, von Engholm mit Gerste, war hier gestrandet, ist aber wieder flott.

1888 04.01.	Hog Bru	PLOVER Dampfer	englisch London	Wolverton	London Hamburg	Stückgut

Gebaut 1875 Sunderland von Mounsey & Foster; 913 BRT, 232 x 29 x 17 Fuß; Eigner General Steam Navigation, London

13* 174/49

5* Strandete abends um 8 auf den Olhöwbrunnen bei Niedrigwasser im Nebel. Als die Bööte bei ihr angekommen, kam der Dampfer frei und verschwand im Nebel. Morgens um 3 sehen welche ein Licht auf Hochbrug und da sitzt PLOVER wieder. Von der Ladung wurde hier etwas gelandet. Sie wurde dann durch Atlet abgeschleppt. Soll eine ungeheuer wertvolle Ladung gehabt haben.

14* 1888 Helgoland, 5. Januar (per Tel.). Der Dampfer PLOVER, Wolverton, ist hier an Grund gerathen und in gefährlicher Lage. Wird leichtern müssen. Schleppdampfer von Cuxhaven unterwegs. Hülfsmannschaft an Bord.

1889 22.08.	Düne	JOHANN DAHL HRTW Schoner	norwegisch	Grund- valdsen	Marseille Bremen	Ölkuchen

Gebaut 1879 Kragerø; 196 tons; Eigner T. Jensen & Co., Kragerø

5* Am Abend des 22. August, auf meinem Geburtstag standen wir bei Alexandra, da wurde ich ein rotes Licht gewahr, das die andern nicht gewahr werden konnten. Es wehte stark aus NW. Als das Licht ungefähr links von der Brücke war, verschwand es. Auf einmal schlug ein großes weißes Licht auf und konnten wir die Segel des Schiffes sehen, es saß ziemlich auf der Spitze der Düne. Nun wurden Anstalten gemacht. Da ein Landen auf der Düne des Wassers halber noch nicht ging, es wurde Ebbe, und die Gäste sich äußerten, als wenn die Helgoländer nicht hin wollten, wurde vom Strand abgefahren und hinter ein Fahrzeug festgemacht. Um 1 landeten sie auf der Düne und wurde die Mannschaft mit Raketenapparat abgeholt. Schiff und Ladung waren verloren.

14* 1889 Helgoland, 23. August. Der norw. Schooner JOHANN DAHL, Grundvaldsen, von Marseille nach Bremen mit Ölkuchen, ist auf der Sandinsel gestrandet und angeblich wrack; Besatzung gerettet.

Jahr Datum	Strandungsort	Schiffsname Schiffsart	Nationalität Heimathafen	Kapitän	Abgangshafen Bestimmungshafen	Ladung
1889 16.11.	Osten	SAM WELLER Dampfer	englisch London	Brown	Schwarzes Meer Hamburg	Gerste

Gebaut 1874 Newcastle von C. Mitchell & Co.; 1.498 BRT; 261 x 32 x 24 Fuß; Eigner C. C. Barton, London

5* Strandete morgens von Osten zu auf den Klippen. Durch Werfen von Ladung und Ausbringen von Trossen kam das Schiff mit Hochwasser frei.

14* 1889 Helgoland, 16. November. Der Dampfer SAM WELLER, aus London, von Sulina mit Getreide, ist hier gestrandet und wirft von der Ladung.

16. November. Der Dampfer ist wieder abgekommen. Derselbe hat ca 400 Tons Getreide geworfen, wovon etwa die Hälfte gelandet ist. Hülfslohn wurde zu 400 £ acccordiert. Das Schiff ist dicht und geht mit aufklarendem Wetter nach der Elbe.

1890 08.03.	Sandinsel	JOHANNA KMCB Tjalk	deutsch Tönning	W. Rinck	Charleston Tönning	Steinkohlen

Gebaut 1864 in Muiden/Holl. von F. Pauw; 58 NRT; 71.7 x 15.6 x 6.8 Fuß; Eigner & Kpt. W. Rinck, Tönning

13* 174/49

14* 1890 Helgoland, 8. März. Die Tönninger Tjalk JOHANNA, Rinck, von Charleston nach Tönning mit Kohlen, ist auf der Sandinsel gestrandet und wrack geworden. Mannschaft gerettet.

16* Gestrandet und wrack (ankerte bei Helgoland), Mannschaft und Ladung gerettet. Schiff mit 5.063 M in Kopenhagen versichert, Ladung mit 1.080 M in England versichert.

Seeamt Tönning: Spruch vom 20.02.1891: Die Strandung der Tjalk »J« ist dadurch herbeigeführt, daß der ausgesteckte Backbordanker vor dem Sturm und hohem Seegang mitging.

1890 September	Sellebrunnen	GLENNMANNA Dampfer	englisch		England Tönning	Schlacken

Gebaut 1871 North Shields von Smith; 738 BRT; 209 x 28 x 15 Fuß; Eigner Solas & Sons, Newcastle

5* Lief mit halber Tide auf Sellebrunnen, wurde nach einigen Stunden durch Werpanker wieder frei.

1890 01.10.	Düne	NEPTUNUS Schoner	schwedisch	Otterström	Helsingborg Antwerpen	Stabholz

Gebaut 1844 Kopenhagen von E. P. Bonnesen; 116 BRT; 76 x 19 x 11 Fuß; Eigner G. W. Otterström

5* Ankerte hier Sturmes halber auf der Rhede. Am andern Tag in der Nacht brachen seine Ketten und kam das Schiff mitten auf die Düne, wobei gleich beide Masten über Bord gingen. Die Mannschaft wurde von Leuten, die auf der Düne waren, gerettet.

14* 1890 Helgoland, 30. September. Der dänische Schooner NEPTUNUS, Otterström, von Helsingborg mit Holz nach Antwerpen, ist Schutz suchend die hiesige Reede angelaufen.

1890 20.11.	Ostklippen	PERSIAN LMFH Schoner	deutsch Wyk auf Föhr	Volquartsen	Warkworth, England Föhr	Steinkohlen

Gebaut 1852, 138 RT

5* Passierte den Tag zuvor hier auf der Fahrt nach Wyk. Am andern Morgen saß der Schoner auf den Ostklippen fest. Da in der Nacht Nebel eingesetzt hatte, hatte er wieder von der Küste abhalten müssen. Der Schoner, der das Ruder verloren hatte durch Stoßen, lief bei Hochwasser voll. Am anderen Tag fiel er zusammen.

14* 1890 Helgoland, 21. November. Der deutsche Schooner PERSIAN, Volquartsen, von Warkworth nach Föhr mit Kohlen, ist nördlich von hier gestrandet und wirft Ladung, hofft indes mit Hochwasser flott zu werden.

Helgoland, 21. November. Der nördlich von hier gestrandete deutsche Schooner PERSIAN ist verloren. Mannschaft gerettet.

16* Mannschaft gerettet, Ladung ganz verloren, Schiff wrack. Schiff mit 9.000 M in Kopenhagen, Ladung mit 2.900 M in England versichert.

Seeamt Tönning, Spruch vom 31.12.1891: Schiffer hat in Folge des herrschenden Nebels die Entfernung von Helgoland nicht richtig geschätzt.

Jahr Datum	Strandungsort	Schiffsname Schiffsart	Nationalität Heimathafen	Kapitän	Abgangshafen Bestimmungshafen	Ladung
1891 06.01.	Ostklippen (Seehunds-klippen)	ANNA MARGARETHA KDCB Schoner	deutsch Papenburg	G. H. Oltmanns	Memel Hamburg	Bretter

Gebaut 1866 Papenburg von F. W. Meyer, 48 CL, 72 SL; 109 BRT, 104 NRT, Eigner: KR F. W. Meyer

5* Kam bei schwerem NO und starkem Frost in Nord in Sicht, konnte nicht frei von der Düne segeln, hatte wohl auch eine vertrieben Tonne verkehrt angesehen und strandete auf den Ostklippen. Die Mannschaft wurde an Land geholt. Am 3. Tag, der Wind war auf West gegangen, wurde der Schooner, der auch das Ruder verloren hatte und auf der Ladung trieb, hier an Strand geholt, gelöscht und kondemniert.

14* 1891 Helgoland, 6. Januar. Ein Schooner, Näheres unbekannt, ist auf den nördlichen Klippen gestrandet und muthmaasslich verloren. Hülfe zur Rettung der Besatzung ist abgegangen. NO-Sturm.

Helgoland, 6. Januar. Das auf den nördlichen Klippen gestrandete Schiff ist der Papenburger Schooner ANNA MARGARETHA, Oltmanns, von Memel nach Harburg mit Brettern. derselbe wird höchstwahrscheinlich wrack werden. Die Bergung der Ladung ist fraglich.

Seeamt Emden, Spruch vom 14.02.1891: Strandung ist auf das in den vorhergehenden Tagen herrschende starke Frostwetter und darauf zurückzuführen, daß die Manövrierfähigkeit des Schiffes, welches mit Eis bedeckt war und starke Schlagseite hatte, beeinträchtigt war.

1891 26.01.	Nathurn-brunnen	BETTY SAUBER RFHN Dampfer als Gaffelschoner getakelt	deutsch Hamburg	G. J. Schultz	Grimsby Hamburg	Kohlen

Gebaut 1876 Hamburg von Reiherstiegwerft; 972 BRT; 66,98 x 9,51 x 5,19 m; 520 PS; Eigner: Sauber Gebr., Hamburg

Schiff versichert in Hamburg mit 130.000 M; Ladung mit 20.500 M in Hamburg

5* Strandete auf Nathurnbrunnen, kam aber gleich wieder frei, ging aber, da der Maschinenraum voll Wasser lief, zu Anker. Die Mannschaft ging in die Bööte und lag hinter dem Dampfer zu. Als die beiden Boote von hier bei ihr waren, gingen auf Anraten der Helgoländer noch welche an Bord und schäkelten die Kette ab, setzten ein Segel und kam der Dampfer dann etwas näher wieder an Grund, damit das Schiff nicht im tiefen Wasser unterginge. Den andern Tag saß er meist unter Wasser.

14* 1891 Helgoland, 26. Januar. Der Dampfer BETTY SAUBER ist an der Nordspitze der Insel gestrandet und hat den Maschinenraum voll Wasser. Die Besatzung hält sich mit Hülfsmannschaften, da die Gefahr einer Explosion vorhanden ist, in der Nähe des Dampfers auf. Die Bergung des letzteren ist nicht ausgeschlossen.

Cuxhaven, 27. Januar. Dampfer BETTY SAUBER ist vollständig unter Wasser, Mannschaft auf Helgoland.

Seeamt Hamburg, Spruch vom 09.02.1891: Die Strandung des Schraubendampfers »B.S.« ist hauptsächlich auf den Nebel zurückzuführen, hätte sich jedoch bei aufmerksamer Beobachtung der Lothungen vermeiden lassen.

1891 06.09.	Selle-brunnen	DELTA Dampfer	englisch	Todd	Petersburg Bremen	Hafer

Gebaut 1865 Hartlepool von T. H. Pile & Co.; 1.229 BRT; 244 x 30 x 22 Fuß; Eigner London & South Wales S.S. Co., London

5* Kam von Osten auf und strandete auf Sellebrunnen. Es war steifer SW. Nach Aussagen von Sachverständigen hätte das Schiff schon vor Dunkelwerden verlassen werden müssen. Die beiden Bööte sind nachher beide längsseits gerissen, haben sich aber in Lee von den Klippen aufhalten sollen, um bei der Hand zu sein, wenn der Dampfer freikam, haben aber, als der Dampfer freigekommen und Blaufeuer gezeigt, ihn wegen zu starker See nicht erreichen können. 6 Helgoländer waren noch mit an Bord geblieben. Bei Tagwerden lag der Dampfer mit starker Schlagseite und Notflagge auf NO, beide Boote hinterzu. Schlepper ATLAS und unsere beiden Boote wieder raus, der Capt. und sein Sohn waren allein noch an Bord geblieben, da auf einmal sackte es mit dem Hinterschiff zuerst weg, nachher wehte die englische Flagge noch eben über Wasser.

14* 1891 Helgoland, 7. Sept. Der Dampfer DELTA ist hier an Grund gerathen. Assistenz ist abgegangen. Näheres folgt.

Helgoland, 7. Sept., 9 Uhr 10 Minuten. Vorm. (Orig.-Tel.). Der hier gestrandete engl. Dampfer DELTA, Todd, war mit Hafer von Petersburg nach Bremen bestimmt. Der Dampfer wurde wieder flott, ist jedoch in der Nähe der Insel gesunken. Besatzung hier gelandet.

Jahr Datum	Strandungsort	Schiffsname Schiffsart	Nationalität Heimathafen	Kapitän	Abgangshafen Bestimmungshafen	Ladung
1891 26.09.	Seehunds- klippen	EMANUEL RFCH Ewer	deutsch	Schütt	Hemmor Helgoland	Zement

Gebaut 1840 Wischhaven; 38 BRT.

14* 1891 Helgoland, 26. September. Der dtsch. Ewer EMANUEL SCHÜTT, von Hemmor nach Helgoland mit Cement, ist auf den Klippen gestrandet und wirft von der Ladung. Flottmachung nicht ausgeschlossen.

Helgoland, 26. September, 7 Uhr 5 Min. Abends (Orig.-Tel.) Der auf den Klippen gestrandete Ewer EMANUEL, Schütt, (war als EMANUEL SCHÜTT gemeldet) ist mit Hülfe von hier, nachdem er von der Ladung 180 Sack geworfen hatte, wieder ab, und auf die hiesige Rhede gebracht, auch ist die Mannschaft hier gelandet. Der EMANUEL hat Verlust an Segeln und Rundholz, wird indes, wenn der Sturm nachläßt, wieder besetzt und die Ladung gelandet werden.

Helgoland, 28 September (Originaltelegramm). Aus dem Ewer EMANUEL sind 319 Sack Cement unbeschädigt geborgen worden. Das Schiff liegt mit dem Rest der Ladung voll Wasser am Strand vertäut und ist muthmaasslich wrack.

1891 11.11.	Südstrand	MIMI BENITT RGVT Tjalk	deutsch Hamburg	Erdwiens	Oste Helgoland	Mauersteine

Gebaut 1871 Foxhol/Holl. von Smit; 70 BRT; 21,40 x 4,60 x 2,12 m; Eigner Kpt. Johann Hinrich Benitt, Altona

14* 1891 Helgoland, 11. November (Orig.-Tel.). Die deutsche Tjalk MIMI BENITT, Erdwiens, wurde zur Entlöschung von Mauersteinen gestern an Land geholt und daselbst vom Sturme überrascht. Der Versuch, das Schiff wieder flott zu machen, ist fehlgeschlagen; dasselbe ist gestrandet, und voll Wasser und muthmaasslich verloren. Ein Drittheil der Ladung und die Mannschaft sind gelandet.

16* Ladung 52.000 Mauersteine, 19.000 geborgen. Schiff mit 8.000 M in Hamburg versichert, Ladung unversichert.

Seeamt Hamburg, Spruch vom 21.11.1891: Der Verlust der Tjalk ist lediglich dem stürmischen Wetter und dem auf das Land zu setzenden Seegang zuzuschreiben.

1891 12.11.	Südstrand	ERNTE LHJK Ewer	deutsch Gauensiek	Eillmann	Altona Helgoland	Mauersteine

Gebaut 1852 Wisch bei Elmshorn Jochim Finck; 35 BRT; 17,72 x 5,30 x 1,64 m;
mit 2.400 M in Krautsand versichert

14* 1891 Helgoland, 12. November. Der deutsche Ewer ERNTE, Eillmann, mit Mauersteinen nach hier bestimmt, hat auf Klippen gestossen, ist schwer leck geworden und soll durch Hülfsmannschaften auf den Strand geholt werden.

Helgoland, 13. November. Das Schiff ERNTE ist voll Wasser an den Strand geholt. Bei auffrischendem Südost ist das Schiff in Gefahr, ebenso die MIMI BENITT.

Helgoland, 14. November, 6 Uhr 26 Min. Abends (Original-Telegramm). Der deutsche Ewer ERNTE ist gestern total zertrümmert. Die Überbleibsel des Schiffes sollen in Auction verkauft werden. Das Schiff MIMI BENITT ist besichtigt und der schleunigste Verkauf empfohlen worden.

16* Ladung 36.000 Mauersteine, 21.000 geborgen. Schiff mit 2.400 M in Krautsand versichert.

Seeamt Hamburg, Spruch vom 04.07.1891: Strandung und Wrackwerden sind lediglich auf das stürmische Wetter zurückzuführen.

1892 02.09.	Südoststrand	DELPHIN NFTQ Ewerkahn	deutsch Bremen	Jürgen Bullerdiek		

Gebaut 1881 Motzen von D. Foche; 92 NRT; 21 x 6 x 2,3 m; Eigner Kapitän

14* 1892 Helgoland, 2. September (Original-Telegramm von Herrn John G. Bufe, Lloyds Agent und Consul). Ewer DELPHIN, Bullerdiek, ist beim Verholen vor der Mole gestrandet.

Jahr Datum	Strandungsort	Schiffsname Schiffsart	Nationalität Heimathafen	Kapitän	Abgangshafen Bestimmungshafen	Ladung

1892 02.09.	Südoststrand	GESINE NFVP Ewerkahn	deutsch	J. Bullerdiek Jr.		

Gebaut 1882 Motzen von D. Foche; 86 NRT; 20 x 6 x 2,6 m; Eigner Kapitän

14* 1892 Gleiches Telegramm: Ewer GESINE, Bullerdiek, an der Mole liegend ist sehr gefährdet.

Vom 3. Sept. Die GESINE ist später leck an den Süderstrand angeholt und wird, ebenso wie DELPHIN, zwecks Überführung nach der Elbe oder Weser Dampferhülfe haben müssen.

1892 09.10.	Wittkliff	HELGOLAND Schlepp-dampfer	deutsch			

14* 1892 Um 4½ Uhr Nachmittags. Der Schlepper HELGOLAND ist mit unklarer Schraube zwischen die Klippen getrieben und ankert daselbst in gefährlicher Lage. Abends: 7 Uhr 50 Min. Die Mannschaften des Dampfers HELGOLAND, des Schooners MARGARETHA, Vogel, mit Kohlen von Schottland nach Geestemünde, des Leichters D und des Leichters VEDDEL sind hier gelandet. HELGOLAND und MARGARETHA sind leck und in gefährlicher Lage. Das neue Rettungsboot hat sich vorzüglich bewährt. Nach einer soeben eingelaufenen telegraphischen Meldung aus Bremen soll der Schlepper HELGOLAND, welcher eine Trosse in die Schraube bekommen hatte, wieder abgekommen sein.

1892 09.10.	Sandinsel	MARGARETHA Schonergaliot	deutsch Barssel	Vogel	Schottland Geestemünde	

Gebaut 1862, 53 CL, 76 NRT, Kpt. u. Eigner: Meinhard Vogel, Barssel

14* 1892 Helgoland, 9. Oktober, 2 Uhr 56 Min. Nachmittags (Original-Telegramm des Herrn Consuls John G. Bufe). Der Schooner MARGARETHA aus Barssel ist östlich von hier geankert und zeigt Nothsignal. Das Rettungsboot ist hinausgegangen. Es herrscht ein Sturm aus SW.

1893 14.03.	Nathurn-brunnen	RESERVE Schlepper	deutsch			

14* 1893 Helgoland, 15. März, 9 Uhr 55 Vorm. (Original-Telegramm des Herrn John G. Bufe, Consul und Lloyds Agent). Der Schlepper RESERVE gerieth wegen Nebels gestern auf der Nordspitze an Grund, kam aber mit Assistenz heute früh wieder flott und ankert wohlbehalten auf der Rhede. Reserve soll den Schaft verbogen haben und Bugsierhülfe bedürfen.

1893 04.08.	Sellebrunnen	ALTONA Dampfer	englisch Goole	Barker	England Tönning	Kohlen

Gebaut 1877 Dundee von W. B. Thompson; 670 BRT, 385 NRT; 202 x 28 x 13 Fuß; Eigner: Yorkshire Coal & Steam Shipping Goole

5* Kam von Westen auf der sogenannten hohen Kante (Sellebrunnen) an Grund, nachher drängte die Flut ihn auf die Hochbrug. Von der Ladung wurde geworfen. Nachdem er lange vergeblich Manöver gemacht und nicht frei kommen konnte, schleppte MÖVE ihn ab. (Wäre wohl lieber dageblieben!)

14* 1893 Helgoland, 4. August 12 Uhr 33 Min. Nachm. (Original-Telegramm des Herrn John G. Bufe, Consul und Lloyds Agent). Der Dampfer ALTONA, von Goole mit Kohlen, ist hier an Grund gerathen und wirft von der Ladung. Mit eintretender Fluth dürfte der Dampfer sofort wieder flott werden.

Helgoland, 3 Uhr 44 Min. Nachm. (Original-Telegramm des Herrn John G. Bufe, Consul und Lloyds Agent). Der Dampfer ALTONA ist mit Schlepper-Assistenz wieder abgekommen und nach Tönning weitergegangen. Näheres unbekannt.

1893 06.08.	Seehunds-klippen	BETTY MDNP Fischdampfer	deutsch Rostock			

1887 Rostocker AG für Schiffs- und Maschinenbau, Rostock (Nr. 93); 140 BRT, 72 NRT; 31,04 x 6,28 x 3,22 m, 250 PS, Eigner: F. A. Pust, Rostock

14* 1893 Helgoland, 6. August, 4 Uhr 55 Nachmittags (Telegramm des Herrn John G. Bufe, Consul und Lloyds Agent). Der Rostocker Fischdampfer BETTY gerieth hier an Grund und hatte Hülfsmannschaft sowie Dampferassistenz; Abmachung unbekannt. Nachdem der Dampfer flott geworden war, ging er nach der Weser ab.

genommen. Da die eine Trosse nicht gereicht, hatten sie zwei zusammengeknotet. Beim Einhieven von beiden Seiten hat die Trosse an den Klippen gehalten, worauf der Dampfer sich gedreht hat, der Knoten nachgegeben und Santos war frei. Die Schlepper Capt. haben auf den Matrosen, der den Knoten gemacht hat, geflucht, aber geholfen hat es nichts mehr, der Braten war weg.

Jahr **Datum**	**Strandungsort**	**Schiffsname** **Schiffsart**	**Nationalität** **Heimathafen**	**Kapitän**	**Abgangshafen** **Bestimmungshafen**	**Ladung**

1901 14.12.	Hog Stean	TRITON II Regierungs- schlepper	deutsch	Schneider	Tönning Helgoland	

13*320.22/72 Rannte abends beim Einlaufen auf den Hochsteen und lief der Maschinenraum voll Wasser. Die Mannschaft wurde hier gelandet. Am andern Morgen lag er flott, wurde durch Schlepper nach der Elbe bugsiert.

14* 1901 Helgoland, 15. Dezember. Der Regierungsschlepper TRITON bei Helgoland an Grund gewesen, wird von Schlepper GEBR. WREDE elbwärts geschleppt.

1901 18.12.	Hog Stean (Schuster) (Südklippen)	BANDANEIRA JTVR Viermastbark	englisch Glasgow	R.C.H.P. Fretwurst	Iquique Hamburg	Salpeter

Gebaut 1885 Greenock von Russels & Co.; GRT 1.944, NRT 1.862; 81,5 x 12,2 x 7,2 m; Eigner Dennichen & Co., Glasgow

13*320.22/77

5* Wurde hier Nachmittags mit Kurs nach See gesichtet; da sie nicht frei von der Insel kommen konnte, musste sie wenden, versagte aber. Beim Halsen kam sie zu nahe und lief auf den Schuster auf Grund, kam aber gleich wieder frei. Sie hatte aber ein so schweres Leck bekommen, dass gleich 17 Mann ins Boot gegangen waren. Sie kam nun hier herein gesegelt, bis sie an Grund im Fahrwasser kam, dann ging der Rest auch ins Boot und verließ das Schiff. Von der Ladung wurden nur 800 Sack geborgen. Das Schiff, das zuerst noch wieder geborgen werden sollte, wurde wrack.

14* 1901

Seeamt Hamburg rügt, daß es keinen Lotsenschoner bei Helgoland gibt, hätte die BANDANEIRA einen Lotsen bei der Insel bekommen können, wäre der Unfall vermieden worden.

1902 03.11.	Seehunds- klippen	JAKCA LGKV Schoner	deutsch Brake	C. O. Wächter		Stückgut

Gebaut 1875 Nübbel von H. G. Weber, 96 BRT, 81 NRT, 23,90 x 5,60 x 3,00 m (s. H. Karting »Deutsche Schoner«, Bd. II, S. 121 m. Abb.)

13* 320.22/72 Das Schiff geriet am 3. November 1902 5½ Uhr Abends auf die Klippen und wurde durch die Mannschaft des Rettungs- und Lotsenbootes wieder flottgemacht. Er nahm, da er leck geworden war, 6 Helgoländer Lootsen zum Pumpen an Bord und fuhr nach Bremerhaven.

1902 16.12.	Ostklippe	VINA NHJV Dampfer	englisch Grangemouth		Tönning	

Gebaut 1894 Leith von Ramage; 1.021 BRT; 216 x 32 x 14 Fuß; Eigner J. T. Salvesen & Co., Grangemouth

13* 320.22/72

14* 1902 Helgoland, 16. Dezember. Nördlich von der Insel ist auf den Seehundsklippen heute Nachmittag 5 Uhr ein Dampfer bei starkem Südweststurm gestrandet. Er zeigt Nothsignal. Rettungsboote sind unterwegs. (Nach hier eingegangenen Meldungen ist der Dampfer, dessen Namen unbekannt geblieben ist, mit Hülfe von Bewohnern aus Helgoland flottgeworden. D. Redaktion)

Cuxhaven, 17. Dezember. Der Dampfer, welcher auf der Ostklippe von Helgoland festgerathen, aber später mit Hülfe von Bewohnern von Helgoland wieder flott geworden war, ist nach dem »C.T.« der aus Tönning kommende englische Dampfer VINA aus Grangemouth. Der Dampfer liegt bei der Düne vor Anker.

Jahr Datum	Strandungsort	Schiffsname Schiffsart	Nationalität Heimathafen	Kapitän	Abgangshafen Bestimmungshafen	Ladung
1903 28.04.	Olhöw-brunnen (Seehunds-klippen)	BELLONA QHBC Dampfer	deutsch Bremen		Amsterdam Bremen	Stückgut

Gebaut 1900 Greenock von Russel & Co.; 1.041 BRT; 225 x 34 x 14 Fuß; Eigner DSG Neptun, Bremen
13* 320.22 72

5* Kam im halb Nebel auf Olhöwbrunnen bei halber Tide an Grund, war aber so hoch aufgelaufen, dass sie mit der Flut nicht frei kam. Von der Ladung wurde Mais gelöscht und wurde sie mit der nächsten Tide abgeschleppt.

14* **1903** Helgoland, 28. April (Orig.-Telegr.). Bei ruhiger See, jedoch bei unsichtigem regnerischen Wetter ist ein größerer Dampfer im Norden der Insel gestrandet. Hülfsmannschaften sind nach dem zeitweilig sichtbaren Schiff abgegangen.

Helgoland, 28. April, BELLONA, von Antwerpen nach Bremen, bei Helgoland heute gestrandet, wurde bei Hochwasser nicht flott; er löscht seine Ladung, die durch Boote nach hier (Helgoland) und in Fahrzeuge gebracht wird. Auf eine Strandamtsentscheidung hin ist ein Schlepper anwesend. Das Wetter ist ruhig.

Helgoland, 29. April. BELLONA D ist mit Hochwasser 11¼ Uhr nachts unter Assistenz von Helgoländer Hülfsmannschaften, dem Schlepper ALBATROS und zwei Bremer Schleppern flottgekommen und heute nach Bremen gedampft. Das Schiff ist dicht. An dem Leichtern des Schiffes haben sich 102 Personen beteiligt mit 41 Bööten. Der Bergelohn ist vom Kgl. Strandamt zu Helgoland festgesetzt.

1903 14.11.	Sathurn-brunnen	DURBRIDGE MLCF Vollschiff	englisch London	Wanell	Iquique Hamburg	Salpeter

Gebaut 1892 Glasgow von W. Hamilton & Co.; 2.201 t; 277 x 42 x 24 Fuß; Eigner »Durbridge« Shipp Co., London
13* 320.22/79

5* Strandete abends mit niedrig Wasser bei steifem SO auf Sathurnbrunnen. Nach Mitternacht flaute der Wind ab und lief westlich, da kam das Schiff unter Mithilfe von zwei Helgoländer Booten wieder frei und ging zu Anker. Wurde dann von zwei Schleppern nach der Elbe geschleppt.

1904 06.10.	Düne	THERESE LGKV Schoner	deutsch Helgoland	G. Wiemkes	Charlestown Helgoland	132 t Steinkohlen

Gebaut 1903 Cuxhaven von Mützelfeld, 70 BRT, 60 NRT, 21,95 x 5,64 x 1,90 m, Eigner: Harlich E. Bufe, Helgoland.
(s. H. Karting, »Deutsche Schoner«, Bd. V, S. 113)
13* 320.22/72

Seeamt Hamburg, Spruch vom 18.10.1904: Der Gaffelschoner »Th« ist bei schwerem WNW-Sturm von seinem Ankerplatz vertrieben, über die Sände nördlich der Düne weggeschlagen und wahrscheinlich später gesunken. Die Anker des Schiffes hatten nicht das von der SBG vorgeschriebene Gewicht, und es muß neben dem Sturme auch dieser Mangel in der Ausrüstung als eine Ursache des Unfalles angesehen werden. Der Schiffsleitung ist ein Vorwurf nicht zu machen. Der Helgoländer Rettungsstation, welche die Besatzung des Schoners abgeborgen hat, gebührt für die geleistete Hilfe Anerkennung.

16* Vom Ankerplatz vertrieben, gesunken und verloren. Schiff mit 22.000 M, Fracht mit 1.000 M, Ladung mit 1.500 M versichert.

7* Bremen, 6. Oktober. Die Rettungsstation Helgoland der Deutschen Gesellschaft zur Rettung Schiffbrüchiger telegraphiert: Am 6. Oktober sind von dem hier gestrandeten deutschen Schooner THERESE, Wiemkes, 4 Personen durch das Rettungsboot DORA der Station gerettet worden.

1905 16.09.	Olhöw-brunnen (Nordseite der Düne)	BERTA MARIE Galeas	norwegisch Svelvik	Ewensen	Tönning Esbjerg	Weizen

14* 1905 Helgoland, 17. September, BERTA MARIA, Galeas aus Svelvik, Ewensen, von Wullusum (Tönning) nach Esbjerg, ist auf der Düne gestrandet und wrack geworden; Besatzung gerettet.

Seeamt Hamburg: Der Dampfer hatte nach längerem Beidrehen im NNW-Sturm keinen sicheren Schiffsort, als Nebel einsetzte. Dadurch kam er bei Helgoland fest und ging verloren. Das Seeamt gedenkt besonders der Leistungen des Helgoländer Rettungsbootes CLAUS DREYER unter Führung des Vormannes Daniel Denker sowie die des Helgoländer Lotsenbootes unter Führung des Helgoländers Johannis Krüss bei der Rettung der Besatzung mit besonderer Anerkennung.

Jahr **Datum**	**Strandungsort**	**Schiffsname** **Schiffsart**	**Nationalität** **Heimathafen**	**Kapitän**	**Abgangshafen** **Bestimmungshafen**	**Ladung**
1909 12.05.	Seehunds- klippen	PRINZ WILHELM RFMQ Dampfer	deutsch Hamburg			Kohlen

Gebaut 1878 Sunderland von Short. Bros.; 1.223 BRT; 237 x 35 x 18 Fuß; Eigner H. Feindt Hamburg

18* Cuxhaven, den 12. Mai (Originaltelegramm). Aus Helgoland wird gemeldet, dass auf den Seehundsklippen ein deutscher Kohlendampfer gestrandet ist, dessen Name nicht bekannt ist. Schlepper sind von hier zur Assistenz abgegangen; doch hofft man, dass das Schiff ohne Assistenz flott werden wird, da es bei Niedrigwasser festgeraten ist.

Cuxhaven, 12. Mai (Orig.-Telegr.). Der auf den Seehundsklippen gestrandet gewesene Dampfer war der einkommende Hamburger Kohlendampfer PRINZ WILHELM. Das Schiff ist mit Hilfe des Bremer Schleppers COLUMBIA flott geworden und befindet sich jetzt auf der Reise nach Hamburg.

1909 25.08.	Seehunds- klippen	KÄTE Tjalk	deutsch Westrhauder- fehn	Ulpts		Kohlen

Gebaut 1890 Vierverleten v. J. Moder; 101 NRT, 119 BRT; 26 x 6,3 x 2,6 m, Eigner Kapitän L. Ulpts

18* Helgoland, 25. August. KÄTE aus Westrhauderfehn, Ulpts, anscheinend mit Kohlen beladen, ist bei Helgoland gestrandet, Näheres noch unbekannt. Kuff mit Steinkohlen ist auf den Seehundsklippen gestrandet. Die Mannschaft ist durch das Rettungsboot CLAUS DREYER gerettet worden. Das Schiff ist voll Wasser, das Wetter ist stürmisch. Später: Das Schiff KÄTE ist bei Hochwasser durch den Schlepper ELISABETH abgeschleppt und hier in den Hafen gebracht. Das Schiff ist leck gesprungen, wird aber durch Pumpen über Wasser gehalten.

1909 29.11.	Ostdünen- klippen (NO)	ARRANMORE NFJV Dreimaster	englisch Glasgow		Iquique Hamburg	Salpeter

Gebaut 1893 Glasgow von Russel & Co.; 1.946 t; 264 x 39 x 24 Fuß; Eigner Sailing Ship Arranmore, Glasgow

5* Soll auf den Ostdünenklippen gesessen haben, weiß aber nichts näher, da in Hamburg war.

18* Cuxhaven, 29. November. (Orig.-Telegr.). ARRANMORE, engl. Schiff von Mexilone mit Salpeter nach Hamburg, ist an der Ostseite der Insel festgeraten. Der Kapitän hofft jedoch mit Hochwasser flott zu werden. Der Regierungsdampfer TRITON befindet sich an der Unfallstelle.

Cuxhaven, den 30. November. Das bei Helgoland gestrandete Schiff ist der englische Dreimaster ARRANMORE, mit Salpeter von Chile nach Hamburg bestimmt. Er wurde heute nacht durch Helgoländer Fischer flottgemacht, indem Ladung geworfen und das Schiff durch Wurfanker abgehievt wurde. Im Schlepptau mehrerer Schlepper befindet sich das Schiff unterwegs nach der Elbe.

1909 29.12.	Aade- brunnen	SHANDON Dampfer	englisch Cardiff	Shotton	Odessa Bremen	Getreide

Gebaut 1899 Stockton von Richards; 3.850 BRT, 340 x 48 x 25 Fuß, Eigner R. Neugebauer & Co., Cardiff

13* 320.22/82

5* Strandete abends bei schwerem NW außerhalb der Aadebrunnen und machte Notsignal. Da es sich um einen großen Dampfer handelte, fuhren 2 Rettungsboote aus, ebenso ankerte SILVANA in Lee des Schiffes. Die Mannschaft, 26 Mann, wurde gelandet. Am andern Morgen saß der Dampfer voll Wasser; er wurde von dem Bergungsverein übernommen. Von der Ladung zuerst was noch trocken, dann was beschädigt gelöscht und nachher über Bord gepumpt. Das Schiff wurde am 10. März gehoben und nach Hamburg geschleppt.

18* 29.12. SHANDON aus Cardiff, von Odessa mit Getreide nach Bremen bestimmt, ist südlich der Düne gestrandet und zeigt Notsignale. Beide Rettungsboote sowie der Postdampfer SILVANA leisten Hilfe. Der Scheinwerfer der Insel unterstützt die Bergung. Es herrscht starker Nordwestwind. Später: Der Dampfer SHANDON ist voll Wasser. Die Besatzung, bestehend aus 25 Mann, ist abends durch die Rettungsboote hier gelandet. Die Lage des Schiffes ist sehr gefährlich, und es sind Schleppdampfer aus Cuxhaven zur Hilfeleistung abgegangen.

Cuxhaven, 1. Januar. Die Lage dieses gestrandeten Dampfers ist sehr exponiert. Die Bergungsdampfer haben die Strandungsstelle infolge des starken Südwestwindes verlassen müssen. Die Seen brechen über den Dampfer. 150 tons von der Ladung sind von Helgoländer Fischern geborgen und hier angebracht.

Cuxhaven, 15. März (Orig.-Tel.). Dampfer SHANDON, auf Helgoland gestrandet, ist im Hinterschiff gedichtet und von dem Felsen abgeschleppt worden. Hinter der Düne ist der Dampfer dann auf Sandboden wieder auf Grund gesetzt, wo auch das Vorschiff gedichtet werden soll. Nach Beendigung der Arbeiten soll das Schiff bei gutem Wetter nach der Elbe geschleppt werden.

Jahr **Datum**	**Strandungsort**	**Schiffsname** **Schiffsart**	**Nationalität** **Heimathafen**	**Kapitän**	**Abgangshafen** **Bestimmungshafen**	**Ladung**

1910 06.02.	Nathurn- brunnen	KÖLN GGHM Fischdampfer	deutsch Nordenham			

Gebaut 1896 von Bremer Vulkan; 142 BRT; 31,4 x 6,3 x 3,0 m; Eigner: Deutsche Dampffischerei-Ges. »Nordsee«, Nordenham

18* Helgoland, 6. Februar. KÖLN, Fischdampfer BB.6, ist auf den Nordwestklippen von Helgoland festgeraten. Das Schiff ist noch dicht, das Rudergeschirr ist zerbrochen. Der Kapitän hat die Schlepper ALBATROS & GEBR. WIEDE zum Abschleppen angenommen.

Den 7. Februar. Der Fischdampfer CÖLN wurde gestern abend durch den Schlepper REIHER wieder abgeschleppt und ankert auf der Rhede. Das Schiff ist dicht. Ruder und Schraube sind beschädigt. Das Schiff soll nach Nordenham geschleppt werden.

1910 11.10.	Hog Bru	GEORG Tjalk			Ostsee Helgoland	Zement

18* Helgoland, 12. Oktober. GEORG, Tjalk, von der Ostsee mit Zement nach Helgoland, ist gestern abend auf den Nordostklippen gestrandet. Nach Werfen von 600 Säcken Ladung wurde der Segler von Helgoländern flott gebracht. Bergelohnansprüche sind noch nicht bekannt.

1910 01.11.	Düne	JOHANNA Leichter	deutsch		Hamburg Helgoland	Holz

7* Bremen, 1. November. Die Rettungsstation Helgoland der DGzRS telegraphiert: Am 1. November wurden von dem auf der Nordspitze der Düne gestrandeten deutschen Leichter JOHANNA drei Personen durch das Rettungsboot DORA der Station gerettet. Es herrscht schwerer Sturm aus Südwest. Ein Bergungsversuch ist vorläufig unmöglich.

1910 03.12.	Nordklippen	FORTUNA Gaffelschoner	deutsch Hamburg	H. Suhr	Norwegen Altona	Steine

Gebaut 1906 Wewelsfleth von Jürgen Peters, 75 BRT, 48 NRT; 22,28 x 6,18 x 2,14 m, Kpt. u. Eign.: Heinrich Suhr, Warstade (s. H. Karting, »Deutsche Schoner«, Bd. II, S. 96 m.Abb.)

18* Helgoland, 4. Dezember. Von Norwegen nach Altona mit Steinen, geriet hier gestern abend auf Strand, wurde aber bei steigendem Wasser mit Hilfe von Helgoländern flottgemacht und im Norderhafen verankert; von der Ladung ist nur wenig geworfen.

1911 30.10.	Düne	CURT Leichter			Hamburg Helgoland	Granitsteine

18* Helgoland, 30. Oktober. Der Leichter, von Hamburg mit Granitsteinen nach Helgoland, liegt in gefährlicher Lage in der Nähe der Düne; Mannschaft vom Rettungsboot gelandet. Später: Leichter ist durch den Dampfer ELISABETH in den Marinehafen eingeschleppt.

Jahr Datum	Strandungsort	Schiffsname Schiffsart	Nationalität Heimathafen	Kapitän	Abgangshafen Bestimmungshafen	Ladung

1920 Oktober	Düne	ERINIER QDHM Dampfer	englisch London			

Gebaut 1898 Glasgow von D & W. Henderson & Co.; 4.362 BRT; 375 x 50 x 26 Fuß; Eigner Lloyd Roal Belge (Gr.Br.)

5* Kam von NW her aus See zurück und wollte den Anschein nach, HELGA und KEHRWIEDER lagen auf der Rhede, auch auf Rhede, hatte aber einen total falschen Kurs und lief an Grund, ließ Anker fallen und stieß allmählich nach der Spitze der Düne. Da aber Niedrigwasser und der Dampfer in Lee saß und die Schraube mitarbeitete, kam er allmählich frei. Als die Bööte dicht bei ihm waren, war er frei und ankerte weiter ab. Näheres nicht bekannt.

1920 04.11.	Reede	NIXE HBK 946 Fischkutter	deutsch Cuxhaven	Theodor Dreyer, Helgoland	Brake Helgoland	Kartoffeln

Seeamt Hamburg: Die NIXE hatte auf Reede geankert, der Kapitän war an Land gefahren, um ein Motorboot zu holen, welches die NIXE in den Scheibenhafen schleppen sollte. Nachts briste es auf aus östlichen Richtungen, das Schiff schlug voll und sank. Dabei ertrank der Schiffsjunge Bartels.

1920 30.12.	Düne	JOHN P. FRISCH HH 107 LBCW Fischdampfer	deutsch Hamburg	Wurzbach	Hamburg Fischfang	

Gebaut 1896 von Howaldt, Kiel; 111 BRT; 28,9 x 6,5 x 2,82 m; Eigner Robert B. Sloman & Co., Hamburg

Seeamt Hanburg: Der Fischdampfer hatte wegen schwerem SW-Sturm auf der Nordreede geankert. Als dann der Wind auf NW drehte und noch zunahm, ist die Ankerkette gebrochen und das Schiff auf der Düne gestrandet.

1921 Juli	Hog Bru	GOVERNOR Dampfer	norwegisch Bergen		Amerika Weser	Tran

5* Strandete von Norden aufkommend auf Hochbrug und kam erst mit der 2ten Tiede unbeschädigt frei.

1921 18.08.	Östliche Hafenmole	WILHELMINE Fischkutter	deutsch Cuxhaven			

13* 320.22/74 Auf der Mole gestrandet, von Helgoländer Fischern an den Strand gesetzt und das Leck abgedichtet.

1921 Oktober	Hog Bru	THORDIS MCWG Dampfer	norwegisch Tönsberg		Amerika Hamburg	Mais

Gebaut 1906 Fevigs; 264 x 39 x 11 Fuß; Eigner Thordis Rederi, Tönsberg

5* Lief bei voller Fahrt mit Hochwasser auf Hochbrug an Grund. Da das Schiff ca. 3 Fuß aus der Last gelaufen, wurde gleich von der Ladung geworfen. Die erste Tide versuchten 4 Schlepper, half aber nichts. Erst am andern Mittag glückte es, nachdem ungefähr 140 t Mais hier gelandet waren.

1922 07.03.	Westklippe Moadek Göttel	WEST MUNHAM LQKR Dampfer	amerikanisch Portland	Newman	Portland Liebau	Mais

Gebaut 1919 Portland Or. von Columbia; 5.753 BRT; 410 x 54 x 28 Fuß; Eigner United States Shipping Board, Portland

5* Lief bei Nebel im sogenannten Moadek Göttel an der Westseite an Grund und hatte gleich 14 Fuß Wasser. Von der Ladung wurde geworfen. Da der Abschleppversuch nicht glückte, übernahm die Bergungsgesellschaft das

Schiff und mussten 100 Helgoländer, je 50 und 50 an Bord, um die Ladung, die trocken war, in Leichter zu laden und die beschädigte über Bord. Da das Wetter sich hielt, konnte ununterbrochen Tag und Nacht gearbeitet werden. Und wurde der Dampfer dann nach 8 Tagen abgeschleppt. Wenn schlechtes Wetter eingesetzt hätte, wäre er, da er auf der gefährlichsten Stelle saß, bestimmt verloren gewesen.

Jahr **Datum**	**Strandungsort**	**Schiffsname** **Schiffsart**	**Nationalität** **Heimathafen**	**Kapitän**	**Abgangshafen** **Bestimmungshafen**	**Ladung**
1922 19.09.	Düne	Lotsenschoner CUXHAVEN WBRG Schoner	deutsch Cuxhaven			

Gebaut 1901 Wewelsfleth von Jürgen Peters; 26,50 x 6,14 x 3,50 m, 1929 ausgemustert, segelt heute (2006) als ATALANTA von Wismar.

9* Sept. bei »Mann über Bord«-Manöver auf Helgoland Düne gestrandet und kurz darauf wieder geborgen ohne größere Schäden.

1923 30.08.	Düne	CATHARINA Fischewer	deutsch Schulau	J. J. Wulff		

Seeamt Hamburg: Der Ewer CATHARINA SS.71 ist am 30. August 1923 während schweren Sturmes auf der Düne von Helgoland gestrandet und total verlorengegangen. Der Unfall ist dadurch herbeigeführt, daß der in schwierige Lage geratene Dampfer KAISER, welcher mit schleppendem Anker auf der Reede manöverierte, durch seinen Anker die CATHARINA von ihrer Verankerung losriß und sie ins Treiben brachte.

Oktober	Wittkliff	ADMIRAL HASTINGS HBTM Dampfer	englisch London		Constanza Hamburg	Mais, Hafer

Gebaut 1919 West-Hartlepool von W. Gray & Co.; 3.054 BRT; 100,9 x 14,22 x 7,1 m.

5* Kam in einer Nebelbank von Westen zu und strandete auf Wittklipp. Auch glückte es da nicht, den Dampfer mit der ersten Tide abzuschleppen, erst am andern Mittag, da mehr Wasser auflief, kam er los. Er saß auf einer der gefährlichsten Stellen. Von hier haben wir den Dampfer gar nicht gesehen, da ununterbrochen Nebel war.

1929 09.05.	Westseite	TAUBE LNRV Dampfer	deutsch		Middlesborough Hamburg	Stückgut

Gebaut 1922 Elbing von Schichau; 70,01 x 10,23 x 4,20 m; Eigner Norddeutscher Lloyd, Bremen

5* Strandete an der Westseite der Kante, wurde aber, da gutes Wetter, mit Hochwasser unter Assistenz von Helgoländern wieder flott.

1931 11.01.	Westseite	PLUTO Fischdampfer	holländisch			

23* Der Fischdampfer war an der Westseite beim Mönch gestrandet. Das Rettungsboot der DGzRS war unklar. Darauf liefen die Motorschaluppen HENNY, geführt von dem Lotsen Peter A. Oelrichs, und ETA ELISABETH, geführt von dem Lotsen Nummel Krüß, aus und fuhren zwischen dem äußeren Brandungsgürtel und der Uferschutzmauer zu dem gestrandetem Fischdampfer. Sie gingen längsseits und retteten die elfköpfige Besatzung. Oelrichs hatte bereits im Jahre 1920 für eine andere Rettungstat die »Goldene Rettungsmedaille« verliehen bekommen.

1934 18.10.	Sellebrunnen	TOPA TOPA	amerikanisch	Anischewsky	Mobile Bremen	Baumwolle

Gebaut 1920 San Pedro Cal. von Los Angeles Shipbuilding, 410 x 54 x 27 Fuß; 5.356 BRT, 3.330 NRT; Eigner Watermann S.S. Corp.

Lloyd's Law Reports, veröffentlicht 1968

Cuxhavener Tageblatt vom 19.10.1934: Das Schiff ist bei unsichtigem Wetter aufgelaufen. Die Strandung des schwerbeladenen amerikanischen Dampfers muß mit beträchtlicher Kraft erfolgt sein, denn er sitzt wie angemauert auf den steinharten Klippen der Ostklippe von Helgoland. Die Lage des Schiffes hat sich verschlimmert. Während es noch in den ersten Stunden nach der Strandung wenig Wasser machte, hat sich das Leck in den Nachmittagsstunden vergrößert. Es dringt Wasser in den Schifffsraum. Solange sich das Wetter nicht verschlechtert, besteht keine unmittelbare Gefahr für die Sicherheit des Schiffes. Neben Bremer Schleppern sind da noch die Bergungsdampfer HERMES, HERKULES, SEETEUFEL, SEEBÄR, AJAX, REIHER, ferner die Hebeschiffe GRIEP und WILLE der Bugsierreederei und Bergungs AG Hamburg, die den Bergungskontrakt abgeschlossen hat. Ferner sind die Bergungsdampfer FAIRPLAY 10 und 14 an der Unfallstelle tätig.

Nachtrag: Das Schiff konnte am Freitag morgen wieder flottgemacht und nach Hamburg abgeschleppt werden. Das Leck ist in den unteren Bodentanks entstanden, so dass in die unteren Räume kein Wasser gedrungen ist.

Jahr Datum	Strandungsort	Schiffsname Schiffsart	Nationalität Heimathafen	Kapitän	Abgangshafen Bestimmungshafen	Ladung
1940 13.11.	Wittekliff	CONTINENTAL DCCO Dampfer	deutsch Kiel			

Gebaut 1908 Rotterdam von P. Smit jr.; 542 BRT, 305 NRT; 57,17 x 7,04 x 4,06 m; Eigner Ivers Linie KG, Kiel, 1939 v. Marine beschlagnahmt.

7* Vormann Rickmer Bock erhielt für seine Fahrt am 13. November 1940, auf der er die gesamte Besatzung eines vor Helgoland gestrandeten Dampfers holte, die Prinz-Heinrich-Medaille, die für die schwerste Rettung des Jahres nur einmal verliehen wird. Bericht des Vormannes Rickmer Bock: Die Unfallstelle lag etwa 1.200 m von der Insel auf Wittekliff, dem von der Düne nach NW sich ziehenden inneren gefährlichen Klippenzug. Bei schwerem Wetter war ein Hamburger Dampfer dort gestrandet. Das Schiff stieß in der wilden Brandung hart auf den Felsen und mußte jeden Augenblick leck schlagen. Die Besatzung gab Notsignale. Wir versuchten in der Grundsee ans Heck heranzukommen, was uns auch gelang, und nahmen die aus 13 Mann bestehende Besatzung an Bord. Eine halbe Stunde später waren von dem gestrandeten Dampfer nur noch Masten und Schornstein zu sehen.

1967 06.03.	Westmole	HELENE (HF352) Fischkutter	deutsch Altenwerder	Riepenhusen	Hamburg Fischfang	

Seeamt Schleswig: Bei dichtem Nebel strandete der Fischkutter an der Westmole, das Nebelsignal Helgoland Süd war ausgefallen, sodass der Kapitän sich fälschlicherweise südlicher wähnte. Durch die auflandige Brandung wurde der Fischkutter auf die vor der Mole liegenden Blöcke gesetzt und ging verloren. Die 3 Mann Besatzung konnten sich an Land retten

1967 23.02.	See	ADOLF BERMPOHL Rettungs- kreuzer	deutsch Bremen	Paul Denker		

Die vierköpfige Besatzung, Paul Denker, Hans-Jürgen Kratschke, Otto Schülke, Günter Kuchenbecker, kehrte von einem Rettungseinsatz nicht zurück.

Quellenverzeichnis

1	Staatsarchiv Hamburg Senat Cl. VII Nr. XVllla1 Band 1 – (Liber memorandum) f. 26.r
2	StA HH Senat Cl. VIII Nr. XVlllb3 (Liber diversorum generum) f. 60a
3	StA HH Senat: Liber diversorum generum f. 64
4	Repertorium Diplomaticum, Band 7, S. 208 (Nr. 12323).
1*	Schuback: Strandrecht 1767
2*	Oetker: Helgoland, Berlin 1855
4*	Erwin Weber: Die große Helgoländer Chronik (Die Bolzendahlsche Chronik), Kopie 1973
5*	Ohlsen: Aus der Erinnerung aufgeschrieben, Museum Helgoland
7*	Deutsche Gesellschaft zur Rettung Schiffbrüchiger
8*	Dr. Ernst Baasch: Johann Heinrich Müller, der hamburgische Bevollmächtigte auf Helgoland 1770–1794, in: ZSGH 33, 1903
9*	Karl B. Kühne: Seelotsen, Norderstedt 1975
10*	Helgoland und die Helgolander, Memorabilien des alten Schiffscapitains Hans Frank Heikens, Verlag der Schulzeschen Buchhandlung, Oldenburg 1844
12*	International Register of Sunken Ships, shipwreck@accesscomm.ca
13*	Landesarchiv Schleswig-Holstein
14*	Börsenhalle Hamburg
15*	Meyer: 150 Jahre Blankeneser Schiffahrt, E. Heinemann, 1958
16*	Statistik des Deutschen Reiches. Strandungen Deutscher Seeschiffe auf Helgoland 1872–1908
17*	Landesarchiv SH, Abrechnungsbücher der Gemeinde
18*	Hamburgische Börsenhalle in Hamburgischer Correspondent
21*	Erich Weber: Beiträge zur Geschichte Helgolands, Teil III, Kopie 1976
22*	Erich Weber: Beiträge zur Geschichte Helgolands, Teil IV, Kopie 1976
23*	Günther Spelde: Geschichte der Lotsenbrüderschaften an der Außenweser und an der Jade, erweiterte Auflage
24*	Peter-Michael Pawlik: Von der Weser in die Welt, Ernst Kabel, Bd. 1, Hamburg 1994
25*	Peter-Michael Pawlik: Von der Weser in die Welt, Bd. 2, Bremen 2003

Der Autor wurde in seiner Arbeit unterstützt durch das:

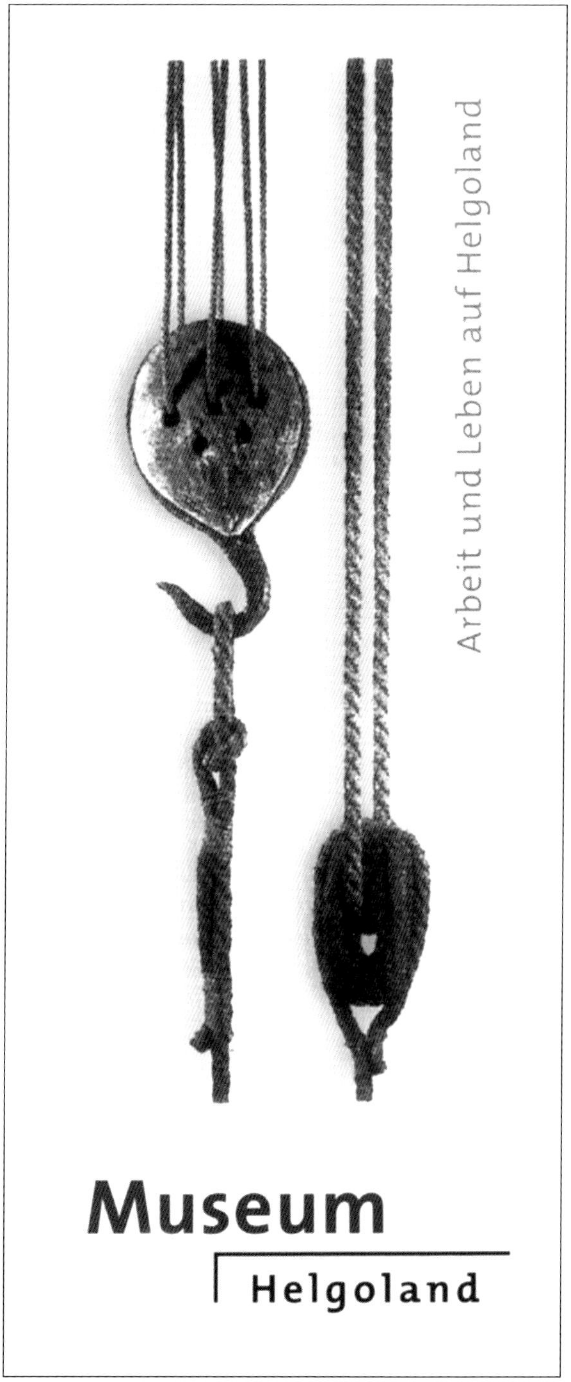